Lothar Schrott:

Die Solarstrahlung als steuernder Faktor im Geosystem der subtropischen semiariden Hochanden (Agua Negra, San Juan, Argentinien)

HEIDELBERGER GEOGRAPHISCHE ARBEITEN

Herausgeber: Dietrich Barsch, Werner Fricke und Peter Meusburger

Schriftleitung: Gerold Olbrich und Heinz Musall

Heft 94

Im Selbstverlag des Geographischen Instituts der Universität Heidelberg

1994

Die Solarstrahlung als steuernder Faktor im Geosystem der subtropischen semiariden Hochanden (Agua Negra, San Juan, Argentinien)

von

Lothar Schrott

Mit 83 Abbildungen und 16 Tabellen

(mit engl. summary, span. resumen und franz. résumé)

ISBN 3-88570-094-8

Im Selbstverlag des Geographischen Instituts der Universität Heidelberg

1994

Die vorliegende Arbeit wurde von der Naturwissenschaftlich-Mathematischen Gesamtfakultät der Ruprecht-Karls-Universität Heidelberg als Dissertation angenommen.

Tag der mündlichen Prüfung: 1. Februar 1993

Referent: Prof. Dr. Dietrich Barsch
Korreferent: Prof. Dr. Roland Mäusbacher

ISBN 3-88570-094-8

VORWORT

Die landschaftlichen Gegensätze der Andenostabdachung mit den semiariden, kahlen Hochgebirgsregionen auf der einen und den fruchtbaren Oasenstädten auf der anderen Seite erweckten bereits während meiner ersten Forschungsaufenthalte in Argentinien 1986 und 1987 mein Interesse an weiterführenden Arbeiten in der von künstlicher Bewässerung abhängigen Region Cuyo. Obwohl das Schmelzwasser in diesem semiariden Landschaftsraum sowohl zur Bewässerung als auch zur hydroelektrischen Energiegewinnung dient, bestehen bis heute große Defizite in der Erforschung von Zusammenhängen, die das Schmelzwasserangebot sowohl bezüglich der Menge als auch nach der jahreszeitlichen Verteilung steuern. Der Frage nachzugehen, welche Bedeutung in den Hochanden der intensiven Sonneneinstrahlung und den in Form von Permafrost vorhandenen Wasserspeichern am Abflußgeschehen eingeräumt werden muß, erschien mir dabei besonders interessant und sinnvoll zu sein.

Eine erste Voraussetzung zur Durchführung dieser Studie war die Einladung von Herrn Dr. Arturo E. Corte an das Forschungsinstitut *Instituto Argentino de Nivolgía y Glaciología* im *Centro Regional de Investigaciónes Científicas y Técnicas* (CRI-CYT) in Mendoza/Argentinien, worüber ich mich an dieser Stelle nochmals herzlich bedanken möchte.

Die vorliegende Arbeit basiert im wesentlichen auf meinen von September 1989 bis Juni 1991 durchgeführten Forschungsarbeiten in Argentinien, die durch ein Promotionsstipendium der Gottlieb Daimler- und Karl Benz-Stiftung ermöglicht wurden. Für diese Unterstützung und die unbürokratische Zusammenarbeit möchte ich der Stiftung meinen besonderen Dank aussprechen. Nach meiner Rückkehr aus Argentinien konnte ich die Dissertation dank eines Anschlußstipendiums der Landesgraduiertenförderung unverzüglich fortführen.

Für die wissenschaftliche Betreuung und die große Unterstützung in Argentinien möchte ich meinem verehrten Lehrer Herrn Prof. Dr. Dietrich Barsch ganz herzlich danken. Mein Korreferent Herr Prof. Dr. Roland Mäusbacher gab mir nicht nur wichtige inhaltliche Anregungen, sondern er trug auch durch sein großes Engagement bei der Argentinien-Exkursion ganz wesentlich zum Gelingen der Geländearbeiten bei. Dafür sei ihm besonders gedankt. In Mendoza erfuhr ich durch die fachliche und regionale Kenntnis von Herrn Dr. Arturo E. Corte großen Rückhalt. Dankbar erinnere ich mich an die unzähligen Diskussionen mit ihm.

Dr. Juan Carlos und Ing. Luis Lenzano verdanke ich erste logistische Hilfestellungen. Bei der Beschaffung vieler unveröffentlichter Daten war mir v.a. Dr. Juan L. Minetti behilflich. Seiner meteorologischen Sachkenntnis verdanke ich viele wichtige Anregungen. Nicht unerwähnt bleiben darf die Gastfreundschaft seiner Familie, die jede Geländekampagne indirekt unterstützte. Von der ersten bis zur letzten Stunde meines Aufenthaltes in Argentinien stand mir mein Freund Alberto Ripalta zur Seite. Für seine vielseitigen Hilfestellungen danke ich ihm herzlichst. Mein Freund und Kollege Hans Happoldt war mir in Heidelberg stets durch seine fachkundige Hilfsbereitschaft und fruchtbaren Anregungen eine große Stütze. Ihm gilt mein besonderer Dank. Bedanken möchte ich mich auch bei meinem Heidelberger Studienfreund Karl-Heinz Scholl, der mit mir von Januar bis April 1990 Freud und Leid in vielen unvergeßlichen Momenten teilte. Seine Tatkraft und Nervenstärke waren Garanten für den Erfolg der Geländekampagnen. Zu Beginn und am Schluß der Feldarbeiten begleitete mich Juan Corral in die cuyanischen Hochanden. Dankbar erinnere ich mich an seine tatkräftige Mithilfe bei den Installations- und Abbauarbeiten.

Ein unvergeßlicher Dank für die tatkräftige Mithilfe bei den Geländearbeiten gebührt auch allen Teilnehmern der "Argentinien-Exkursion 1990/91" und des Projektseminars "Argentinien" unter der Leitung von Prof. Dr. D. Barsch, Hochschuldozent Dr. R. Mäusbacher, L. Schrott und G. Schukraft. Es waren dies: André Assmann, Christiane Bauer, Rainer Beer, Andreas Fieber, Holger Gärtner, Thomas Glade, Klaus Hoffmann, Birgit Holl, Franz-Josef Jautz, Ulrich Kammerer, Beate Sandler, Frauke Schilling, Andrea Schmelter, Dirk Strauch, Markus Strauß, Ulrike Weiher und Ute Wellhöfer.

Martin Hoelzle von der Abteilung Glaziologie der Versuchsanstalt für Wasserbau, Hydrologie und Glaziologie an der ETH-Zürich ermöglichte mir die Anwendung des von ihm und Martin Funk entwickelten Strahlungsmodells. Für die fruchtbaren Diskussionen und große Hilfsbereitschaft danke ich ihm und Stephan Wagner ganz herzlich.

Wesentliche logistische Unterstützung erhielt ich vor, während und nach dem Auslandsaufenthalt durch das Labor für Geomorphologie und Geoökologie des Geographischen Instituts der Universität Heidelberg und dessen Leiter Gerd Schukraft. Viele inhaltliche Anregungen verdanke ich meinen Freunden und Kollegen Stefan Jäger und Andreas Lang. Meiner Freundin Marlies Wulf danke ich für das sorgfältige Korrekturlesen des Manuskripts. Für die letzte Durchsicht des Manuskripts sei Anette Bippus ganz herzlich gedankt. Bei den Übersetzungsarbeiten halfen mir Marlies Wulf, Agnès Boucher und Caterina Gausachs-Perez.

Für die Aufnahme meiner Untersuchung in die Reihe der Heidelberger Geographischen Arbeiten danke ich den Herausgebern Herrn Prof. Dr. D. Barsch, Herrn Prof. Dr. W. Fricke und Herrn Prof. Dr. P. Meusburger. Ebenso möchte ich mich bei Herrn Stephan Scherer für die kartographische und bei Herrn Gerold Olbrich für die redaktionelle Betreuung bedanken. Weiterhin sei der Kurt-Hiehle-Stiftung für den großzügigen Druckkostenzuschuß gedankt.

Schließlich danke ich noch allen, die in irgendeiner Weise zum Gelingen dieser Arbeit beigetragen haben. Es waren dies u.a.: Patricia Piccoli, Esteban Dussart, Fidel Roig, Jonny Kegan, Richard Holmes, Familie Godoy und Familie Morales.

Die vorliegende Arbeit ist in fünf inhaltliche Schwerpunkte gegliedert. Im einführenden Kapitel wird zunächst die Problematik, Zielsetzung und methodische Konzeption der Arbeit vorgestellt. Danach werden die wichtigsten strahlungstheoretischen Grundlagen behandelt und die Grundzüge des cuyanischen Klimas sowie des Untersuchungsraumes erläutert. Im dritten Kapitel werden die räumlichen und zeitlichen Variationen der Solarstrahlung - die sowohl anhand empirischer Meßreihen als auch über ein Strahlungsmodell gewonnen wurden - diskutiert. In diesem Zusammenhang gewinnt die Frage nach dem Verbreitungsmuster von Permafrost eine besondere Bedeutung. Der Einfluß der Globalstrahlung auf die Bodentemperatur wird anhand mehrerer Beispiele aufgezeigt. Im vierten Kapitel geht es v.a. um das Abflußgeschehen und den Sedimenttransport in dem gering vergletscherten Einzugsgebiet. Außerdem wird versucht, die Schmelzwasseranteile der Gletscher und Permafrostgebiete qualitativ und quantativ zu differenzieren. Regelhaftigkeiten, aber auch Anomalien im Abflußgang, werden ebenso angesprochen wie mögliche Sedimentquellen und Steuermechanismen der Solarstrahlung. Im anschließenden fünften Kapitel wird versucht, anhand der vorliegenden Ergebnisse, eine erste Bewertung des Nutzungspotentials sowie eine Risikoabschätzung des Gefahrenpotentials vorzunehmen. In der abschließenden Betrachtung werden in komprimierter Form die wichtigsten Fragestellungen und Ergebnisse zusammengefaßt.

INHALTSVERZEICHNIS

ABBILDUNGSVERZEICHNIS

TABELLENVERZEICHNIS

1. EINFÜHRUNG

1.1 Problemstellung und Zielsetzung

In Regionen, die durch semiaride bis aride Bedingungen bei hoher Solarstrahlung charakterisiert werden, ist das Wasser ein lebenswichtiger ökonomisch-ökologischer Faktor. Obwohl zur Sicherung der Lebensgrundlagen die Kenntnis der räumlichen und zeitlichen Variation des Wasserangebots zu den wichtigsten Aufgaben gehört, gibt es überraschenderweise aus der strahlungsreichen semiariden Region Cuyo im Westen Argentiniens keine grundlegenden Untersuchungen über den Einfluß der verschiedenen klimatischen Parameter auf den Wasserhaushalt.

Der Name "Cuyo", unter dem heute vorwiegend die kulturgeographisch einheitlichen Provinzen Mendoza, San Juan und San Luis verstanden werden, hat seine etymologischen Wurzeln bei den *indígenas*[1] und bedeutet in der Sprache der *mapuches*[2] Wüstenregion. Damit ist eine zentrale Problematik dieses Landschaftsraumes bereits angedeutet: anspruchsvolle Vegetation und landwirtschaftliche Produktivität wird in den Oasenstädten an der Andenostabdachung (auf rund 30 - 35° S) nur durch künstliche Bewässerung, vorwiegend mit Hilfe der Gebirgsflüsse, ermöglicht. Dank dieser künstlichen Bewässerung konnten sich die Provinzen Mendoza und San Juan zu den wichtigsten Wein-, Gemüse- und Obstanbaugebieten Argentiniens entwickeln (FREDERICK 1975; WIRTSCHAFTSMINISTERIUM 1983). Die Fruchtbarkeit der Andenregion kann über die schwerwiegenden ökologischen Probleme (Versalzung der Böden, Wasserknappheit, Degradierung der Landschaftsräume, Desertifikation etc.) jedoch nicht hinwegtäuschen (BERTRANOU, LLOP & VAZQUES AVILA 1983).

Da gerade im Geosystem der semiariden Hochanden der Einfluß der Solarstrahlung auf das funktionale Gefüge der verschiedenen Elemente und Prozesse (Relief, Gestein, Schnee-, Gletscher- und Permafrostschmelze etc.) besonders deutlich wird, soll diese Komponente des Energiehaushaltes im Mittelpunkt der weiteren Betrachtungen stehen. Ein Charakteristikum der strahlungsreichen semiariden Hochanden ist die ausgeprägte Höhenerstreckung der periglazialen (subnivalen) Höhenstufe (BARSCH 1986). Dies hat zur Folge, daß weite Teile der Hochanden zwar nicht vergletschert sind, jedoch stark dem Einfluß von Permafrost unterliegen. Gerade den gletscherfreien Permafrostgebieten kommt wahrscheinlich eine bedeutende Rolle bei der Speicherung und Abgabe von Süßwasser zu. In einer qualitativen Studie über die hydrologische Signifikanz der großen Blockgletscher von Cuyo wurde darauf bereits hingewiesen (CORTE 1976,1978; BUK 1984).

[1] spanische Bezeichnung für Ureinwohner

[2] indianischer Stamm

Wichtige Ansätze zu einer genaueren Kenntnis der vorhandenen Wasserspeicher erbrachte ein Gletscherinventar, das für den semiariden Andenbereich des Einzugsgebietes des Rio Mendoza (6311 km²) erstellt wurde (CORTE & ESPIZUA 1981). Hierbei werden erstmals semiquantitativ zusätzlich zu den relativ geringen Gletscherarealen - eine Folge von Strahlungsintensität und Aridität - auch Teile der großen Permafrostareale ausgewiesen (s. Tab. 2).

Prozesse wie Schnee-, Gletscher- und Permafrostschmelze werden maßgeblich von der zeitlichen und räumlichen Variation der Globalstrahlung und der fühlbaren Wärme gesteuert. In diesem vorwiegend periglazialen Milieu soll deshalb die Globalstrahlung als eine steuernde Größe im Energiehaushalt sowie der Abfluß als Outputsignal des gesamten hydrologischen Geschehens erfaßt werden. Um schließlich genauere Angaben über den Massen- und Energietransfer eines semiariden Hochgebirgssystems zu bekommen, muß mit der Erfassung der Abflußdynamik auch die des Sedimenttransportes erfolgen. Kenntnisse der Abfluß- und Sedimentdynamik lassen dabei nicht nur Rückschlüsse auf Wechselwirkungen mit der Solarstrahlung zu, sondern sind auch zur hydroelektrischen Energiegewinnung von Interesse. Das Verhältnis von Einzugsgebietsgröße, Vergletscherung und Abflußvolumen wird im Vergleich unterschiedlicher Teileinzugsgebiete besondere Beachtung finden. Zur Klärung der Zusammenhänge zwischen Strahlungsintensität, Permafrostverbreitung und fluvialer Dynamik in den cuyanischen Hochanden muß deshalb folgenden Fragen besondere Aufmerksamkeit gewidmet werden:

1. Wie stark wird im periglazialen Milieu des Untersuchungsgebietes die thermische Schichtung im Boden (Entwicklung der Auftauschicht im Permafrostbereich etc.) von der Solarstrahlung gesteuert und welcher Zusammenhang besteht zwischen der Strahlungsintensität und der Permafrostverbreitung?
2. Können qualitative und insbesondere quantitative Aussagen zum Schmelzwasseranteil der Permafrostareale am gesamten Abfluß getroffen werden? Welche generelle Bedeutung muß den Wasserspeichermechanismen dieser Areale beigemessen werden?
3. Welcher Zusammenhang besteht zwischen Einstrahlungsintensität, Abfluß und Sedimenttransport und mit welchen Spitzenwerten muß während der Schnee- und Gletscherschmelze gerechnet werden?
4. In welchem Ausmaß und in welcher zeitlichen Variation (Periodizität) wirken sich nach Ablauf der Schneeschmelze witterungsbedingte Schwankungen der solaren Einstrahlung auf die Abflußmengen und Sedimentfrachten der Vorfluter aus?
5. Welche Hinweise zum Gefahren- bzw. Nutzungspotential eines hochandinen Landschaftsraumes können gegeben werden?

Die Erfassung einzelner Komponenten des Strahlungs- und Wasserhaushaltes und das Wissen um ihre Auswirkung auf den Landschaftshaushalt können im Zusammenhang mit detaillierten Kenntnissen über die sich gegebenenfalls verändernde

Höhenlage der Untergrenze diskontinuierlichen Permafrostes entscheidend zur Bewertung des Gefahrenpotentials im Hochgebirge beitragen.

Auf internationalen Fachtagungen wurde deutlich, daß der weltweit diskutierte globale Temperaturanstieg in den periglazialen Höhenstufen Veränderungen induzieren kann, die ein ganzes Bündel von Gefahren nach sich ziehen werden (ZELLER & RÖTHLISBERGER 1989; HAEBERLI 1990a; ZIMMERMANN 1990; SCHÄDLER 1990). Bei den Sommerunwettern in den Alpen im Jahre 1987 wurde z.B. ein Großteil der Anrißzonen von Murgängen an Permafrostuntergrenzen während und (kurz) nach der Schneeschmelze ausgelöst. Möglicherweise sind hierbei Schutthänge infolge des Temperaturanstiegs im 20. Jahrhundert aufgeschmolzen und destabilisiert worden (HAEBERLI 1990a,1990b; vgl. auch ZIMMERMANN 1990). Für die subtropischen Anden existieren entsprechende Untersuchungen noch nicht. Allerdings belegen die jährlichen Schadensbilanzen in den Anden v.a. für den Bereich der Paßstraßen die Notwendigkeit solcher Untersuchungen (vgl. Abb. 1). Die vorliegende Arbeit soll deshalb auch einen Beitrag dazu leisten, das Gefahrenpotential für Landwirtschaft und Verkehr besser einschätzen zu können.

Abb. 1: Die durch einen Murgang zerstörte Brücke im Bereich der Paßstraße zwischen Mendoza (Argentinien) und Santiago de Chile (Chile); Aufnahme im März 1987

1.2 Wahl und geographische Lage des Untersuchungsgebietes

Besonderes Augenmerk bei der Wahl des Untersuchungsgebietes wurde auf die Größe, Zugänglichkeit und Repräsentativität des Einzugsgebietes gelegt. Ein für die cuyanischen Hochanden typischer Landschaftsausschnitt wird als Voraussetzung gesehen, um einen Transfer zu beobachtender Prozesse in benachbarte Regionen vornehmen zu können. Hinzu kommt, daß sich bei einer empirischen Studie Arbeitsgebiet und methodisches Konzept gegenseitig bedingen.

Neben der rein wissenschaftlichen Betrachtungsweise muß insbesondere in Extremregionen (z.B. arktischen Gebieten, Wüstenregionen, Hochgebirgsregionen etc.) der logistischen und praktischen Komponente ein großer Stellenwert beigemessen werden. Bei der Auswahl des Arbeitsgebietes in den cuyanischen Hochanden waren deshalb neben sachlich-wissenschaftlichen auch praktische Überlegungen von nicht unerheblicher Bedeutung (z.B. Zugänglichkeit). Das ausgewählte Einzugsgebiet des *Arroyo*[3] *del Agua Negra* in der Provinz San Juan entspricht in vielen Punkten diesen Kriterien:

- Trotz einer relativ langen Fahrtstrecke von rund 950 km (Mendoza - Agua Negra - Mendoza) ist die Erreichbarkeit für den Hochandenraum sehr gut, da eine z.T. asphaltierte Paßstraße bis 4760 m ü.M. führt und somit einen enormen logistischen Vorteil erbringt. Aus diesem Grund ist das Arbeitsgebiet leichter und schneller zu erreichen als viele vergleichbare Einzugsgebiete unweit von Mendoza.
- Es existieren sehr gute Kartengrundlagen im Maßstab 1:10.000, die für den Bau der Paßstraße nach Chile angefertigt wurden. Sie ermöglichen die gezielte geomorphologische Kartierung sowie das Erstellen eines digitalen Geländemodells.
- Der Gletscherbach unterliegt keinem anthropogenen Einfluß (durch Kanalisation o.ä.).
- Aufgrund des vielfältigen, periglazialen und glazialen Formenschatzes im oberen Einzugsgebiet (z.B. Blockgletscher, Gletscher, perennierende Schneeflecke etc.) ist das Arbeitsgebiet ein repräsentativer Ausschnitt eines semiariden andinen Landschaftsraumes. Das Vorhandensein von nur kleinen Gletschern gegenüber einer Vielzahl von großen aktiven Blockgletschern spiegelt in charakteristischer Weise die typischen Verhältnisse des Hochgebirgssystems der cuyanischen Anden wider. Darüber hinaus eignet sich das Untersuchungsgebiet auch für eine anwendungsorientierte Studie unter planerischen Gesichtspunkten (Paßstraße: Chile - Argentinien).

Die Lage des Untersuchungsgebietes, abgegrenzt mit den geographischen Eckkoordinaten 30°07'-30°16' S und 69°45'- 69°52' W, liegt innerhalb der vorwiegend

[3] spanische Bezeichnung für Bach

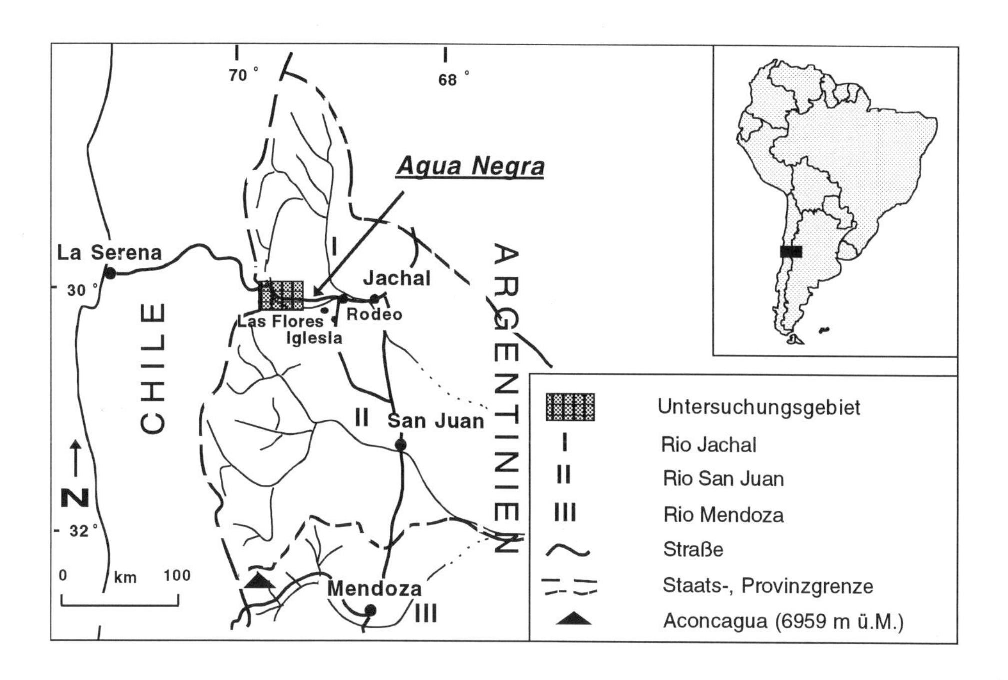

Abb. 2: Die Lage des Untersuchungsgebietes Agua Negra in den cuyanischen Hochanden; Provinz San Juan, Argentinien

meridional streichenden *Cordillera de los Andes* in der Provinz San Juan.
Das Einzugsgebiet des *Arroyo del Agua Negra* erstreckt sich in südöstlicher Richtung von der Grenze zu Chile im Bereich der *Cordillera Principal* und *Cordillera Frontal* bis in das große intramontane Becken der *Bajada de Iglesia* (FURQUE 1979) unweit der Oasendörfer Iglesia, Las Flores, und Rodeo (s. Abb. 2). Der Übergangsbereich von der Haupt- oder Grenzkordillere zur Frontalkordillere, ist nach REGAIRAZ & ZAMBRANO (1991) im östlichen hochgelegenen Bereich des Einzugsgebietes zu sehen. Haupt- und Frontalkordillere werden nach morphostrukturellen Einheiten unterschieden. Im Falle der bis fast 7000 m hohen Hauptkordillere wird das glazigen geprägte Relief aus Vulkaniten sowie jurassischen, kretazischen und känozoischen marinen und terrestrischen Sedimentgesteinen aufgebaut. Die Frontalkordillere unterscheidet sich von der Hauptkordillere zwar nicht im permotriassischen Grundgebirge, jedoch erreicht diese Gebirgskette etwas geringere Höhen (bis 6000 m) und weist ältere marine Sedimentgesteine des Devon, Karbon und Perm auf. Vereinzelt werden Vorkommen von präkambrischen oder altpaläozoischen Metamorphiten sowie kontinentalen Tertiär-Sedimenten beschrieben (REGAIRAZ & ZAMBRANO 1991).

Das rund 617 km² umfassende Einzugsgebiet des Agua Negra erstreckt sich von 2650 m ü.M. (Pegelstation Cerelac) bis in eine Höhe von 5855 m ü.M. (höchster Gipfel im Einzugsgebiet). Die Größe der einzelnen Teileinzugsgebiete und Lage der Meßstationen sowie die Höhenstufen des gesamten Einzugsgebietes sind der Karte in Abbildung 3 zu entnehmen.

Das Arbeitsgebiet ist auf argentinischer Seite sowohl von Norden (Rodeo, *ruta* 23) als auch von Süden (San Juan, *ruta* 210) über die Oasensiedlungen Iglesia und Las Flores leicht zu erreichen (s. Abb. 2). Bis 1990 war die innerhalb des Untersuchungsgebietes liegende Paßstraße nach La Serena/Chile über weite Strecken nicht befahrbar, da sowohl auf argentinischer als auch auf chilenischer Seite die Straße wiederholt durch Murgänge zerstört wurde. Im Südsommer 1990/91 wurden die Schäden behoben und seit Januar 1991 ist der internationale Paß Agua Negra wieder geöffnet. Er wird bisher v.a. von Touristen genutzt, da die noch über weite Strecken nicht asphaltierte Straße für den Schwerverkehr gegenwärtig kaum rentabel erscheint.

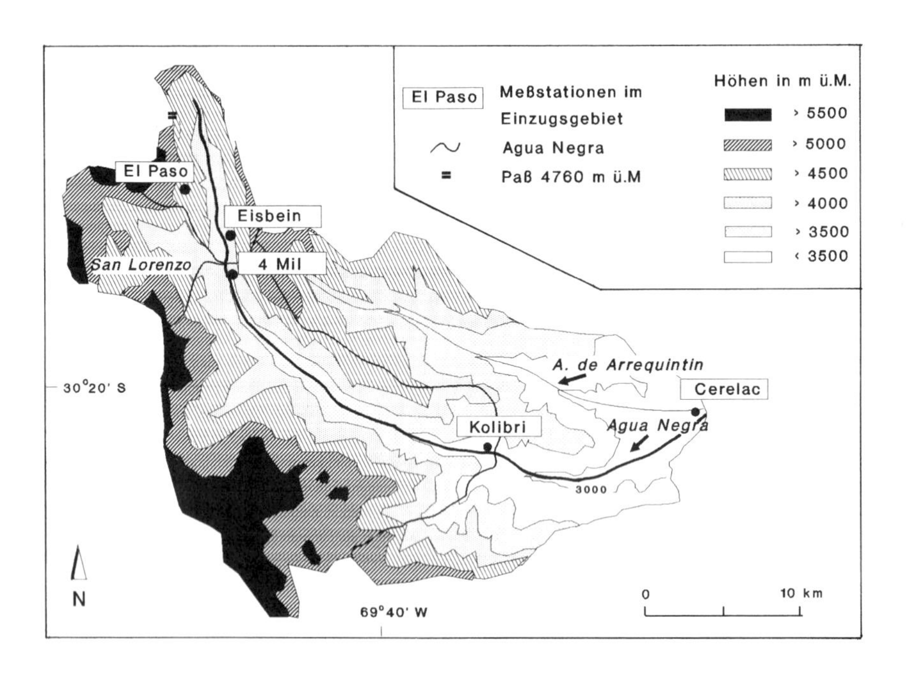

Abb. 3: Die Lage der Meßstationen im Einzugsgebiet des Agua Negra

1.3 Bisherige Arbeiten

Der Andenraum beflügelte schon in vergangenen Jahrhunderten den Forschergeist von Wissenschaftspionieren (z.B. BRACKEBUSCH 1892,1893; DARWIN 1899). Zu Beginn dieses Jahrhunderts waren es insbesondere die Studien des Geologen STAPPENBECK (1910,1911) in den Kordilleren und Steppen der Provinzen Mendoza und San Juan, die wichtige Erkenntnisse über die regionale Geologie und die Grundwasserverhältnisse erbrachten. Bemerkenswerte Untersuchungen zum Strahlungsklima in Argentinien wurden von LINKE (1924) und GEORGII (1953) durchgeführt. Mit Hilfe von terrestrischen Messungen und Höhenmessungen aus Flugzeugen in der Provinz Mendoza (33° S) machte GEORGII (1953) auf die hohe Strahlungsintensität aufmerksam und gab erste Angaben zu Extinktionskoeffizienten. Bedeutende systematische Arbeiten zu Strukturböden, Solifluktion und Frostklimaten in den Hochanden Boliviens und Südperus wurden von TROLL (1944) durchgeführt. Er wies bereits auf den großen steuernden Einfluß der solaren Einstrahlung in subtropischen und tropischen Hochgebirgen hin (TROLL 1942). LLIBOUTRY (1954,1956) untersuchte in den chilenischen Anden auf rund 33° S periglaziale Formen und Prozesse und lieferte Hinweise auf Permafrostvorkommen und Auftaumächtigkeiten. Vom Andenwestabfall liegen eine ganze Reihe von Untersuchungen vor, die sich vorwiegend mit klimatologisch-meteorologischen Fragestellungen sowie geomorphologischen Oberflächenformen (Glatthänge, Massenbewegungen) beschäftigen (WEISCHET 1970; ABELE 1982,1985,1989).

An der Andenostabdachung und hier insbesondere in der Region Cuyo sind von den Autoren GARLEFF & STINGL zahlreiche Arbeiten durchgeführt worden, die spätglaziale und holozäne Gletscherschwankungen sowie den periglazialen Formenschatz in der nivalen und subnivalen Höhenstufe zum Gegenstand haben (GARLEFF 1977; GARLEFF & STINGL 1983,1984; STINGL & GARLEFF 1983,1985; vgl. dazu auch CLAPPERTON 1983; MERCER 1984; MARKGRAF 1991). Im Bereich der Geomorphologie und Paläoökologie des jüngeren Quartär und der Geokryologie finden sich dazu gute Bibliographien in GARLEFF & STINGL (1985,1991) sowie in GRECO & BRASHI (1986).

Zum Problem der klimatischen Schneegrenze und deren pleistozäner Depression in den semiariden bis ariden Anden, finden sich in den Arbeiten von NOGAMI (1976) und HASTENRATH (1971) wichtige Überlegungen, die z.T. in späteren Arbeiten von anderen Autoren aufgenommen bzw. erneut diskutiert wurden (GRAF 1986; ABELE 1985; GARLEFF & STINGL 1985b; BARSCH & HAPPOLDT 1985).

Mikroklimatische Studien unter besonderer Berücksichtigung von Solifluktionsprozessen sind aus den Zentralanden Perus bekannt. An 20° - 35° steilen Hängen in rund 5000 m ü.M. konnte FRANCOU (1988,1990) Kriechgeschwindigkeiten bis zu 10 cm/a ermitteln.

Die Erforschung kryogener Formen und Prozesse im argentinischen Andenraum wurde entscheidend von CORTE vorangetrieben. Während seiner seit rund vier Jahrzehnten andauernden wissenschaftlichen Tätigkeit in den Anden, konnte er die Kenntnisse aus experimentellen Untersuchungen (CORTE 1962b,1962c,1962d,1963) - insbesondere zur Frostbodenmechanik - in den verschiedenen Arbeiten zur Geokryologie der Anden weiterentwickeln (CORTE 1976,1978,1986). Unter vorwiegend meteorologischen Gesichtspunkten sind einige wichtige Untersuchungen zum Klima in der Region Cuyo durchgeführt worden (CAPITANELLI 1970; MINETTI & SIERRA 1989; MINETTI & CARLETTO 1990; PITTOCK 1980). Ein Schwerpunkt der Arbeiten von MINETTI (1985) und MINETTI et al. (1986,1988) ist die Analyse der Niederschlagsverteilung und des Oberflächenabflusses einiger andiner Flüsse unter Verwendung statistischer Methoden. In einer interessanten Studie von MINETTI & CORTE (1984) wurde mit Hilfe von Lufttemperatur- und Niederschlagswerten einzelner andiner Klimastationen der Zusammenhang zwischen den klimatischen Parametern Niederschlag und Lufttemperatur und der Schneegrenze sowie der Untergrenze von sporadischem Permafrostvorkommen untersucht. Die darin ausgewiesenen Höhenangaben sollen mit den vorliegenden Untersuchungen im Agua Negra Einzugsgebiet verglichen werden (vgl. Kap. 3.4).

Neuere Arbeiten unter Verwendung quantitativer Methoden zur Prospektion von Permafrostuntergrenzen und thermischen Regimen wurden insbesondere an Blockgletschern in den cuyanischen Anden Argentiniens durchgeführt (BARSCH & KING 1989; HAPPOLDT & SCHROTT 1989,1992; HAPPOLDT in Vorb.). Wichtige Informationen erbrachten die ersten Messungen zur Globalstrahlung in den Hochanden von Mendoza und San Juan (30 - 33° S), die eine hohe Korrelation mit den auftretenden z.T. hohen Bodentemperaturen (über 40°C an der Oberfläche bei sehr niedrigen Lufttemperaturen) in Höhen über 4700 m ergeben (SCHROTT 1991). Mit Hilfe von Quarzkornanalysen zur Charakterisierung der periglazialen Sedimente der Cordon del Plata (Mendoza/Argentinien; 33° S) konnte TROMBOTTO (1991) nachweisen, daß im periglazialen Milieu neben der physikalischen auch der chemischen Verwitterung eine erhebliche Bedeutung zukommt. Die Untergrenze von diskontinuierlichem Permafrost liegt hier bei rund 3700 m ü.M.. Aktuelle Studien zur jungquartären Relief- und Klimaentwicklung werden im Norte Chico in Chile (30° S) durchgeführt (VEIT 1991). Diese Arbeiten sind von besonderem Interesse, da sie wichtige Informationen über das benachbarte Einzugsgebiet des Rio Elqui liefern. Die Möglichkeit eines Vergleichs mit diesem Untersuchungsgebiet auf der Andenwestseite ist für die Interpretation der Beobachtungen und Meßreihen auf der Andenostabdachung im Einzugsgebiet des Agua Negra (30° S) von großer Bedeutung.

Das Untersuchungsgebiet Agua Negra in der Andenprovinz San Juan wurde bereits von COLQUI (1965) ausgewählt, da u.a. die Paßstraße einen relativ leichten Zugang zum dortigen Gletscher ermöglicht. In seiner Studie (über sechs argentinische Gletscher) werden wichtige Angaben zum damaligen Ausmaß des Gletschers

Agua Negra gegeben. Neben einigen interessanten glaziologischen Aspekten über das Einzugsgebiet des Agua Negra finden sich in einer späteren Arbeit erste Schätzungen und Meßreihen zum Abflußvolumen des Agua Negra (COLQUI 1968).

Die Erforschung der Hochkordilleren Cuyos wurde bisher von verschiedenen Wissenschaftsdisziplinen vorangetrieben, sei es anhand historischer Quellen (z.B. PRIETO 1985) oder modernster Datenerfassung. Logistische und finanzielle Hindernisse erschweren die Anzahl quantitativer Arbeiten in den Hochanden erheblich, so daß nach wie vor ein großes Defizit an prozeßorientierten Untersuchungen besteht. Zwar sind einige Arbeiten über Klima- und Wasserhaushalt des südamerikanischen Kontinents (ALBRECHT 1965; KESSLER 1985,1988), der chilenischen Kordilleren (PEÑA & SALAZAR 1984; PEÑA et al. 1984) und des Mendoziner Piedmonts (FREDERICK 1975; BERTRANOU 1975; BETRANOU, LLOP & AVILA 1983) veröffentlicht worden, doch bestehen nach wie vor große inhaltliche und geographische Lücken. Konkrete Ansätze zur genaueren Erforschung der Massenbilanz eines Gletschers in den argentinischen Hochkordilleren finden sich in der Arbeit von LEIVA et al. (1986; vgl. auch CABRERA 1984).

Kontinuierliche Aufzeichnungen von Pegelständen der größten Flüsse in Cuyo werden von den argentinischen Wasserwirtschaftsämtern (z.B. AGUA Y ENERGIA ELECTRICA 1981) erhoben und bilden eine gute Grundlage für weiterführende Analysen und Haushaltsstudien (BERTRANOU, LLOP & VAZQUES AVILA 1983; JUNKER 1991). Zu Komponenten des Strahlungshaushalts in den cuyanischen Hochanden liegen außer den Arbeiten von GEORGII (1953) und HAPPOLDT & SCHROTT (1989) sowie SCHROTT (1991) gegenwärtig noch keine Messungen vor. Ähnlich hohe Strahlungswerte, wie sie in den subtropischen semiariden Hochanden auftreten, sind auch aus dem Himalaya bekannt (vgl. HÄCKEL et al. 1970; KRAUS 1971). Bei der Alp Chukhung (28° N) in 4750 m ü.M wurden extrem hohe Globalstrahlungsspitzen gemessen, die aufgrund von Mehrfachreflexionen an Wolken Werte bis zu 1428 W/m² erreichten. Die Globalstrahlung als steuernde Komponente im Energiehaushalt des Hochgebirges und deren Einfluß auf die Bodentemperatur wird an mehreren Tagesgängen aufgezeigt (HÄCKEL et al. 1970).

Obwohl in den cuyanischen Hochanden der Zusammenhang zwischen Solarstrahlung und dem Auftreten von Permafrost bisher kaum Beachtung fand, ist in anderen Hochgebirgsregionen (z.B. Rocky Mountains, Schweizer Alpen) dieser Frage bereits nachgegangen worden. Wichtige Überlegungen dazu finden sich in der Studie von IVES (1973), die den Einfluß verschiedener Faktoren (Topographie, Schneedecke etc.) auf die Verbreitung von Permafrost untersucht. In höheren Breiten und in Gebieten mit geringer Reliefenergie erbrachten Korrelationen zwischen den ermittelten Untergrenzen alpinen Permafrostes (sporadisch, diskontinuierlich, kontinuierlich) und den entsprechenden Grenzwerten der mittleren jährlichen Lufttemperatur gute Resultate (vgl. KING 1984). In vorwiegend prozessorientierten Arbeiten zur

Schneeschmelze oder zum Massenhaushalt von Gletschern fand die Einbeziehung der Solarstrahlung als Steuerungsfaktor bereits mehrfach Berücksichtigung (vgl. FUNK 1985; STÜVE 1988; BERNATH 1991).

Neueste Modelle im Zusammenhang mit Strahlung und Permafrostvorkommen wurden von FUNK & HOELZLE (1992), HOELZLE (1992) und KELLER (1992) auf der Basis von digitalen Geländemodellen entwickelt. Sowohl das Strahlungsmodell zur Berechnung der potentiellen Direktstrahlung als auch das Modell "Permakart" zur möglichen Permafrostidentifizierung ergaben sehr gute Übereinstimmungen mit zahlreichen Geländebefunden (s. Kap. 3).

1.4 Methodische Konzeption

Ausgehend von bisherigen Untersuchungen in den cuyanischen Hochanden muß oberhalb 4000 m Höhe mit Permafrostvorkommen gerechnet werden (vgl. u.a. CORTE 1978,1986; GARLEFF & STINGL 1985,1991; BARSCH & KING 1989; HAPPOLDT & SCHROTT 1989). Im Rahmen der quasi statischen Parameter kommt deshalb der Verbreitung des rezenten Permafrostes erste Priorität zu. Mit Hilfe von geomorphologischen Zeigerphänomenen (z.B. aktive Blockgletscher), refraktionsseismischen Sondierungen und Bodentemperatur-Messungen soll die Existenz und das Verbreitungsmuster von Permafrost überprüft werden.

Bei den dynamischen Parametern kann vor allem anhand der Komponenten des Strahlungs- und Wasserhaushaltes das Geosystem der Hochanden charakterisiert werden. Hier gilt es jene Parameter des Hochgebirgssystems der cuyanischen Anden zu erfassen, denen im Rahmen der eingangs geschilderten Fragestellung besondere Bedeutung zukommt. Außer den meteorologisch-klimatologischen Parametern wie der Globalstrahlung und Lufttemperatur soll eine gleichzeitige Erfassung des Abflusses und seiner Inhaltsstoffe erfolgen. Eine erste Geländebegehung und Luftbildauswertung ermöglicht die Auswahl von Meßstandorten. Die damit gewonnenen Daten dienen auch zur Überprüfung physikalischer Modelle, mit denen die räumliche und zeitliche Variation der Solarstrahlung aufgezeigt werden soll. Die Beantwortung der Fragestellung erfordert - bei gegenüber dem Tiefland erhöhtem Zeit- und meßtechnischem Aufwand - zwei Sommerhalbjahre.

Die nachfolgenden methodischen Einheiten geben die Konzeption der einzelnen Meß- und Arbeitsschritte zusammenfassend wieder. Eine ausführliche Diskussion der verschiedenen Meßgrößen folgt in den jeweiligen Kapiteln.

- **Erfassung der Globalstrahlung in verschiedenen Höhenstufen:**
  Mit der Globalstrahlung, die sich aus der diffusen Himmelsstrahlung und der direkten Sonnenstrahlung zusammensetzt, wird die gesamte kurzwellige Strahlung angegeben, die auf die Erdoberfläche auftrifft. Bisher existieren im

gesamten cuyanischen Andenraum keine Meßreihen dieses wichtigen Parameters. Auf die steuernde Wirkung der solaren Strahlung im Hochgebirge wurde bereits mehrfach hingewiesen (IVES 1973; FUNK 1985; KRAUS 1987; HOELZLE 1992). Die kontinuierliche Aufzeichnung mit z.T. 5-minütiger Auflösung soll deshalb wichtige Kenntnisse zu Spitzenwerten, Tagessummen, natürlichen Schwankungsbreiten etc. während der 16-monatigen Meßperiode erbringen (s. Kap. 2 und 3). In Kapitel 3 wird auf die Bedeutung der Globalstrahlung - insbesondere im Hinblick auf die Permafrostverbreitung - ausführlich eingegangen.
Die Messungen erfolgen mit einem CM5 Pyranometer von KIPP & ZONEN, dessen Thermoelemente eine zur Strahlungsintensität analoge Spannung erzeugen. Der erfaßte Wellenlängenbereich beträgt 305 - 2800 nm.

- **Messungen weiterer meteorologischer Parameter (Lufttemperatur und -feuchte, Niederschlag):**
  Zur genauen Erfassung der Witterung ist die Kenntnis dieser Parameter in ihrem tages- und jahreszeitlichen Verlauf notwendig, da sie zu erheblichen Modifikationen des Hochgebirgsklimas führen können (z.B. starke Veränderung der Albedo nach Schneefall, starke Änderung der thermischen Eigenschaften des Bodens nach Niederschlägen etc.).
  Im Zusammenhang mit der Globalstrahlung soll insbesondere im diskontinuierlichen Permafrostbereich der Einfluß der Lufttemperatur überprüft werden.
  Für die Temperaturmessungen (beschattet; 2 m über Grund) an den Meteo-Stationen werden die bewährten PT-100 Fühler verwendet. Im Zusammenhang mit der Lufttemperatur soll die Luftfeuchte genaueren Aufschluß über den Witterungsverlauf geben. Die Problematik der Niederschlagsmessung in Hochgebirgen ist weitreichend bekannt (vgl. BERNATH 1991). Ein Totalistor im oberen Agua Negra-Einzugsgebiet erlaubt gegebenenfalls Messungen während der Meßperiode.

- **Registrierung der Wasserstandsänderungen mit Schwimmerpegeln sowie Messungen zum Abfluß mit Hilfe von NaCl-Tracern und Meßflügeln:**
  Der Abfluß als eine zentrale Größe der Wasserhaushaltsgleichung soll in verschiedenen Abschnitten des Agua Negra Einzugsgebietes (Ober-, Mittel-, Unterlauf) erfaßt werden, um u.a. Rückschlüsse auf Aufbrauch und Rücklage ziehen zu können. Die Abflußmessungen werden je nach Fließgeschwindigkeit und/oder Turbulenz mit NaCl-Tracern bzw. Meßflügeln durchgeführt (zur Diskussion s. Kap. 4) (vgl. BARSCH et al. 1992a). Die kontinuierliche Registrierung der Wasserstandsänderungen wird mit Hilfe einer gesondert angefertigten Pegelelektronik in Leichtbauweise (Aluminium) ermöglicht. Da der Potentiometer mit dem Datalogger verbunden ist, werden die Wasserstandsänderung kontinuierlich als Widerstandswerte abgespeichert und ermöglichen so eine weitgehend wartungsfreie Aufzeichnung. Die Pegelelektronik wurde

im Labor für Geomorphologie und Geökologie des Geographischen Instituts in Heidelberg entwickelt und bewährte sich bereits in arktischen Regionen (BARSCH et al. 1992a).

- **Bestimmung der fluvialen Inhaltsstoffe/Transporte:**
Neben der Analyse des Strahlungs-Abfluß-Geschehens sollen die Messungen zum Sedimenttransport Aufschlüsse über den Massen- und Energietransfer eines semiariden Hochgebirgssystems erbringen. Weiterhin gilt es mögliche Sedimentquellen und Wechselwirkungen mit der Solarstrahlung zu erkennen.

1. Chemische Fracht:
Wasserproben, die in meist regelmäßigen Zeitabständen (7, 14, 21 Uhr) per Hand genommen werden, ermöglichen die Bestimmung der Anionen- und Kationenkonzentration durch titrimetrische, photometrische und spektrometrische Analysen. Zusammen mit der Abflußganglinie kann aus den Konzentrationen die Lösungsfracht berechnet werden (s. Kap. 4.3.3). Eine zusätzliche Überprüfung der Werte ist mit Hilfe der gemessenen elektrischen Leitfähigkeit möglich.

2. Suspensions- bzw. Schwebfracht:
Aus den oben beschriebenen abfiltrierten Proben kann die Suspensionkonzentration ermittelt werden. Zur exakten gravimetrischen Bestimmung der Suspension werden die verwendeten abgewogenen Filter (Maschenweite der Membranfilter 0,2 µm) nach ihrem Gebrauch getrocknet und daraufhin erneut gewogen. Die Berechnung der Suspensionsfracht und deren Schwankung erfolgt mit Hilfe einer Abfluß-Suspensions-Beziehung. Auf die Problematik von Abfluß und Suspensionfracht (Hysteresen, Wassertaschenausbrüche) wird in Kap. 4.3.3 ausführlich eingegangen (vgl. GURNELL 1987).

3. Bettfracht bzw. Transport an der Gerinnesohle:
Erfahrungen in arktischen Regionen zeigten, daß mit dem kombinierten Einsatz von Sedimentationswannen und -körben recht gut der Transport an der Gerinnesohle nachgewiesen werden kann (vgl. BARSCH et al. 1992a). Die Geländebeschaffenheit und Höhen bis über 4200 m erlauben keinen Einsatz großer Sedimentationswannen o.ä.. Trotz der einkalkulierten Fehlerquote bei Bettfrachtmessungen wird versucht, mit selbstgebauten Sedimentfangkörben (Ausmaße: Breite 80 cm, Länge 50 cm, Tiefe 40 cm; Maschenweite: 1,5 cm) zumindest den Transport an der Gerinnesohle nachzuweisen, und gegebenenfalls eine Differenzierung der transportierten Geröllmenge in Zusammenhang mit der Abflußmenge zu ermöglichen. Um zusätzliche Informationen über die Transportstrecken einzelner Korngrößen und Kornformen zu erhalten, werden gefärbte und markierte Tracersteine im Gerinnebett ausgelegt (s. Kap. 4.3.3.3).

Die Installation des Fangkorbes zur Erfassung der Bettfracht und die Wasserprobennahme (Lösungs- und Suspensionsfracht) erfolgen in unmittelbarer Nähe der Pegelstationen.

- **Messungen zur elektrischen Leitfähigkeit und zur Wassertemperatur**:
  Die Messungen der Leitfähigkeit im Vorfluter dienen zum einen zur Überprüfung bzw. Einordnung der ermittelten Ionenkonzentrationen, zum anderen können damit Herkunftsquellen der Schmelzwässer differenziert werden (Quellwasser von Blockgletschern, Schmelzwasser im Vorfluter etc.). Die Messung der EL erfolgt sowohl mit einem Handmeßgerät als auch mit Leitfähigkeitssonden, die am Pegelgehäuse installiert werden. Beide Meßgeräte haben eine automatische Temperaturkompensation bezogen auf 25°C.
  Die Wassertemperaturen der Blockgletscherquellen können als zusätzlicher Indikator für die Aktivität bzw. Inaktivität der Blockgletscher herangezogen werden (vgl. HAEBERLI 1985; HAEBERLI & PATZELT 1982)(s. Kap. 4.3.2).

- **Messungen von Bodentemperaturen:**
  Da die thermischen Bedingungen im Untergrund direkt mit den (mikro)klimatischen Verhältnissen verknüpft sind, können daraus bedeutende Informationen abgeleitet werden. Die Prospektion von Permafrost, der primär thermisch definiert wird und die Gewinnung von Kenntnissen über die Entwicklung der Auftauschicht gehören zu den wichtigsten Aufgaben dieser Untersuchung. Gerade der Wasserabfluß wird entscheidend durch die Bodencharakteristik bestimmt.
  Bei den Bohrlochtemperatur-Messungen werden PT-100 und NTC-Widerstände (Thermistoren) verwendet. Die Thermistoren weisen einen negativen Temperaturkoeffizienten auf, d.h. die Widerstandswerte nehmen bei steigender Temperatur ab. Aufgrund der Temperaturabhängigkeit des Thermistors (Heißleiters) muß zur Umrechnung der Widerstandswerte in Grad Celsius eine Steigungskonstante verwendet werden, die sich aus den ermittelten Eichwerten ergibt. Die Eichung aller Sensoren erfolgt bei -3/0/5/10 und 20°C vor und z.T. nach der Meßperiode. Aufgrund der zu erwartenden Temperaturen um den Gefrierpunkt (Permafrost) sind die Temperaturfühler im Nullpunktbereich mit einem Eispunktthermometer (1/100° Skaleneinteilung) geeicht worden. Bei allen nachgeeichten Thermistoren ist der Drift kleiner als die angestrebte Meßgenauigkeit von 0,1°C. Die Kalibrierung ergibt für jeden Temperaturfühler einen Korrekturfaktor, der für die Umrechnung der Rohdaten verwendet wird.
  Sämtliche Thermistoren wurden in Plexiglasröhrchen (Durchmesser 10 mm) mit Epoxi-Harz eingegossen, um Meßfehler durch eventuell eindringende Feuchtigkeit oder mechanische Einwirkungen zu vermeiden (s. Kap. 3.3.2).

- **Refraktionsseismische Sondierungen:**
  Die hammerschlagseismische Sondierung muß - insbesondere in Verbindung mit Bodentemperaturen - gerade in extremen Hochgebirgen als zuverlässige und ohne großen Materialaufwand anzuwendende Methode zur Permafrostprospektion angesehen werden. Das physikalische Grundprinzip der Zunahme der seismischen Geschwindigkeit (Ausbreitungsgeschwindigkeit der Schallwellen im Untergrund) mit zunehmender Härte oder zunehmenden Verfestigungsgrad läßt eine Differenzierung des Untergrundes zu. Neben den direkten Aufgrabungen und den Bodentemperaturmessungen bietet die Hammerschlagseismik die Möglichkeit nicht nur oberste Bodenschichten zu differenzieren, sondern auch die Auftaumächtigkeiten im Bereich von Permafrostvorkommen zu bestimmen (z.B. auf Blockgletschern) (vgl. BARSCH 1969,1973; BARSCH & HELL 1975; HAEBERLI & PATZELT 1982; KING 1984). Die punktuellen Bodentemperatur-Messungen können dadurch abgesichert und flächenhaft in einen größeren Zusammenhang gestellt werden.

  Alle Profile wurden mit dem BISON Seismographen 1570 B sowohl up- als auch downdip geschlagen (s. Kap. 3.3.3).

- **Geomorphologische Kartierung der Formen und Prozesse:**
  Die Einordnung verschiedener geomorphologischer Phänomene (z.B. Verbreitung der Blockgletscher, Murgänge, Kryoplanation etc.) erfolgt durch eine detaillierte Kartierung. Die geomorphologische Aufnahme eines Ausschnitts des oberen Agua Negra-Einzugsgebietes konzentriert sich auf den Bereich der beiden Meteo-Stationen. Von besonderer Bedeutung ist die Kartierung geomorphologischer Zeigerphänomene wie aktive und inaktive Blockgletscher, kalte Wandvereisungen (Permafrost) und Frostmusterböden. Rückschlüsse auf Strahlungsgunst bzw. -ungunstlagen, Gesteinsunterschiede oder Feuchteverhältnisse werden dadurch möglich (vgl. MÄUSBACHER 1981) (s. Kap. 3.3.4).
  Die geomorphologische Kartierung bildet die Grundlage einer Gefahrenkarte, die für diese Region von außerordentlicher Wichtigkeit ist, da der kartierte Sektor einen bedeutenden Abschnitt der internationalen Paßstraße von Argentinien nach Chile (Verkehrsachse San Juan - La Serena auf 30° S) abdeckt (vgl. SCHOLL 1992).

In Tabelle 1 sind die Arbeiten und Meßverfahren an den jeweiligen Stationen zusammengefaßt.
Die Untersuchungen konzentrieren sich schwerpunktmäßig auf das höchstgelegenste und kleinste (57 km²) Teileinzugsgebiet des Agua Negra (s. Abb. 3), da nur für diesen Abschnitt großmaßstäbige Karten (1:10.000) zur Verfügung stehen.

Tab. 1: Meßgrößen und Arbeitsverfahren an den jeweiligen Stationen und Teileinzugsgebieten

(m ü.M.)	El Paso (4720)	Eisbein (4150)	Cuatro Mil[4] (4000)	Kolibri (3150)	Cerelac (2650)
Lufttemperatur, -feuchte	■	■	■	■	■
Globalstrahlung	■	■			
Bodentemperatur	■	■			
Abfluß		■	■	■	■
Wasserproben, Filtration (Lösungs-, Suspensionsfracht)		■	■	■	■
Fangkorb (Bettfracht)		■	■	■	■
Steinlinien (Transport an der Gerinnesohle)		■	■	■	■
Terrassensiebung			■	■	■
Refraktionsseismische Sondierung	■	■			
Kartierung	■	■	■	■	■

1.5 Zusammenfassung

Die vielfach diskutierten möglichen globalen Klimaveränderungen der kommenden Jahrzehnte und die weltweite Erwärmung der Atmosphäre (die Entwicklung der Gletscherstände seit dem letzten Hochstand um 1850 belegen u.a. diese Tendenz) erfordern gezielte Analysen der gegenwärtigen Situation. Die bisherigen Arbeiten in den cuyanischen Hochanden, die sich vorwiegend mit der Geomorphologie und Paläoökologie im jüngeren Quartär beschäftigen (GARLEFF & STINGL 1985,1991), bilden eine gute Voraussetzung für die Einbindung aktueller Messungen (z.B. BARSCH & KING 1989; HAPPOLDT & SCHROTT 1989); sie zeigen aber auch die Notwendigkeit quantitativer Arbeiten. Zur Beantwortung der o.g. Fragen wurde ein Untersuchungsgebiet gewählt, das die Bedingungen der semiariden Hochanden in charakteristischer Weise widerspiegelt. Den Permafrostregionen muß angesichts der vergleichsweise kleinen Gletscherflächen eine zentrale Bedeutung als Wasserspeicher und -lieferant beigemessen werden (s. Tab. 2). In der Region Cuyo, in der die wirtschaftlichen Möglichkeiten des Menschen unmittelbar

[4] An den Stationen Cuatro Mil, Kolibri und Cerelac wurden bis auf die Kontrollmessungen der Steinlinien alle Arbeiten im Januar 1991 durchgeführt

von der Menge und Verteilung des Wassers abhängen, sind Aussagen über die Voraussetzungen von Abflußspitzen, den zeitlichen Wassertransfer in die Vorfluter sowie über das latente Gefahrenpotential im Permafrostbereich dringend erforderlich. Auch die einzelnen, in dieser Arbeit angesprochenen Komponenten des Strahlungs- und Wasserhaushaltes können hierzu einen Beitrag leisten.
In Abbildung 4 sind die wichtigsten Methoden und Ziele der Arbeit zusammengefaßt.

Tab. 2: Flächenanteile der Einzugsgebiete von Gletschern und Blockgletschern (Datenquelle: CORTE & ESPIZUA 1981[1]; SCHROTT 1991[2]).

		von Gletschern bedeckt		von Blockgletschern bedeckt	
Einzugsgebiet	Fläche [km²]	[km²]	[%]	[km²]	[%]
Agua Negra (I)[2]	57,17	1,78	3,11	2,07	3,60
Horcones[1]	197,02	9,46	4,80	9,91	5,03
Las Cuevas[1]	654,00	19,58	2,99	23,24	3,55
Rio Mendoza[1]	6311,00	303,64	4,80	182,66	2,90

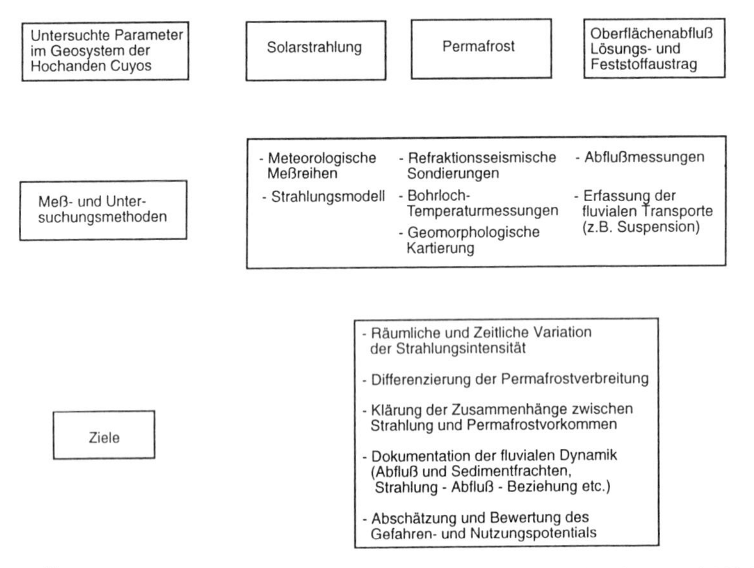

Abb. 4: Überblick zu den wichtigsten Untersuchungsmethoden und Zielen der Arbeit

2. KLIMA

2.1 Einführung

Das Klima in Hochgebirgen unterliegt neben einer starken vertikalen Differenzierung, die beispielsweise in der höhenbedingten Abnahme der Lufttemperatur und des Luftdrucks sowie der Zunahme der Strahlungsintensität zum Ausdruck kommt, vielfältigen Modifikationen durch Hangneigung, Exposition etc., wodurch u.a. lokal begrenzte Wind- und Luftdrucksysteme entstehen können.
Zum besseren Verständnis der meso- und mikroklimatischen Untersuchungen im Einzugsgebiet des Agua Negra sollen kurz einige Grundzüge der atmosphärischen Zirkulation beschrieben werden, die das Wettergeschehen von Cuyo bestimmen (s. Abb. 5).

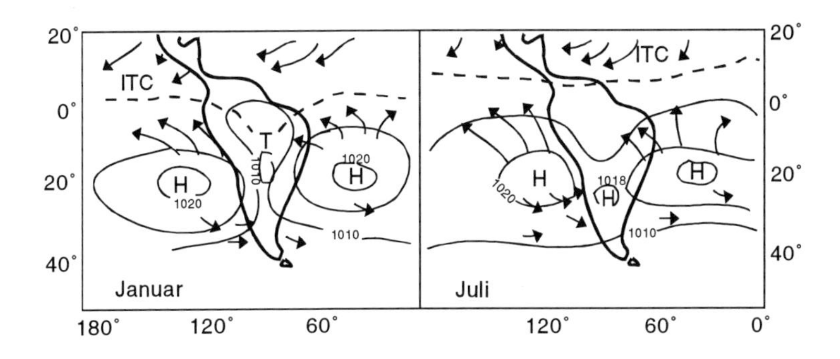

Abb. 5: Mittlere Luftdruckverteilung und Luftströmung für die bodennahe Reibungszone im Januar und Juli (leicht verändert nach WEISCHET 1983, S. 226-227)

In der Region Cuyo wird das Klima maßgeblich von der südpazifischen Hochdruckzelle auf der Westseite, der südatlantischen Antizyklone auf der Ostseite des Kontinents und dem in Höhen bis fast 7000 m (*Aconcagua* 6959 m ü.M., *Mercedario* 6770 m ü.M.) reichenden Gebirgszug der Anden geprägt. In den Südsommermonaten (Oktober-April) reicht der südliche Ausläufer der innertropischen Konvergenzzone (ITC) bis in eine Breite von 20° S. Über dem relativ hochgelegenen, trockenen Gebiet zwischen 20° bis 30° S und 60° bis 70° W bildet sich ein kon-

tinentales Hitzetief aus. Durch dieses thermische Tief wird die südpazifische Hochdruckzelle (auf rund 32° S) von der südatlantischen getrennt (s. Abb. 5).
Während des Südwinters (Mai-September) wird die Region Cuyo von einer relativ stationären Hochdrucklage bestimmt, deren Zentrum bei rund 34° S und 64° W liegt. Diese stabile Hochdruckzelle befindet sich zwischen den pazifischen und atlantischen Antizyklonen und verhindert auf der Andenostabdachung die Dominanz warmfeuchter, regenreicher Luftmassen aus nordöstlichen Richtungen. Auf der West-, d.h. Luvseite der Anden macht sich dagegen der Einfluß der Westwindzone mit etwas feuchteren Luftmassen auf der Rückseite (Ostflanke) der pazifischen Antizyklone bemerkbar (SCHWERDTFEGER 1976; PROHASKA 1976).
Entsprechend diesen quasi stationären Druckgebilden sind an der Westseite der Andenkordillere v.a. Schwankungen der subtropischen Antizyklone für Niederschlagsanomalien verantwortlich (PITTOK 1980; ACEITUNO 1988; MINETTI et al. 1982; MINETTI & SIERRA 1989), während die semiariden bis ariden Regionen an der Andenostabdachung in den Provinzen von Mendoza und San Juan sommerlichen Konvektionsniederschlägen und erheblichen Temperaturanomalien unterliegen (MINETTI et al. 1988; POBLETE & MINETTI 1989; NORTE 1988).

Bedingt durch das subtropische Zonenklima (30° S) und der wolkenarmen Leelage im Schatten der Andenkette, zählt die Region Cuyo zu den strahlungsreichsten Gebieten der Erde. Aus diesem Grund soll in den folgenden Kapiteln vor allem der Einfluß der Solarstrahlung auf die Geomorphodynamik eines Hochgebirgssystems untersucht werden.

2.2 Solarstrahlung - theoretische Grundlagen

Zum besseren Verständnis der anschließenden Kapitel, in denen der Einfluß der Globalstrahlung vor allem anhand von hydrologischen und mikroklimatischen Prozessen diskutiert wird, sollen im folgenden einige wichtige Grundlagen des Strahlungshaushaltes behandelt werden. Ausführliche Darstellungen dazu finden sich in den einschlägigen Fach- und Lehrbüchern (vgl. u.a. DIRMHIRN 1964; WEISCHET 1983; HÄCKEL 1985; MALBERG 1985; ROEDEL 1992).

Die Solarstrahlung ist die steuernde Größe im Energiehaushalt. Sie ist insbesondere in subtropischen Hochgebirgen maßgeblich an meteorologischen, hydrologischen, geomorphologischen und mikroklimatischen Prozessen beteiligt. Da der thermische Energietransport zur Erdoberfläche fast ausschließlich durch Sonnenstrahlung erfolgt, muß der solaren Einstrahlung als dem 'Motor der Atmosphäre' eine herausragende Bedeutung beigemessen werden. Obwohl die von der Sonne ausgehende Strahlungsenergie außerhalb der Atmosphäre mit umgerechnet 1368 W/m^2 nahezu konstant ist, kommt es durch die Neigung der Erdachse räumlich und zeitlich gesehen zu ungleichmäßigen Energieeinträgen an der Erdoberfläche und somit zu Ausgleichsprozessen, die sich u.a. im täglichen Wettergeschehen bemerkbar ma-

chen. Die Energiezufuhr und der Energieverlust werden als Energieflußdichte, Energie pro Zeit und Fläche, in W/m^2 oder $Joule/m^2$ ausgedrückt.
Der Transfer von Energie durch die solare Strahlung erfolgt hierbei ohne zusätzliches Medium über elektromagnetische Wellen, deren Spektrum von ultraviolett (0,01-0,35 µm) bis infrarot (0,75-100 µm) reicht (HÄCKEL 1985). Die vor allem im sichtbaren Bereich liegende Sonnenstrahlung unterliegt beim Durchgang durch die Atmosphäre bestimmten Veränderungen. Dabei kommt es zu Energieverlusten, die beispielsweise im ultravioletten Bereich von etwa 0,1-0,3 µm zu einer nahezu vollständigen Absorption in der Stratosphäre führen. Bis zum Auftreffen an der Erdoberfläche erfolgt ein weiterer Energieverlust durch Streuung an Aerosolteilchen, Dunst- und Wolkentröpfchen sowie geringe Absorption an Wasserdampfmolekülen.

In der Atmosphärenphysik wird hierbei zwischen der Rayleigh- und der Mie-Streuung unterschieden. Die Rayleigh-Streuung erfolgt an Zentren, deren Radien kleiner sind als die Wellenlänge des gebeugten Lichts (< 0,1µm). Das heißt der blaue, kurzwellige Lichtanteil unterliegt stärker dem Streuungsprozeß als der langwellige, rote Anteil. Dagegen wird die sogenannte Mie-Streuung nur an relativ großen Aerosolpartikeln, Dunst oder Wolkentröpfchen wirksam (ROEDEL 1992).

2.2.1 Die Strahlungsbilanz und ihre Gesetzmäßigkeiten

Die an der Erdoberfläche eintreffende Energie setzt sich aus der direkten solaren Sonnenstrahlung und der diffusen oder indirekten Himmelsstrahlung zusammen. Die Summe beider kurzwelligen Strahlungsanteile wird als Globalstrahlung bezeichnet. Ein Teil der auftreffenden Globalstrahlung wird je nach Reflexionsvermögen bzw. Oberflächenbeschaffenheit direkt emittiert. Dies ist bei Strahlungsbilanzierungen von größter Bedeutung, da der Anteil der reflektierten Strahlung stark variiert. So werden z.B. von einer Neuschneedecke bis zu 90% reflektiert, dagegen weist ein Ackerboden nur ein Reflexionsvermögen von etwa 20% auf. Das Verhältnis zwischen Reflexion und Einstrahlungswerten wird auch als Albedo bezeichnet.

Den tatsächlichen Energie-Eintrag der absorbierten Strahlung an der Erdoberfläche verdeutlicht die kurzwellige Strahlungsbilanzgleichung:

$$Q_K = D + H - R \tag{1}$$

mit: Q_K = kurzwellige Strahlungsbilanz
D = direkte Sonnenstrahlung
H = diffuse Himmelsstrahlung
R = Albedo (reflektierter Strahlungsanteil)

Im täglichen Gang des Strahlungshaushaltes lassen sich zwei Hauptphasen des kurz- und langwelligen Energietransfers[5] unterscheiden. Die bisher erwähnte kurzwellige Einstrahlungsphase erfolgt zwischen Sonnenaufgang und Sonnenuntergang und übertrifft mit Ausnahme der frühen Morgen- und Abendstunden die langwellige Ausstrahlung ganz erheblich. Das Überangebot an Energie führt zur Erhöhung der Temperatur des Bodens und gegebenenfalls zur Evaporation. Darüberhinaus wird infolge der erhöhten Bodentemperatur Energie an die Luft abgegeben.
In der zweiten Phase, d.h. während der Nacht kommt es aufgrund der fehlenden solaren Einstrahlung zum umgekehrten Wärmefluß und somit zu einem Energieverlust an der Erdoberfläche. Ein Teil der langwelligen Ausstrahlung wird von atmosphärischen Gasen reflektiert und führt als atmosphärische Gegenstrahlung zu einem erneuten Energieeintrag, der jedoch im Vergleich zur langwelligen Ausstrahlung relativ gering ist. Die Gesetzmäßigkeiten der langwelligen Ausstrahlung an der Erdoberfläche werden quantitativ durch das Stefan-Boltzmann'sche und das Kirchoff'sche Gesetz, qualitativ durch das Wien'sche Verschiebungsgesetz ausgedrückt (WEISCHET 1983; HÄCKEL 1985).

Nach dem Gesetz von Stefan-Boltzmann bewirkt die am Tage steigende Temperatur an der Erdoberfläche eine mit der vierten Potenz steigende Energieabgabe durch langwellige Strahlung. Für die Verhältnisse an der Erdoberfläche stellt das Kirchhoff'sche Gesetz eine Korrektur dar, da bei nicht-schwarzen Körpern die Ausstrahlungsreduktion dem nicht absorbierten Energieanteil entspricht. Das heißt, das Gesetz von Stefan-Boltzmann muß für die realen Strahlungsbedingungen an der Erdoberfläche noch mit einem Emissionskoeffizienten ε (entspricht dem Absorbtionskoeffizienten) ergänzt werden.

Schließlich kann mit dem Wien'schen Verschiebungsgesetz die Wellenlänge der intensivsten Abstrahlung berechnet werden. Es besagt, daß die Wellenlänge maximaler Strahlungsenergie um so kleiner wird, je höher die Temperatur des bestrahlten Körpers ist. Obwohl tagsüber eine höhere Energieabgabe langwelliger Ausstrahlung erfolgt, kommt es durch die Überkompensation kurzwelliger Einstrahlung nur während der Nacht zu einem Energieverlust an der Erdoberfläche, der mit der langwelligen Strahlungsbilanz definiert werden kann:

$$Q_L = AG - A \tag{2}$$

mit:
Q_L = langwellige Strahlungsbilanz der Erdoberfläche
AG = atmosphärische Gegenstrahlung
A = langwellige Ausstrahlung des Bodens

[5] Dieser Prozeß des Energietransfers durch Wärmestrahlung und Wärmeleitung soll in Kapitel 3 anhand eigener Meßreihen diskutiert werden

Die Gesamtheit aller Energieströme an der Erdoberfläche kann mit der Strahlungsbilanzgleichung erfaßt werden (vgl. WEISCHET 1983):

$$Q = D + H - R_k - A + G - R_l \quad (3)$$

mit:
- D = direkte Sonnenstrahlung
- H = diffuse Himmelsstrahlung
- R_k = Albedo
- A = langwellige Ausstrahlung
- G = atmosphärische Gegenstrahlung
- R_l = Reflexion langwelliger Strahlung

Einen vereinfachten, schematisierten Tagesgang der einzelnen Komponenten des Strahlungshaushaltes zeigt Abbildung 6:

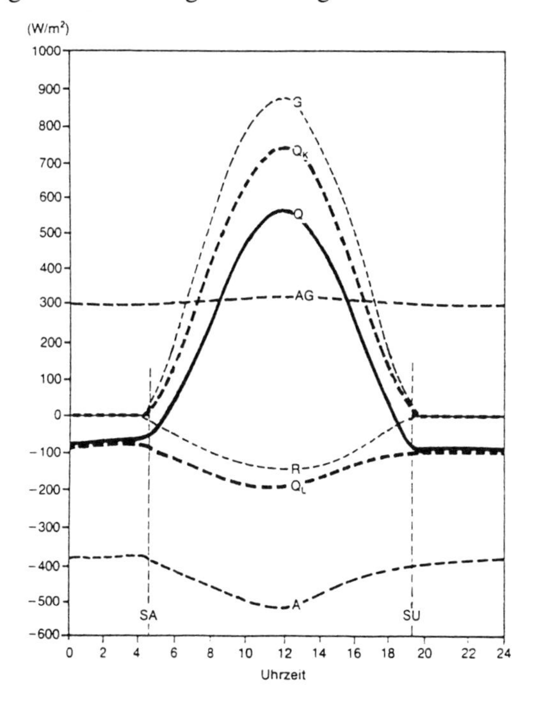

G = Globalstrahlung, Q_K = kurzwellige Strahlungsbilanz, Q = gesamte Strahlungsbilanz, AG = atmosphärische Gegenstrahlung, R = kurzwellige Reflexstrahlung, Q_L = langwellige Strahlungsbilanz, A = langwellige Ausstrahlung von der Erdoberfläche, SA = Sonnenauf-, SU = Sonnenuntergang

Abb. 6: Vereinfachter und schematisierter Tagesgang der einzelnen Komponenten des Strahlungshaushaltes (leicht verändert nach HÄCKEL 1985, S. 148)

2.2.2 Die Umsetzung der Strahlungsenergie an der Erdoberfläche

Wenngleich mit der Strahlungsbilanz die wichtigsten der am Energiehaushalt beteiligten Parameter erwähnt worden sind, müssen zu einer vollständigen Betrachtung des Energieumsatzes im Boden neben der Strahlung auch Energiespeicherung und Energieaustausch (Energieumwandlungen) berücksichtigt werden, da sie den Wärmehaushalt an der Erdoberfläche beeinflussen.
Beim Tauen (Energieüberschuß) und Gefrieren (Energieverlust) eines Bodens wird Energie über den Bodenwärmestrom transportiert. Von den thermischen Eigenschaften des Bodens (Wärmeleitfähigkeit, Temperaturleitfähigkeit, Wärmekapazität) hängt schließlich die Geschwindigkeit und Eindringtiefe der Temperaturwelle ab (vgl. auch Kap. 3). Außer der Strahlungsbilanz und dem Bodenwärmestrom bestimmen zwei weitere Komponenten den Wärmehaushalt der Erdoberfläche. Der Austausch fühlbarer und latenter Wärme durch Konvektion und Verdunstung bedeutet einen gewissen Energieverlust und damit die Kompensation des Strahlungsbilanzüberschusses an der Erdoberfläche mit dem Ergebnis einer ausgeglichenen Energiebilanz.
Die in der Wärmehaushaltsgleichung zusammengefaßten Energieströme sind:

$$Q + B + L + V = 0 \tag{4}$$

mit: Q = Strahlungsbilanz
B = Bodenwärmestrom
L = fühlbare Wärme
V = latente Wärme

Ebenso wie die Strahlungsbilanz weisen Bodenwärmestrom, fühlbare und latente Wärme einen ausgeprägten Tagesgang auf, der jedoch nicht direkt in Verbindung mit der einfallenden Strahlungssumme stehen muß, sondern stark von den thermischen Eigenschaften und dem Wassergehalt des Bodens reguliert wird.

Einen zusammenfassenden Überblick über das globale Budget der Solarstrahlung und der Energieflüsse im System Erde-Atmosphäre zeigt Abbildung 7. Hierbei werden die einzelnen Komponenten in eine globale Relation zueinander gesetzt. Von den 100% der auf die Atmosphäre treffenden Strahlung werden nach direkter Reflexion in den Weltraum (planetarische Albedo ≈ 30%) ca. 20% in Strato- und Troposphäre und rund 50% an der Erdoberfläche absorbiert (FORTAK 1982; ROEDEL 1992). Von besonderer Wichtigkeit für den gesamten Wärmehaushalt ist der hohe Reflexionsanteil der langwelligen Ausstrahlung, welcher der Erdoberfläche als atmosphärische Gegenstrahlung wieder zugeführt wird. In diesem Zusammenhang muß der vielfach diskutierte Anstieg des $C0_2$ erwähnt werden, der u.a. zu einer Reduzierung der langwelligen Ausstrahlung und so wiederum zu einem Anstieg der atmosphärischen Gegenstrahlung führt. Diese Vorgänge in der Atmosphäre bewirken den bekannten Treibhauseffekt.

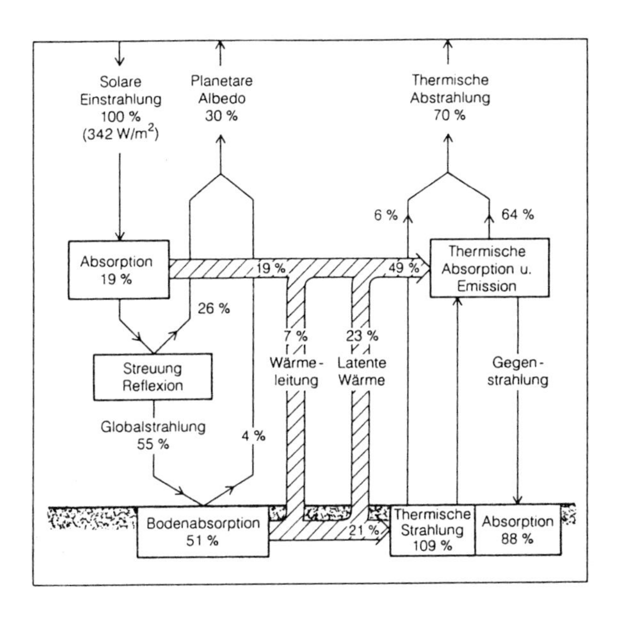

Abb. 7: Zusammenfassende Darstellung der Strahlungs- und Energieflüsse im System Erde-Atmosphäre (leicht verändert nach ROEDEL 1991, S. 49)

Die solare Einstrahlung weist entsprechend der geographischen Breite unterschiedliche Intensitäten auf. In einigen Trockengebieten der Subtropen liegen die Globalstrahlungswerte weit über dem Durchschnitt. Dies ist zum einen bedingt durch die geographische Breite bzw. durch den hohen Sonnenstand. Zum anderen bewirkt die ganzjährig hohe relative Sonnenscheindauer bei geringer relativer Luftfeuchtigkeit und geringer Trübung hohe Einstrahlungssummen. Da mit Hilfe der Globalstrahlung der gesamte theoretische Energieinput größenmäßig eingeordnet werden kann und die Prozesse der Wärmeübertragung darüber hinaus sehr von der Größe dieses Parameters beeinflußt werden, kommt dieser Komponente des Strahlungshaushaltes eine besondere Bedeutung zu (vgl. Kap. 2.3.2 u. 2.5.1 sowie Kap. 3).

2.3 Globalstrahlung und Evapotranspiration in Cuyo

Durch eine relative Sonnenscheindauer von durchschnittlich 70%[6] und nur geringer Trübung werden Globalstrahlungssummen erreicht, wie sie in ähnlicher Weise nur

---

[6] Werte der Station San Juan 1970-1990 (Datenquelle: INTA)

im südlichen Afrika, in Zentralaustralien und im Himalaya vorkommen (vgl. ROEDEL 1992).
Obwohl der solaren Einstrahlung in diesen Oasenregionen eine große agroklimatische Dominanz eingeräumt werden muß, fehlt es an einschlägigen Detailstudien. Die längeren Meßreihen der wenigen Klimastationen sind häufig lückenhaft, unveröffentlicht und z.T. ohne technische Angaben zum Meßverfahren und zur Kalibrierung. Dies erschwert den Vergleich und macht ein Einhängen der vorliegenden Meßreihen problematisch.

In Abbildung 8 ist der jahreszeitliche Verlauf der Stationen San Juan, Embalse El Yeso und Agua Negra dargestellt.

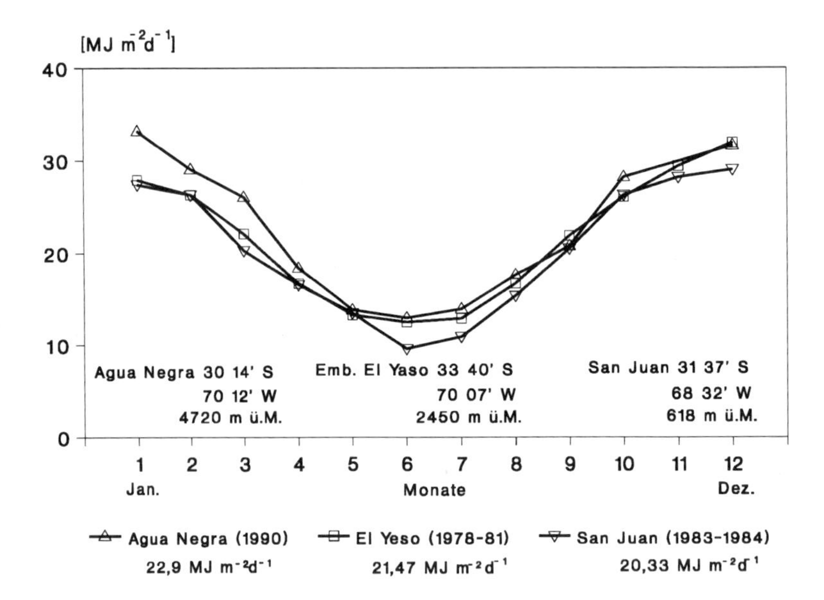

Abb. 8: Der jahreszeitliche Verlauf der Globalstrahlung von den Stationen Agua Negra, Embalse El Yeso und San Juan (Datenquelle: Eig. Messungen, PEÑA et al. 1986, INTA)

Obwohl die Meßperioden relativ kurz sind und nicht denselben Zeitraum abdecken, können daraus wichtige Informationen abgeleitet werden, da die durchschnittliche jährliche Strahlungssumme keinen großen Schwankungen unterliegt. Interessant ist dabei die höhenbedingte Zunahme an solarer Einstrahlungsintensität, die auf eine Abnahme an molekularer Absorption und Streuung an Aerosolteilchen, Wolken- und Nebeltröpfchen zurückgeführt wird (s. Kap. 3).

In einer der wenigen Untersuchungen zur Strahlungsbilanz in den santiagenischen Hochkordilleren/Chile wurde ein Extinktionskoeffizient bzw. Strahlungsgradient von 0,69%/100 m anhand sechs verschiedener Meßstationen zwischen 900 und 3800 m ü.M. empirisch ermittelt (vgl. PEÑA et al. 1986). Dieser Gradient ist auch beim Vergleich der in Abbildung 8 dargestellten Globalstrahlungssummen zu erkennen.

Im Vergleich mit Strahlungssummen aus dem Alpenraum (MÜLLER 1984; FUNK 1985; BERNATH 1991) oder den kanadischen Rocky Mountains (BAILEY et al. 1989) wird deutlich, daß ungleich höhere Durchschnitts- und Maximalwerte erreicht werden (vgl. Kap. 3). Vor allem während der Wintermonate macht sich die hohe relative Sonnenscheindauer bei den erzielten Tagessummen der Globalstrahlung bemerkbar. Bei durchschnittlichen Tagessummen von >20 MJ/m^2 steigen in den strahlungsreichsten Monaten (November, Dezember, Januar) die Werte auf annähernd 30 MJ/m^2 d (≈347 W/m^2) an. Selbst in den Wintermonaten (April-August) ermöglicht die hohe relative Sonnenscheindauer noch einen Strahlungsgenuß von rund 12-14 MJ/m^2 d. Lediglich während der Monate Juni und Juli fallen die Strahlungswerte auf z.T. unter 10 MJ/m^2 d ab (s. Abb. 8).

Im Hochgebirge mit seiner hohen Reliefenergie ist jedoch neben der absoluten Höhe vor allem die unterschiedliche Exposition, Hangneigung und Horizontüberhöhung (Beschattung) für die Strahlungsintensität an der Erdoberfläche verantwortlich. Auf diesen Aspekt wird deshalb in Kapitel 3 nochmals ausführlich eingegangen.

Der insgesamt sehr hohe Energieeintrag bedingt entsprechende Verdunstungsraten, wobei zwischen der real stattfindenden und der für aride-semiaride Regionen wesentlich höheren potentiellen Evapotranspiration unterschieden werden muß. Die aktuelle Evapotranspiration ist in den vegetationsarmen semiariden Steppen außerhalb der Bewässerungsgebiete San Juans und in den hochgelegenen Andenregionen sehr gering. Dagegen erreicht die potentielle Evapotranspiration, d.h. die Verdunstung bei theoretisch unbeschränktem Wasserangebot (hypothetische Landverdunstung), aufgrund der hohen Lufttemperatur, der intensiven Sonneneinstrahlung, hohen Windgeschwindigkeiten und der geringen relativen Luftfeuchtigkeit sehr hohe Werte. Die potentielle Verdunstung unterliegt dabei einer gewissen räumlichen Variabilität, da sie neben dem Energieangebot auch von der Albedo und der Oberflächenrauhigkeit abhängt. Die Kalkulationen von POBLETE & MINETTI (1989) zur potentiellen Evapotranspiration basieren auf der Formel von THORNTHWAITE (1948).

Wichtige Steuergröße beim Berechnungsverfahren nach THORNTHWAITE ist die Temperatur, mit der zunächst ein Wärmeindex ermittelt wird. Der errechnete Verdunstungswert muß anschließend unter Einbeziehung von Breitenlage und Sonnenscheindauer korrigiert werden. Für die Region San Juan geben die o.g. Autoren potentielle Verdunstungswerte von rund 850-900 mm/a an, was aufgrund der

Breitenlage und Srahlungsintensität als sehr gering erscheint. Die einseitige Betrachtung der Temperatur in der Formel von THORNTHWAITE macht sich hier offensichtlich nachteilig bemerkbar. Dies belegen auch die Messungen des agroklimatischen Instituts von San Juan/Pocito (31° S). Hier werden mit Hilfe von Verdunstungstanks (*Class-A-Pan*) Evaporationswerte von durchschnittlich 1600-1800 mm/a angegeben, die aufgrund der Strahlungsintensität realistisch erscheinen (s. Abb. 9). Leider werden keine näheren Angaben zum Meßverfahren gemacht, so daß diese Daten nur als Anhaltspunkte dienen können.

Neben dem relativ einfachen Verfahren von THORNTHWAITE, in dem beispielsweise das Fehlen der Luftfeuchte auffällt, werden auch Berechnungsformeln von ALBRECHT, HAUDE, PENMAN u.a. verwendet (vgl. u.a. PENMAN 1948; UHLIG 1954; WOHLRAB et al. 1991). Vor allem das Verfahren von PENMAN, dessen Vorteil in der Berücksichtigung entscheidender meteorologischer Größen wie Strahlungsbilanz und Windgeschwindigkeit liegt, fand große Beachtung und wurde mehrfach modifiziert.

Da für die Station San Juan/Pocito Globalstrahlungswerte vorliegen, soll mit Hilfe einer weiteren empirischen Formel die potentielle Evapotranspiration berechnet und mit den Angaben der Verdunstungstanks verglichen werden. Die Formel von TURC (1961) hat den Vorteil, daß neben der Temperatur auch die Globalstrahlung und die relative Luftfeuchtigkeit berücksichtigt werden (SCHRÖDTER 1985):

$$ETP = 0{,}4 \frac{Tm}{Tm+15}(Rs + 15)(1+\frac{50-RH}{70}) \quad [mm/30\ d] \tag{5}$$

mit: *ETP* = potentielle Evapotranspiration (pro Monat)
Tm = Monatsmitteltemperatur in °C
Rs = mittlere Globalstrahlung
RH = mittlere relative Luftfeuchtigkeit

Die Differenz der berechneten potentiellen Evapotranspiration zu den Verdunstungsmessungen beträgt zwischen 10 und 25%, was vermutlich v.a. auf die Nichtberücksichtigung der Ventilation zurückzuführen ist. Die damit ermittelten potentiellen Evapotranspirationswerte nähern sich jedoch deutlich den Werten der Verdunstungstanks (s. Abb. 9). Auffällig ist der nahezu parallele Verlauf von potentieller Evapotranspiration und Globalstrahlung, der sich durch die Gewichtung der Globalstrahlung in der Berechnungsformel von TURC ergibt. Die Formel von THORNTHWAITE zeigte, daß die Übertragbarkeit von empirischen Formeln generell problematisch sein kann. Detaillierte Angaben zu einzelnen Berechnungsverfahren und deren Vor- und Nachteile finden sich z.B. in HERRMANN (1977), SCHRÖDTER (1985) und ROEDEL (1992).

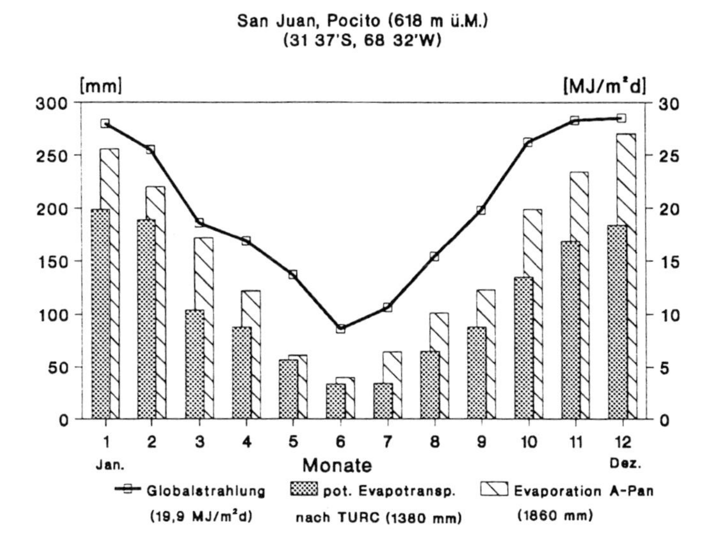

Abb. 9: Globalstrahlung, Evaporation und potentielle Evapotranspiration in San Juan/Pocito (Datenquelle: INTA)

Zur Veranschaulichung des Energiepotentials berechnete SCHREIBER (1973) Quotienten aus der mittleren Globalstrahlung und der mittleren Verdunstungsenergie. Die daraus erstellte Isolinienkarte für Südamerika zeigt für das Untersuchungsgebiet und die Region Cuyo, daß z.T. weniger als 1/15 der kurzwellig eingestrahlten Energie für die Verdunstung benötigt wird. Dieser Energieüberschuß wird je nach Oberflächenbeschaffenheit in unterschiedlichem Maße reflektiert, vom Boden in Form von Wärme aufgenommen oder durch Gegenstrahlung erneut verdunstungseffektiv. Die Folgen dieser hohen Verdunstung in der Provinz San Juan sind negative Wasserbilanzen und eine ganzjährige Abhängigkeit von künstlicher Bewässerung.

2.4 Lufttemperatur und Niederschlag in Cuyo

Langjährige Meßreihen zur Lufttemperatur und zum Niederschlag sind nur für die Provinzhauptstädte und einige weitere Städte verfügbar. Dabei können aus der Datenserie der Provinzhauptstadt San Juan zwar einige "Trends" wie die leichte

Erwärmung innerhalb der letzten 60 Jahre abgelesen werden, für Extrapolationen weiter entfernt gelegener Gebiete in den Andenregionen sind diese Werte jedoch kaum zu verwenden (s. Abb. 10). Hinzu kommt, daß nur anhand des leichten Temperaturanstiegs innerhalb der letzten 60 Jahre noch keine globalen Veränderungen abgeleitet werden können. Auch der zugrundeliegende Zeitraum spielt hierbei eine große Rolle. Betrachten wir beispielsweise den Zeitraum von 1960-1990, so ist zwar eine große Variabilität der Jahresmitteltemperaturen, aber kein nennenswerter Abkühlungs- oder Erwärmungstrend festzustellen. Nur unter Hinzunahme möglichst vieler Klimastationen, langjährigen kontinuierlichen Aufzeichnungen und zusätzlichen Informationen wie z.B Gletscherstände, können treffendere Interpretationen vorgenommen werden. Die Abbildung 10 gibt jedoch zu erkennen, daß generell eine hohe Variabilität sowohl von der Lufttemperatur als auch in der Niederschlagsmenge vorherrscht.

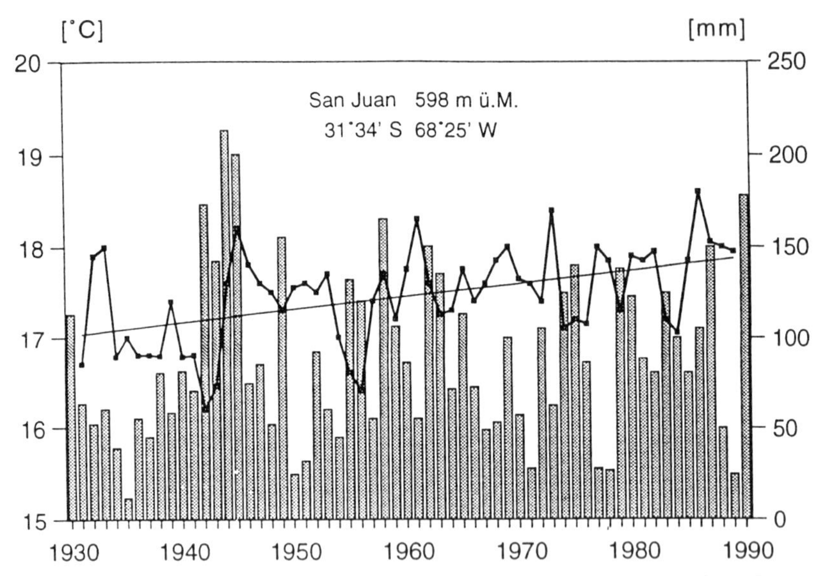

Abb. 10: Mittlere jährliche Lufttemperatur und Niederschlag von San Juan zwischen 1930-1990 mit Regressionsgeraden (Datenquelle: INTA)

Die Modifikationen des Hochgebirgsklimas sowie die besondere Lage des Untersuchungsgebietes im Übergangsbereich von sommerlichen Konvektionsniederschlägen und winterlichen Advektivniederschlägen westlicher Strömungen soll im folgenden anhand einiger Klimastationen in der näheren Umgebung des Untersuchungsgebietes sowie eigener Meßreihen aufgezeigt werden (vgl. Abb. 12).

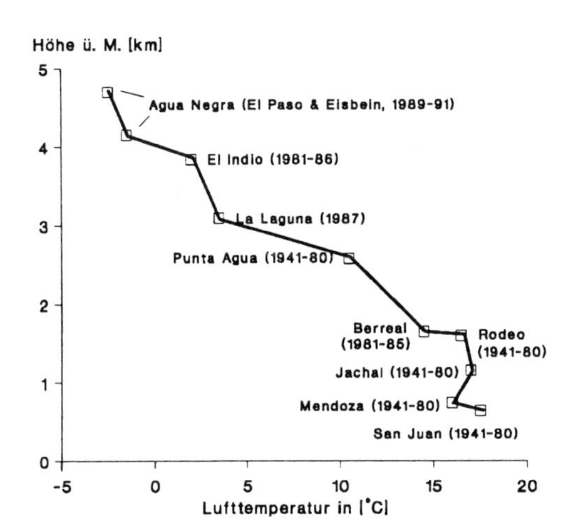

Abb. 11: Jahresmitteltemperaturen einiger Klimastationen und Temperaturgradienten in Cuyo (Datenquelle: Eigene Messungen und MINETTI et al. 1986)

Für die Region Cuyo liegen zwei Studien zum Verlauf der Lufttemperatur und des Niederschlags vor, die einige interessante Zusammenhänge aufdecken (MINETTI et al. 1986; MINETTI et al. 1988). So zeigt sich beispielsweise bei der Lufttemperatur, daß in gewissen Höhenstufen und Hochtälern starke Temperaturgradienten oder aber Temperaturinversionen auftreten (s. Abb. 11). Plötzlicher starker Temperaturanstieg in den Hochtälern und am Andenfuß bei gleichzeitiger starker Abnahme der Luftfeuchtigkeit (z.T. < 10%) werden meist durch die Sturmstärken erreichenden Zonda-Winde (entspricht dem Föhn in den Alpen) verursacht. Die synoptischen Voraussetzungen und Entstehungsbedingungen dieses auf der Leeseite trockenadiabatischen Wind-Temperaturphänomens wurden für die Region Cuyo von NORTE (1988) ausführlich untersucht. In vielen Fällen erreichen die Zonda-Winde nur die hochgelegenen Siedlungen, so daß trotz einer Höhendifferenz von rund 1000 m die Jahresmitteltemperaturen einiger Stationen nahezu identisch sind. Dieser Effekt wird beim Vergleich der beiden Stationen Rodeo (1640 m ü.M.) und San Juan (640 m ü.M.) deutlich, da die Jahresmitteltemperatur bei einem Höhenunterschied von 1000 m lediglich um 1,1°C differiert (s. auch Abb. 11). Dadurch ergibt sich, abgesehen vom lückenhaften Meßnetz, eine weitere Problematik. Eine Extrapolation ohne genaue Geländekenntnisse und zusätzliche Messungen wird schwierig oder gar unmöglich.

Je nach Lage der Meßstation (Einzugsbereich des Zondas, Andenwestabfall etc.) können völlig andere Höhengradienten ausgebildet sein. Ein Vergleich mit Stationen auf der Andenost- und Andenwestseite soll dies verdeutlichen.

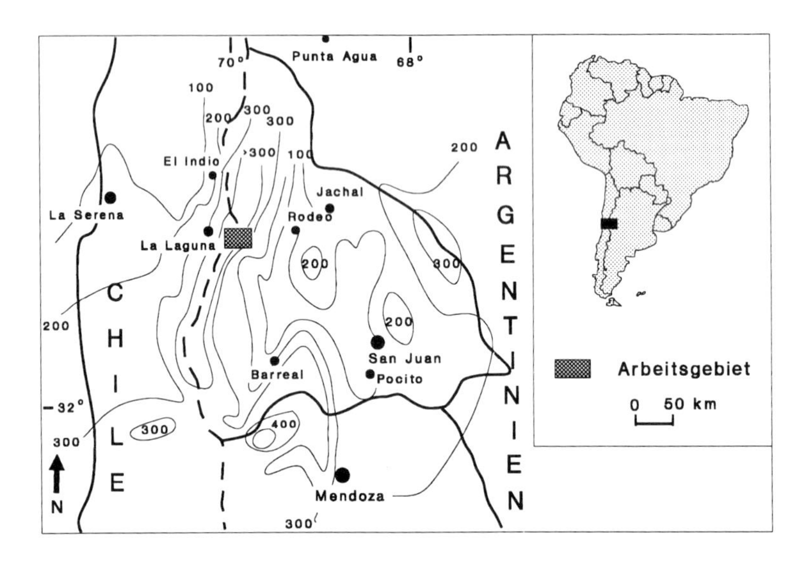

Abb. 12: Niederschlagsverteilung und Lage der Meßstationen (Datenquelle: EREÑO & HOFFMANN 1978, MINETTI et al. 1986)

So beträgt der durchschnittliche Höhengradient zwischen der höchst- (Agua Negra, 4720m ü.M.) und tiefstgelegenen Station (San Juan, 640 m ü.M.) 0,42°C/100 m. Allerdings ergeben sich unter Verwendung der Daten anderer Klimastationen einige Modifikationen. Zwischen der Station Rodeo (1640 m ü.m.) (vgl. Abb. 11 u. 12) und der höchsten Station im Untersuchungsgebiet (El Paso) läßt sich ein Höhengradient der Lufttemperatur von 0,61°C/100 m errechnen. Die Ursache dieses steileren Temperaturgradienten ist in den höheren Jahresmitteltemperaturen von Rodeo (16,4°C in 1640 m ü.M.) zu sehen, die v.a. durch die erwähnten Zonda-Winde eine merkliche Korrektur nach oben erfahren (s. Abb. 11) (vgl. NORTE 1988).

Die Korrelierung mit den naheliegenden Klimastationen auf der Andenwestabdachung (s. Abb. 11 u. 12) La Laguna (3100 m) und El Indio (3843 m ü.M.) und der im Untersuchungsgebiet installierten Station El Paso (4720 m ü.M.) ergibt Tempe-

raturgradienten von 0,49 bzw. 0,57°C/100 m. Auffallend ist der etwas geringere Temperaturgradient des Winterhalbjahres (0,2°C/100 m, Station El Paso - Rodeo; vgl. auch Abb. 11), der vermutlich durch den Einfluß der relativ warmen Tage mit Zonda-Winden zustande kommt. Beim Vergleich der verschiedenen Klimastationen muß bedacht werden, daß z.T. aufgrund des lückenhaften Meßnetzes unterschiedliche Zeiträume verglichen werden und dadurch Ungenauigkeiten auftreten können. Geringe Temperaturgradienten im Winterhalbjahr wurden auch von PROHASKA (1972) und BÖGEL & LAUTENSACH (1956) ermittelt. GARLEFF (1977) differenzierte in den mendozinischen Anden zusätzlich nach Höhenstufen und gibt zwischen 2700 und 3800 m ü.M. einen etwas steileren Gradienten an.
Daß insbesondere die höhergelegenen Teileinzugsgebiete stärker dem westlichen Witterungseinfluß unterliegen, wird im Laufe der weiteren Betrachtung und unter Berücksichtigung des Niederschlags noch deutlicher werden.

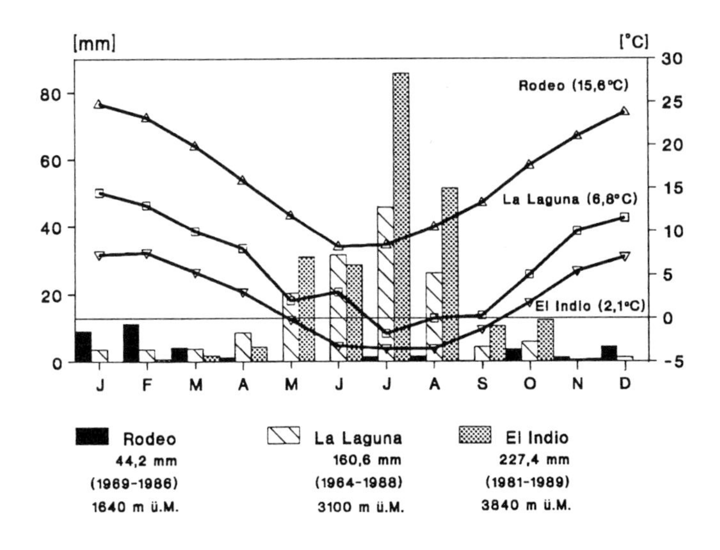

Abb. 13: Niederschlagsverlauf an den Stationen Rodeo, La Laguna und El Indio (Datenquelle: OJEDA 1989, I.D.I.H 1989, DGDA)

Neben den angesprochenen Temperaturanomalien muß insbesondere der Niederschlag und dessen räumliche und zeitliche Variation analysiert werden. In Abbildung 12 sind die durchschnittlichen Niederschlagssummen in ihrer räumlichen

Variabilität durch den Verlauf der Isohyeten dargestellt. Deutlich zu sehen ist die höhenbedingte Zunahme der Niederschläge sowohl auf der Andenwest- als auch auf der Andenostabdachung. Entscheidend für mikroklimatische Prozesse (Dauer und Eindringtiefe des Bodenfrostes etc.), Vegetationsentfaltung, Abflußregime und Bewässerungsfragen ist jedoch nicht nur die Jahressumme des Niederschlags, sondern auch dessen jahreszeitlicher Verlauf. Wichtige Hinweise erhält man beim Vergleich einiger Klimastationen der chilenischen und argentinischen Kordilleren auf 30° ± 1° S.

Abbildung 13 verdeutlicht, daß die unweit und in der Höhe vom Untersuchungsgebiet gelegenen chilenischen Klimastationen La Laguna und El Indio rund 80% des Jahresniederschlags in den Monaten Mai-September erhalten, wobei die Gesamtmengen im langjährigen Mittel 160 bzw. 227 mm betragen. Geradezu diametral entgegengesetzt verläuft die jahreszeitliche Niederschlagskurve der argentinischen Station Rodeo, die rund 80% des Jahresniederschlags in den Sommermonaten Dezember-März, vorwiegend durch konvektive Gewitterschauer, erhält. Eine noch deutlichere Differenzierung der Situation ermöglichen die Untersuchungen von MINETTI et al. (1986).

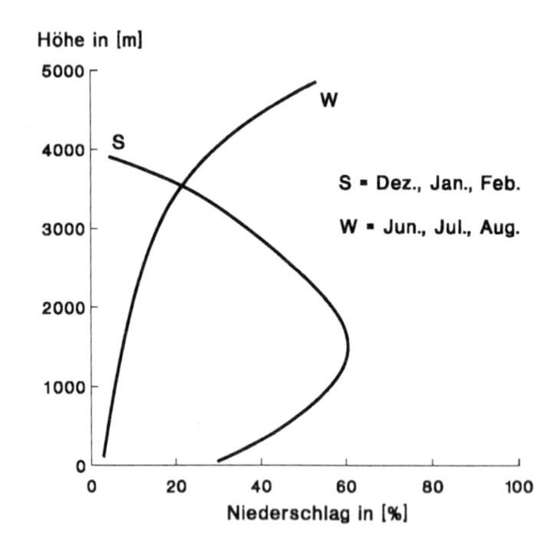

Abb. 14: Hygrischer Gradient der Andenostabdachung unter Verwendung der Klimastationen von San Juan (Datenquelle: MINETTI et al. 1986)

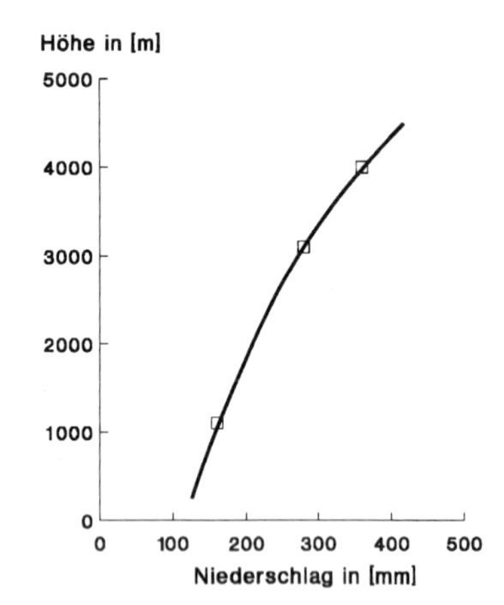

Abb. 15: Hygrischer Gradient im Einzugsgebiet des Rio Elqui (Datenquelle: MINETTI et al. 1986)

Anhand aller verfügbarer Klimadaten der argentinischen Stationen innerhalb der Kordilleren zwischen 30° und 32° S. ist eine jahreszeitliche Differenzierung in Abhängigkeit von der Höhe zu erkennen (s. Abb. 14).

Trotz der erwähnten höhenbedingten Zunahme des Niederschlags im Jahresmittel (vgl. auch Abb. 12) ist das Maximum der Niederschläge bei tiefer gelegenen Stationen auf die Sommermonate Dezember, Januar und Februar beschränkt (s. Abb. 14). Dies muß insbesondere bei der Differenzierung der Abflußverhältnisse im Untersuchungsgebiet beachtet werden, da die tiefer gelegenen Abschnitte noch in den Einflußbereich konvektiver Sommerniederschläge hineinreichen (vgl. Kap. 4). Dagegen dürften die paßnahen Höhenstufen weitgehend dem hygrischen Gradienten des benachbarten Elqui Einzugsgebietes (Andenwestabdachung) entsprechen.

Unter Berücksichtigung der Schwierigkeiten der Niederschlagserfassung im Hochgebirge, der unregelmäßigen und z.T. kurzen Meßperioden und der beträchtlichen Jahresschwankungen (vgl. Abb. 10) können für den Höhenbereich von 1000 bis 5000 m ü.M. durchschnittliche Jahresniederschläge von 100-350 mm angegeben werden (s. auch Abb. 12 u. 15) (vgl. MINETTI et al. 1986). Niederschläge oberhalb 3500 m ü.M. gehen vorwiegend als Schnee oder Graupel nieder. Leider konnten die aufgefangenen Niederschlagsmengen eines in 4500 m ü.M. installierten Totalisators aufgrund der hohen Fehlerquote nicht verwendet werden. Die Schneefälle in dieser Höhe waren stets mit sehr hohen Windgeschwindigkeiten verbunden, so daß eine sinnvolle Niederschlagsmessung weitgehend unmöglich war.

Zusammenfassend kann festgehalten werden, daß im gesamten Umfeld des Untersuchungsgebietes semiaride bis aride Bedingungen vorherrschen, die vorwiegend jahreszeitlich differenziert sind und in den hochgelegenen Regionen ein Niederschlagsmaximum im Winter aufweisen.

2.5 Die klimatischen Verhältnisse im Untersuchungsgebiet

Nachdem in den vorherigen Kapiteln die wesentlichen Grundzüge des Klimas beiderseits der Andenkette auf rund 30° S beschrieben worden sind, sollen nun die klimatischen Verhältnisse im Untersuchungsgebiet vor allem anhand eigener Meßreihen analysiert werden.
Dabei werden im wesentlichen die Meßdaten von zwei installierten Meteo-Stationen in 4150 und 4720 m ü.M. diskutiert, die von Dezember 1989 bis April 1991 kontinuierlich u.a. Globalstrahlung und Lufttemperaturen aufzeichneten (s. Abb. 16, 17 und 18). Der Vorteil dieser Meßreihen liegt zum einen in der hohen Auflösung des Meßintervalls (z.T. 5 min), zum anderen in der Genauigkeit der geeichten Meßinstrumente.

2.5.1 Messungen zur Globalstrahlung

Daten zu einzelnen Komponenten des Strahlungshaushaltes lagen bis zur Aufnahme dieser Studie weder vom Untersuchungsgebiet noch von der näheren Umgebung vor.

Durch die in Abbildung 8 dargestellten Mittelwerte entfernter Stationen kann die Globalstrahlung im Untersuchungsgebiet zwar größenmäßig eingeordnet werden, jedoch wäre eine Extrapolation der verfügbaren Werte ungenau und zudem ohne tages- und jahreszeitliche Auflösung.
Mit den in 4150 und 4720 m ü.M. installierten Pyranometern wurde über 16 Monate hinweg die Globalstrahlung nahezu kontinuierlich aufgezeichnet.

Bei einer relativen Sonnenscheindauer von > 70 % und sehr geringer Trübung werden in diesen subtropischen Regionen extrem hohe Strahlungswerte erreicht (s. Abb. 16 u. 18). In den Monaten November, Dezember, Januar und Februar werden bei der Station El Paso (4720 m ü.M.) Monatsmittel von > 30 MJ/m^2 d erreicht. Lediglich in den Wintermonaten sinken die Werte unter 15 MJ/m^2 d. Die Abbildung 16 zeigt den Jahresgang der Globalstrahlung in Monatsmitteln, mittleren Minima und mittleren Maxima. Die relativ konstante Differenz zwischen mittleren Minima- und Maximawerten von 15-20 MJ/m^2 d ist deutlich zu erkennen. Bemerkenswert ist, daß im strahlungsswächsten Monat Juni immer noch durchschnittlich über 12 MJ/m^2 d erreicht werden. Während der Monate Dezember, Januar und Februar sind Monatsmittel unter 30 MJ/m^2 d gewöhnlich nicht zu erwarten.

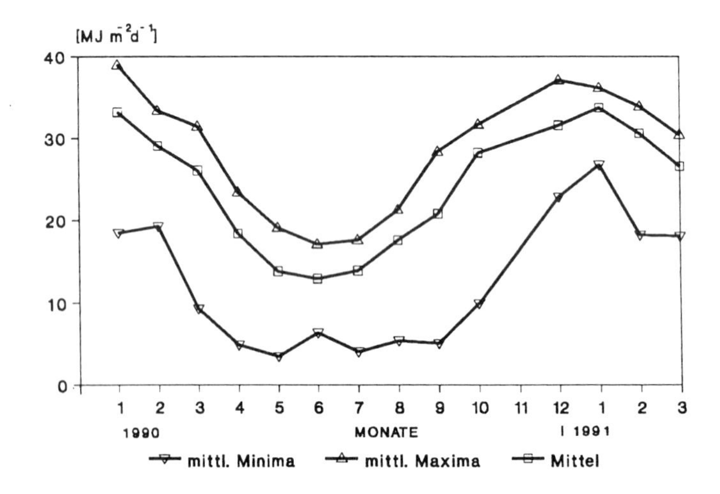

Abb. 16: Monatsmittel sowie mittlere Minima und Maxima der Globalstrahlung in 4720 m ü.M. (Station El Paso)

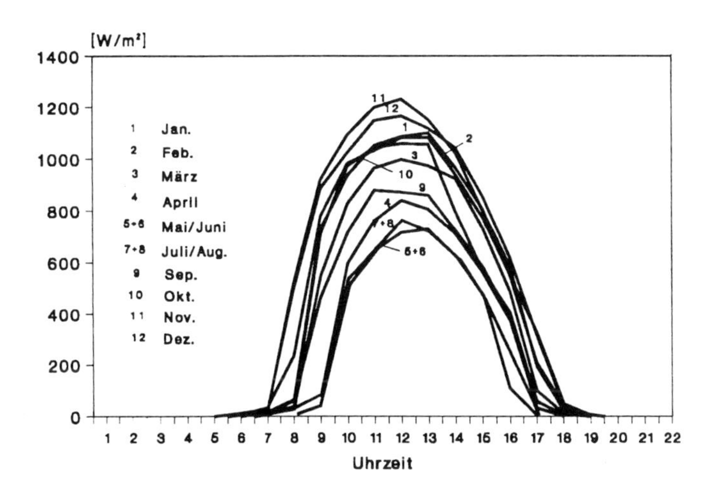

Abb. 17: Monatliche Stundenmittel der Globalstrahlung in 4720 m ü.M. (Station El Paso)

Abbildung 17 zeigt die monatlichen Stundenmittel der Globalstrahlung an der Station El Paso (4720 m ü.M.) für das Jahr 1990. Neben der hohen Tageseinstrahlung, die in den Monaten Oktober bis einschließlich März während des Sonnenhöchststandes in den Mittagsstunden auf Werte von über 1000 W/m^2 steigt, fällt auf, daß im Oktober aufgrund der hohen Mehrfachreflexion an den z.T. noch schneebedeckten Hängen die kurzfristigen Strahlungsspitzen des Monats Dezember übertroffen werden. Betrachten wir jedoch die absolut erzielten Maximalwerte und Tagessummen, so entsprechen sie weitgehend den Tagen mit Sonnenhöchststand. Strahlungssummen von über 34 MJ/m^2 d werden nur im Dezember und in der ersten Januarwoche erreicht. Von Mai - Oktober muß aufgrund des Sonnenstandes und der vielfach vorhandenen Schneedecke (Albedoeffekt) von einem etwas geringeren Energieeintrag ausgegangen werden. Nach den Untersuchungen von PEÑA et al. (1986) in den santiagenischen Kordilleren schwankt die Albedo je nach Schneebeschaffenheit zwischen 0,3 und 0,82 (s. Tab. 3). Der Einfluß der Albedo auf die Strahlungsbilanz ist jedoch im Vergleich zu den Alpen deutlich geringer, da erstens die intensive Strahlung eine rasche Veränderung der Schneedecke bewirkt und zweitens die Dauer der Schneedecke merklich verkürzt ist (ca. 5-7 vs. 8 Monate).

In Abbildung 18 sind die Monatsmittel der Tagessummen beider Stationen während des Meßzeitraums abgetragen. Deutlich ist der sinusförmige Verlauf der Jahreskurve zu erkennen.

Tab. 3: Schwankungsbreite der mittleren täglichen Albedowerte (Angaben nach PEÑA et al. 1986)

Schneecharakteristik	Albedo
Neuschnee	0,75 - 0,82
Neuschnee (1 bis 3 Tage alt)	0,70 - 0,74
Altschnee (Dichte zwischen 0,55-0,60 gr/cm^3)	0,45 - 0,55
Büßerschneefeld mit fleckenhaftem Neuschnee	0,45 - 0,68
Büßerschneefeld mit Altschnee	0,40 - 0,52
Büßerschneefeld mit stark verfirnter Auflage des Vorjahres	0,30 - 0,40

Der direkte Vergleich beider Stationen zeigt, daß an der höhergelegenen Meßstation El Paso konstant etwa 5-8% höhere Strahlungswerte erreicht werden. Ein Meßfehler ist hierbei auszuschließen, da die beiden Pyranometer gegeneinander geeicht worden sind und sämtliche Rohdaten mit entsprechenden Eichfaktoren korrigiert wurden.

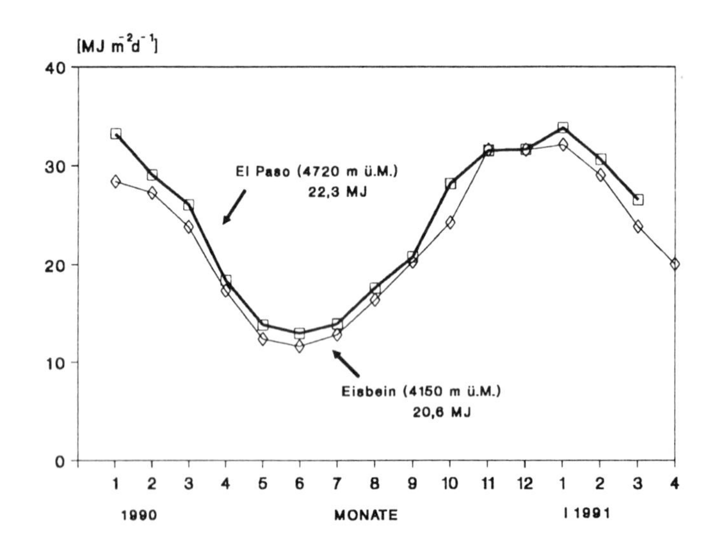

Abb. 18: Monatsmittel der Globalstrahlung der Stationen El Paso (4720 m ü.M.) und Eisbein (4150 m ü.M.) für das Jahr 1990

Vielmehr sind die höheren Werte der Station El Paso durch die größere absolute Höhe und vermutlich zusätzlich durch die auftretende Mehrfachreflektionen des kleinen Gletschers an der Südostwand über der Station zu erklären. Annähernd so hohe Werte wie in den argentinischen Anden wurden an der Westflanke der santiagenischen Kordilleren auf rund 33° S gemessen (PEÑA et al. 1886). Auch aus dem Himalaya sind extrem hohe Globalstrahlungswerte bekannt. Im Khumbu Himalaya (29° N) konnte KRAUS (1971; vgl. auch HÄCKEL et al. 1970) in 4750 m ü.M. Strahlungsspitzen von 1428 W/m^2 messen. Durch Mehrfachreflexion an Eiswänden oder Wolken können bisweilen Maximalwerte erreicht werden, die dem Energiestrom der Solarkonstanten entsprechen (1370 W/m^2) oder diesen gar übertreffen. Dies wird in subtropischen Hochgebirgen beobachtet (HÄCKEL et al. 1970; KRAUS 1971; SCHROTT 1991).

ROEDEL (1992) gibt für die Sommermonate in den Subtropen Monatsmittel von 300 bis 350 W/m^2 an, was umgerechnet 26 bis 30,5 MJ/m^2 entspricht. Aus den europäischen Alpen sind deutlich geringere Werte bekannt, wenngleich auch hier noch Maximalwerte von 29-32 MJ/m^2 erreicht werden können (MÜLLER 1984; BERNATH 1991). Typische Jahresmittelwerte der Globalstrahlung in den Schweizer Alpen auf rund 47° N schwanken zwischen 127 und 138 W/m^2 bzw. 11 und 12 MJ/m^2 (OHMURA et al. 1990).

2.5.2 Tages- und Jahresgang der Lufttemperatur

Charakteristisch für das kontinentale Klima der cuyanischen Hochanden sind, wie bereits ausgeführt, neben den geringen Niederschlägen und der hohen solaren Strahlung die relativ hohen Lufttemperaturen während der Sommermonate und eine sehr niedrige relative Luftfeuchtigkeit (20-35%). In Abbildung 16 ist der Verlauf der Lufttemperatur an der Station El Paso während des Meßzeitraums dargestellt. Aus den Daten der installierten Meßstation auf 4720 m ü.M. errechnet sich für das Jahr 1990 eine Jahresmitteltemperatur der Luft von -2,3°C.

Da dieser Wert einem für diese Region typischen extrapolierten Temperaturgradienten von 0,6 bzw. 0,5°C entspricht (ausgehend von der argentinischen Station Rodeo und der chilenischen Station La Laguna), kann das Beobachtungsjahr bezüglich der Lufttemperatur als durchschnittlich bezeichnet werden (s. Abb. 11).
In Abbildung 20 sind die Schwankungen der Lufttemperatur in Monatswerten abgetragen.

Die Amplitude der Lufttemperatur beträgt im Monatsmittel 14°C, bei -8,3°C im Juli und 5,6°C im Dezember. Das niedrigste mittlere Minimum fällt mit -11,5°C auf den Juli, wobei das absolute Minimum mit -23,4°C bereits im Mai auftritt. Dagegen wird sowohl das mittlere als auch das absolute Maximum im Dezember erreicht, mit Werten von 12,9 bzw. 16,7°C.

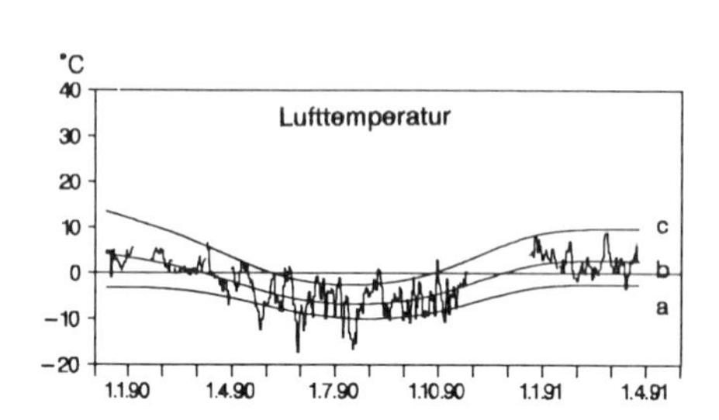

Abb. 19: Der Verlauf der Lufttemperatur an der Station El Paso in 4720 m ü.M.; *spline Kurven* durch mittl. Minima (a), Mittel (b) und mittlere Maxima (c)

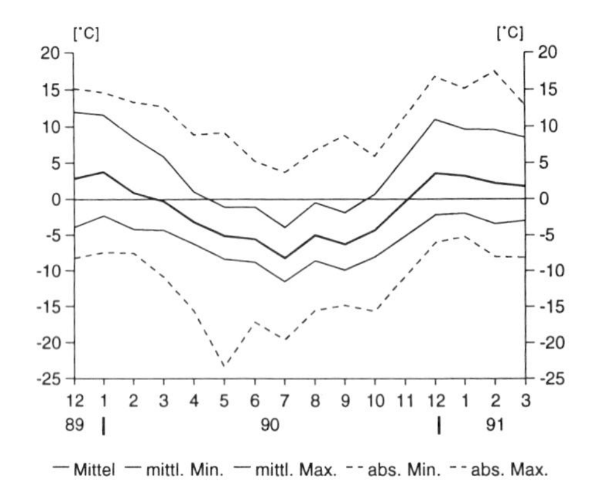

Abb. 20: Monatsmittel, -minima und -maxima der Lufttemperatur an der Station El Paso in 4720 m ü.M.

Entscheidend für die Intensität der Geomorphodynamik in der periglazialen Höhenstufe sind jedoch nicht die Durchschnittswerte, sondern die Amplituden der Tagesschwankungen, die Frostwechselhäufigkeit sowie die Dauer der Frostperiode (s. Abb. 21).

Charakteristisch für das subtropische Hochgebirgsklima ist die hohe Zahl der Frostwechseltage. So wurden im Beobachtungsjahr 1990 an der Klimastation El Paso neben 124 Eistagen und 12 frostfreien Tagen 229 Frostwechseltage registriert. Ähnliche Resultate zeigen auch die Messungen von HAPPOLDT & SCHROTT (1989) aus den mendozinischen Hochanden. Hier wurden in 4000 m ü.M. während eines Meßjahres 190 Tage mit mindestens einem Nulldurchgang/Tag, 123 Eistage und 55 frostfreie Tage nachgewiesen. Im Zusammenhang mit der Verwitterungsintensität wird in Kapitel 3 nochmals ausführlich auf die Frostwechseldynamik eingegangen.

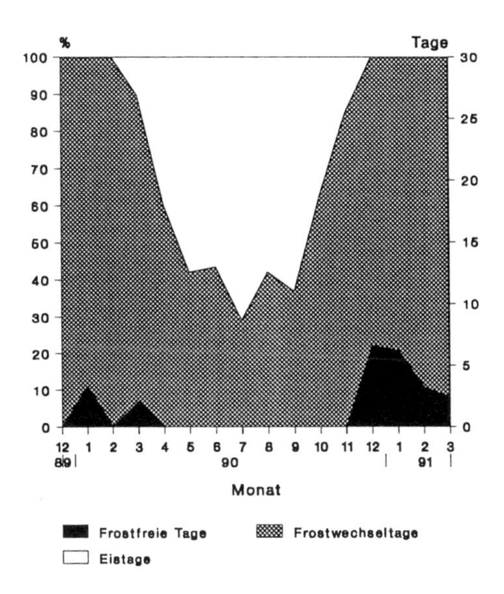

Abb. 21: Eistage, Frostwechseltage und frostfreie Tage an der Station El Paso in 4720 m ü.M.

2.6 Zusammenfassung

Das vom Ostrand der Kordilleren bis zum Andenhauptkamm reichende Untersuchungsgebiet unterliegt besonderen atmosphärischen Verhältnissen, die eine differenzierte Betrachtung erforderlich machen. Bedingt durch das subtropische Zonenklima auf 30° S und einer jährlichen relativen Sonnenscheindauer von rund 70% erfährt der gesamte Untersuchungsraum eine sehr hohe solare Einstrahlungsintensität, wie sie nur in wenigen Landschaftsräumen der Erde (z.B. Himalaya, Zentralaustralien) erreicht wird.

Im Einzugsgebiet des Agua Negra wurden Globalstrahlungsspitzen von über 1400 W/m^2 bzw. Tagessummen von > 38 MJ/m^2 registriert (s. Tab. 4). Die sehr hohen Werte subtropischer Hochgebirgsregionen von z.T. über 20 MJ/m^2 d im Jahresdurchschnitt deuten auf den steuernden Einfluß der Globalstrahlung bei geomorphologischen, hydrologischen und mikroklimatischen Prozessen hin.
Bemerkenswerte räumliche und zeitliche Unterschiede sind beim Niederschlag zu erkennen. Bei generell hoher Variabilität und höhenbedingter Zunahme der Jahresniederschlagsmengen liegen die hochgelegenen, nordöstlichen Teileinzugsgebiete (s.

Abb. 12 u. 14) im Einflußbereich von Winterniederschlägen, wogegen die Höhenstufen unterhalb 4000 m ü.M. vor allem sommerliche Konvektionsniederschläge erhalten. Anhand der Niederschlagsstudien von MINETTI et al. (1986) und den Werten von einigen umliegenden Meßstationen kann - unter Berücksichtigung der meßtechnischen Probleme der Niederschlagserfassung im Hochgebirge - eine Jahressumme von rund 100-350 mm für das Untersuchungsgebiet angenommen werden. Charakteristisch für die subtropischen Hochgebirge sind die großen Tagesamplituden der Lufttemperatur, die im Untersuchungsgebiet bei einer Jahresmitteltemperatur von -2,3°C in 4720 m ü.M zu 229 Frostwechseltage führten.

Tab. 4: Lufttemperatur, Globalstrahlung und Niederschlag in Mittel- und Extremwerten (Agua-Negra Einzugsgebiet sowie die Stationen von Rodeo und La Laguna)

	Lufttemperatur (März 1990 - April 1991) Agua Negra	
	4150 m ü.M	4720 m ü.M.
Jahresmittel	- 1,5°C	- 2,3°C
Absolutes Min.	- 19,0°C	- 23,3°C
Absolutes Max.	22,8°C	16,7°C
	Globalstrahlung (Dez. 1989 - März 1991) Agua Negra	
Jahresmittel	20,6 MJ/m^2 d	22,3 MJ/m^2
Max. Tagessumme	36,4 MJ/m^2 d	38,1 MJ/m^2
Absolutes Max.	1443 W/m^2	1445 W/m^2
	Niederschlag	
	Rodeo[1] (1969-86) 1600 m ü.M.	La Laguna[2] (1964-88) 3100 m ü.M.
Jahresmittel	44,2 mm	160,6 mm
Jahresmaximum	11,2 mm (Feb.)	45,7 mm (Juli)
Jahresminimum	0,1 mm (Jun.)	0,6 mm (Nov.)

[1] Datenquelle: IDHI (1989)
[2] Datenquelle: DGDA

3. STRAHLUNG UND PERMAFROST

3.1 Einführung

In Hochgebirgsregionen werden die Prozesse des Energieaustausches (z.B. Schneeschmelze) maßgeblich von der Solarstrahlung, der steuernden Komponente im Energiehaushalt, und dem fühlbaren Wärmestrom beeinflußt (vgl. u.a. HÄCKEL et al. 1970; OHMURA 1981; FUNK 1985; BAILEY 1989; HOELZLE 1992). Die thermische Entwicklung an der Oberfläche und im Boden hängt sehr stark vom Energieeintrag, d.h. von der Nettostrahlung ab (s. Kap. 2.2.2).

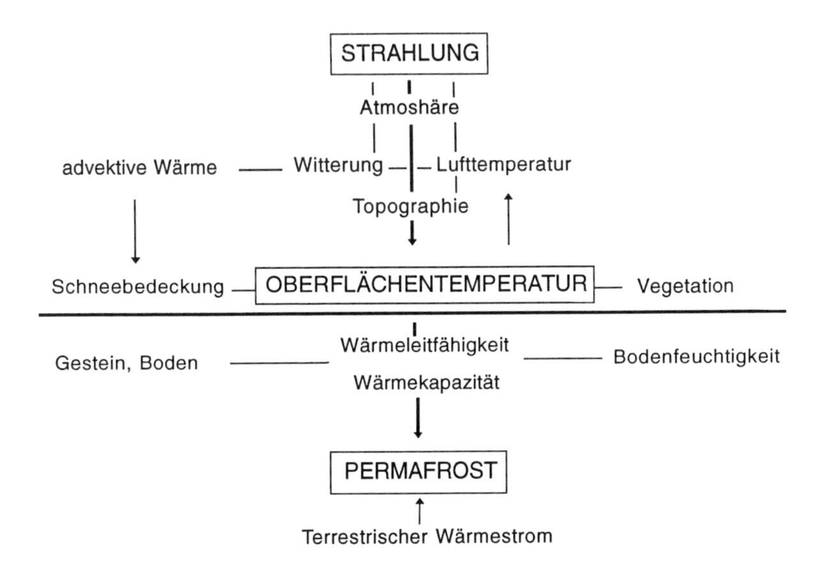

Abb. 22: Schema der Einflußfaktoren auf die Existenz und Verbreitung von Permafrost

Ziel dieser Teiluntersuchung ist es, genauere Kenntnisse über den Zusammenhang zwischen Solarstrahlung, Oberflächentemperatur und Permafrost im Uuntersuchungsgebiet zu erhalten.
Da die Existenz von alpinem Permafrost primär eine Funktion

- der direkten Sonnenstrahlung,
- der Lufttemperatur,
- der Dauer und Mächtigkeit der Schneedecke,
- und der Bodencharakteristik (thermische Eigenschaften, Feuchtegehalt)

ist (vgl. HAEBERLI 1990a), wird versucht anhand der wichtigsten Parameter, insbesondere der Globalstrahlung, die Permafrostverbreitung in einem typischen Einzugsgebiet der argentinischen Hochanden zu erklären.

Die Schneedecke wirkt sich lediglich modifizierend auf die Untergrundtemperatur aus, da die Dauer der Schneebedeckung gegenüber den Alpen erheblich verkürzt ist (ca. 5-7 vs. 8 Monate). Ähnliches gilt für die thermischen Eigenschaften des Bodens, die vor allem die Amplitudengröße der Bodentemperatur beeinflussen (vgl. Kap. 3.3.2). Das Wirkungsgefüge der Einflußfaktoren auf die Existenz und Verbreitung von Permafrost zeigt Abbildung 22.

3.2 Das Strahlungsmodell

Die Übertragbarkeit von Einzelmessungen im Hochgebirge ist - bedingt durch die starken Reliefunterschiede und mikroklimatischen Veränderungen - recht problematisch und außerdem kosten- und zeitintensiv. Daher bietet es sich an, Faktoren wie Niederschlag oder Strahlungsgenuß über Computermodelle zu berechnen. Wichtig dabei ist, daß das verwendete Modell gut die tatsächlichen Verhältnisse wiedergibt, was durch empirisch ermittelte Daten überprüft werden muß.

Zur Berechnung der potentiellen Direktstrahlung wird ein Strahlungsmodell verwendet, das an der Versuchsanstalt für Wasserbau, Hydrologie und Glaziologie der ETH Zürich von FUNK (1985) entwickelt und anschließend von FUNK & HOELZLE (1992) optimiert wurde. Es ermöglicht die Berechnung der potentiellen Direktstrahlung (Tagessummen) unter Berücksichtigung der geographischen Breite, der Sonnenscheindauer und insbesondere auch der Topographie (Hangneigung, Hangazimut, Bergschatten) (FUNK & HOELZLE 1992). Das Strahlungsmodell kann wegen der eingeschränkten Kartengrundlage nur für das obere Teileinzugsgebiet des Agua Negra angewandt werden und beruht auf dem dafür erstellten digitalen Geländemodell (s. Abb. 3 u. Abb. 22). Das Berechnungsverfahren wird in Kapitel 3.2.2 erläutert.

3.2.1 Das digitale Geländemodell

Das digitale Geländemodell basiert auf den unveröffentlichten Kartenblättern *Agua Negra* und *San Lorenzo* im Maßstab 1:10.000 (Äquidistanz = 10 m). Diese wurden aufgrund der beabsichtigten Straßenbaumaßnahmen zur Wiedereröffnung des Passes Agua Negra im Jahre 1991 vom *Centro de Fotogrametria, Cartografia y Catastro* der Universität San Juan angefertigt. Die Karten beruhen auf Luftbildern von 1980 und terrestrischen Vermessungen in den Jahren 1980-88.

Die Digitalisierung der 50 m Isohypsen, eine erste Datenaufbereitung und die Erstellung der Hangneigungs- und Expositionskarte, erfolgte mit dem Geographischen-Informationssystem (GIS) IDRISI. Aus den digitalisierten Isohypsen wird mit Hilfe des Softwarepakets SURFER ein digitales Geländemodell mit einem regelmäßigen Gitter von zunächst 75 m interpoliert. Das digitalisierte Geländemodell, welches aus 23.500 Gitterpunkten besteht, wurde anschließend mit den Softwareprodukten SAS und PV WAVE weiterverarbeitet.

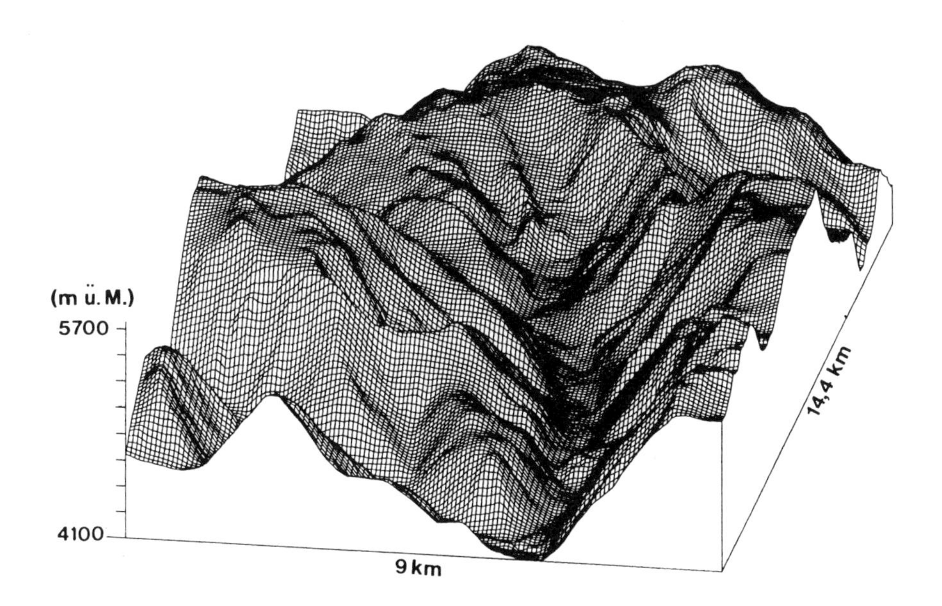

Abb. 23: Digitales Geländemodell des oberen Einzugsgebietes Agua Negra mit einem 75 m Raster.

Mit Hilfe einer fiktiven "Lichtquelle" aus Nordwesten kann dieses digitale Geländemodell beleuchtet werden, wodurch eine automatische Schattierung entsteht (s. Abb. 24). Diese liefert ein äußerst wirklichkeitsnahes Bild der gegebenen Reliefstrukturen. Das "Schatten-Relief" mit Talformen, Hängen, Kuppen und Plateaus gleicht einer Schrägbildaufnahme und ermöglicht nicht nur Einblicke in z.T. unzugängliche Gebiete, sondern zeigt sogar Mesoformen wie Blockgletscher (s. Abb. 24).

Abb. 24: Quasi 3-D Modell des oberen Einzugsgebietes Agua Negra mit Schummerungseffekt. Der Pfeil markiert den Blockgletscher Dos Lenguas

Das Geländemodell bildet ferner die Grundlage für die Berechnung von Flächenanteilen einzelner Höhenstufen, Expositions- und Hangneigungskarten sowie der räumlich und zeitlich differenzierten potentiellen Direktstrahlung.

3.2.2 Die Berechnung der potentiellen Direktstrahlung

Das Ziel des Modells ist die Berechnung der theoretisch möglichen, maximalen Solarstrahlung für einen definierten Ausschnitt der Erdoberfläche und zu einem gegebenen Zeitpunkt. Die Energie der potentiellen direkten Strahlung, welche auf einen Ausschnitt der Erdoberfläche an einem Tag mit optimalem Strahlungsgenuß trifft, ist durch folgende Gleichung definiert (vgl. FUNK 1985; FUNK & HOELZLE 1992):

$$I_P = \int_{t_r}^{t_s} I_0 \cos(N, S)\, dt \tag{6}$$

mit: I_P = potentielle Direktstrahlung
I_o = Direktstrahlung
t_r, t_s = Zeit des Sonnenauf- bzw. Sonnenuntergangs
N = Normalvektor zur Geländeoberfläche
S = Sonnenrichtungsvektor

Bei dem Berechnungsverfahren ist zu beachten, daß der gewählte digitalisierte Geländeausschnitt eine ausreichende Größe aufweist, um die möglichen Horizontpunkte aller Gitterpunkte innerhalb des Untersuchungsgebietes zu bestimmen. Dies ist von entscheidender Bedeutung, da anhand des Geländemodells der Einfluß der Topographie (Hangneigung, Hangazimut, Bergschatten) auf die Besonnungsdauer und einfallende Strahlung untersucht werden soll.

Zur Lösung des Integrals werden die Sonnenauf- und Sonnenuntergangszeiten über den Sonnenrichtungsvektor und Horizontvektor bestimmt. Für die Berechnungsverfahren des Sonnenrichtungsvektors, des Normalvektors und der Zeit des Sonnenauf- und Sonnenuntergangs sei auf die Ausführungen in FUNK (1985) verwiesen. Die direkte Strahlung an der Erdoberfläche ist ferner von der Distanz abhängig, welche die Sonnenstrahlen durch die Atmosphäre zurücklegen. Diese Distanz oder Sonnenhöhe eines bestimmten Ortes wird bei gegebener geographischer Breite durch die Variablen Höhe (m ü.M.), Deklination δ der Sonne (Grad) und Stundenwinkel (Grad) festgelegt.

3.2.2.1 Die räumliche und zeitliche Variation potentieller Direktstrahlung

Am Beispiel des strahlungsschwächsten Monats Juni sowie des strahlungsreichsten Monats Dezember soll die räumliche und zeitliche Variation der potentiellen Direktstrahlung aufgezeigt werden (vgl. Abb. 26 u. 27, s. Anhang). Die Isolinien und Farbskalierungen geben eine Spannbreite der durchschnittlichen Strahlungintensität zwischen 5 und 20 MJ/m² d an. Eine Analyse der Strahlungskarten gibt interessante Hinweise auf relativ strahlungsarme Gebiete, die nicht direkt auf die Exposition zurückzuführen sind, sondern insbesondere durch Beschattungseffekte verursacht werden. Das heißt, die nach der Expositionskarte ausgewiesenen nördlich exponierten Hänge sind zwar rein theoretisch strahlungsexponiert, durch die hohen Reliefunterschiede entstehen jedoch Bergschatten, die besonders strahlungsarme Areale auch an Nordhängen ermöglichen.

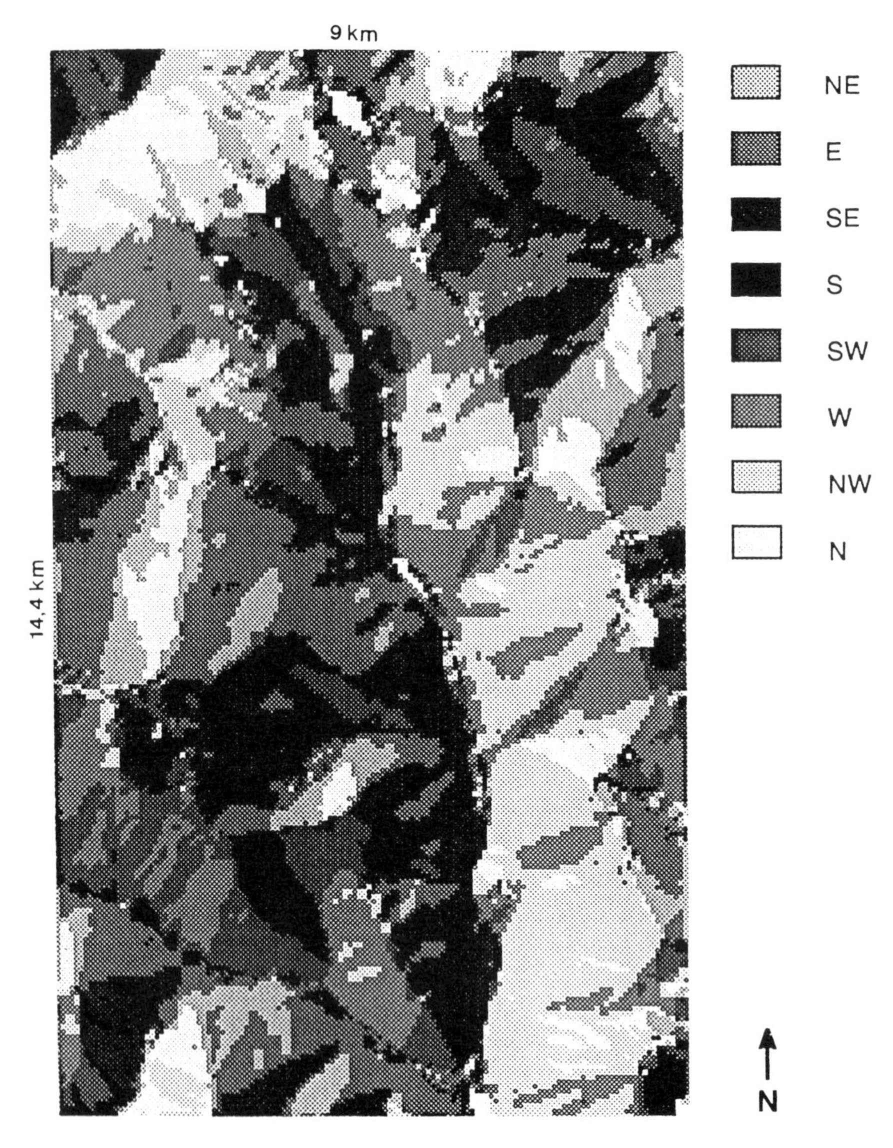

Abb. 25: Expositionskarte des oberen Einzugsgebietes Agua Negra

Näheren Aufschluß darüber gibt die für das obere Einzugsgebiet erstellte Karte zur potentiellen Direktstrahlung im Juni sowie die entsprechende Expositionskarte (Abb. 25 u. 26, s. Anhang). Besonders niedrige Werte zwischen 5 und 10 MJ/m² d treten

in Tallagen, Karrückwänden und hinter Bergrücken auf. Durch den flacheren Einfallswinkel der Sonnenstrahlung in den Wintermonaten wird der oben erwähnte Beschattungseffekt hier besonders wirksam. So erklären sich auch die relativ strahlungsreichen hochgelegenen Plateaus, Sättel und Bergrücken, die aufgrund einer deutlich höheren relativen Sonnenscheindauer noch beachtliche Strahlungssummen erhalten (vgl. Abb. 26, s. Anhang). Besonders interessant in diesem Zusammenhang ist die Lage der aktiven
Blockgletscher bzw. der Gebiete mit möglichen Permafrostvorkommen. Darauf wird, nach der Besprechung der Blockgletscher und Permafrostvorkommen, in Kapitel 3.3.4.1 nochmals ausführlich eingegangen.

Ein ähnliches Grundmuster wie im Monat Juni ist auch im Dezember, dem Monat der durchschnittlich höchsten potentiellen Direktstrahlung, zu erkennen (Abb. 27, s. Anhang). Allerdings pendelt die generell hohe Strahlungsintensität fast ausschließlich zwischen 30 und 35 MJ/m² d. Obwohl auch im Monat Dezember die relativ freigelegenen Plateaus und Bergrücken eine hohe Strahlungintensität zeigen und die Tal- und Schattenlagen mit etwas geringeren Strahlungswerten ausgewiesen sind, macht sich eine Verschiebung der "Extremlagen" aufgrund des geänderten Sonnenstandes bemerkbar (s. Abb. 27, s. Anhang).

Insbesondere die hochgelegenen Südhänge erhalten nun ebenso hohen Strahlungsgenuß wie die Plateaus und Bergrücken. Auch die kleineren Taleinschnitte werden durch den höheren Sonnenstand wesentlich länger besonnt. Selbst in tiefen Taleinschnitten mit umgebenden Steilwänden werden noch Werte zwischen 25 und 30 MJ/m² d erreicht (vgl. Abb. 27, s. Anhang).

Diese sehr hohen Werte belegen eindrücklich die Strahlungsintensität der subtropischen Hochgebirgsregion. Interessant ist in diesem Zusammenhang der Vergleich mit den Ergebnissen von HOELZLE (1992; vgl. auch HAEBERLI et al. 1991), der für verschiedene Gebiete in den Schweizer Alpen die potentielle Direktstrahlung berechnete. So liegen beispielsweise im Oberengadin am Piz Corvatsch bei rund 47° N die Werte der potentiellen Direktstrahlung erwartungsgemäß deutlich unter denen der argentinischen Hochanden. Während der Sommermonate werden dort Strahlungsintensitäten von > 30 MJ/m² d auch in Gipfellagen nur selten erreicht und in Tallagen können Strahlungssummen großflächig unter 10 MJ/m² d auftreten (vgl. HOELZLE 1992; HAEBERLI et al. 1991).

3.2.2.2 Potentielle Direktstrahlung und Globalstrahlung

Da in den semiariden, subtropischen Hochanden annähernd die höchsten Globalstrahlungswerte weltweit erreicht werden (vgl. Kap. 2), liefert ein Vergleich der berechneten potentiellen Direktstrahlung mit den tatsächlich gemessenen Globalstrahlungswerten wichtige Anhaltspunkte zur Überprüfung des Modells. Dabei gelten folgende Einschränkungen:

- Potentielle Direktstrahlung und Globalstrahlung sind keine identischen Größen, da sich die Globalstrahlung aus der direkten Solarstrahlung und der diffusen Himmelsstrahlung zusammensetzt, diese Größe aber nicht in die potentielle Direktstrahlung eingeht.
- Die potentielle Direktstrahlung, welche die maximal mögliche direkte Solarstrahlung für einen gegebenen Ort und Zeitpunkt angibt, wurde auf der Grundlage des digitalen Geländemodells für ein 50 m Gitter berechnet. Die Globalstrahlungswerte beziehen sich dagegen auf Punktmessungen.

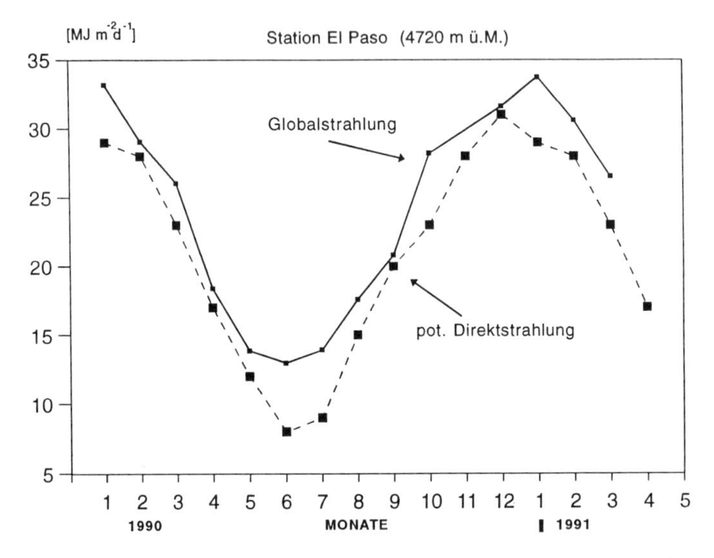

Abb. 28: Vergleich der Monatsmittel von potentieller Direktstrahlung und Globalstrahlung; Meßstation El Paso in 4720 m ü.M.

In Abbildung 28 sind die Monatsmittel der potentiellen Direktstrahlung und die gemessenen Werte der Globalstrahlung für die Station El Paso dargestellt.
Die Jahreskurven von gemessener Globalstrahlung und berechneter potentieller Direktstrahlung verlaufen annähernd parallel. SAUBERER & DIRMHIRN (1958) geben für den diffusen Anteil der Himmelstrahlung an wolkenlosen Tagen 7-10% an. Nach STÜVE (1988), BERNATH (1991) und ROEDEL (1992) liegt dieser Anteil bei rund einem Sechstel. Wenn also an wolkenlosen Tagen und maximalem Strahlungsgenuß der diffuse Anteil der Himmelsstrahlung auf 7-15% reduziert ist, dann müßte dieser Wert - 30 Sonnentage pro Monat vorausgesetzt - in etwa der

Differenz zwischen potentieller Direktstrahlung und Globalstrahlung entsprechen. Dies ist selbstverständlich nicht immer der Fall. Es wird durch die Tage mit geringer Globalstrahlung und hohem Anteil an diffuser Himmelstrahlung eindrücklich belegt (vgl. Abb. 16). Anhand von Tagen mit maximalem Strahlungsgenuß soll deshalb überprüft werden, inwieweit diese Überlegungen zutreffen.

Am 15. Januar 1990 wurde beispielsweise an der Station El Paso eine Tagessumme von 33,9 MJ/m² d erreicht. Die über das Strahlungsmodell erhaltene potentielle Direktstrahlung beträgt 29 MJ/m² d. Daraus ergibt sich für diesen Tag eine Differenz von 4,9 MJ/m² d bzw. 14,5 %. Dieser Wert stimmt sehr gut mit den oben erwähnten Angaben zur diffusen Himmelsstrahlung an wolkenlosen Tagen überein. Da fast der gesamte Monat Januar 1991 Tage mit sehr hohem Strahlungsgenuß aufwies, kann auch ein Vergleich der Monatsmittel vorgenommen werden. Dabei ist, wie im vorherigen Beispiel, eine nahezu identische Differenz zwischen der Globalstrahlung und der potentiellen Direktstrahlung (4,2 MJ/m² d bzw. 12,5%) festzustellen. Ähnliche Ergebnisse bzw. Differenzwerte werden auch in strahlungreichen Wintermonaten, wie im August 1991 erzielt (2,6 MJ/m² d bzw. 15%). Daraus wird ersichtlich, daß die Modellrechnungen recht genau die Strahlungsverhältnisse widerspiegeln.

3.3 Die Permafrostverbreitung im Untersuchungsgebiet

Nachdem nun ein differenzierteres Bild der Strahlungsintensität im Untersuchungsgebiet vorliegt, soll auf die Verbreitung von Permafrost eingegangen werden. Die Ziele dieser Untersuchung liegen zum einen in der Prospektion von Permafrostvorkommen, zum anderen soll der Einfluß der Globalstrahlung auf die Bodentemperatur und auf Entwicklung der Auftauschicht näher untersucht werden. Eine Abschätzung der gegenwärtigen Entwicklung - Schmelze versus Zuwachs - wird dabei angestrebt. Weiterhin bestehende Zusammenhänge zwischen der Existenz bzw. dem Fehlen von Permafrost einerseits und der Strahlung andererseits werden abschließend in Kapitel 3.5 diskutiert.

3.3.1 Einführung

Der Begriff Permafrost wurde von MULLER im Jahre 1943 eingeführt und bezeichnet Lithosphärenmaterial (Boden oder Fels), das über mindestens zwei Jahre hinweg Temperaturen von 0°C oder darunter aufweist (HARRIS et al. 1988). Da Permafrost ein primär thermisches Phänomen des Untergrundes ist, kann die Verbreitung häufig nicht direkt erkannt werden. Jedoch deuten bestimmte Oberflächenformen wie z.B. Blockgletscher, Thermokarst oder Pingos auf die Existenz von Permafrost hin. In den letzten Jahrzehnten sind verschiedene Prospektionsmethoden entwickelt und verbessert worden. Anhand direkter Beobachtungen (Aufschlüsse,

Bohrungen) oder indirekter Methoden (Geothermik, Seismik, Geoelektrik, Radar, Blockgletscherkartierung) kann die Existenz und das Verbreitungsmuster von Permafrost nachgewiesen werden (vgl. BARSCH 1973,1978; HAEBERLI 1975,1985).

Bei dieser Untersuchung wurden folgende Meßmethoden und Verfahren angewendet (s. Kap. 1.4):

- Bohrlochtemperatur-Messungen,
- Refraktionsseismik (Hammerschlagseismik),
- Blockgletscherkartierung,
- Kartierung kalter Wandvereisungen,
- Messungen von Quellwassertemperaturen.

Die Basis-Temperatur der winterlichen Schneedecke (BTS), eine mittlerweile etablierte, sichere und schnelle Methode zur Permafrostprospektion (HAEBERLI 1973; HAEBERLI & PATZELT 1982; KING 1990), konnte aufgrund der z.T geringen Schneedecke und starken Verfirnung nicht angewendet werden. Die Methode basiert auf der niedrigen Wärmeleitfähigkeit einer genügend mächtigen Schneedecke (≥ 1m) von mindestens 1 Monat Dauer, so daß der Boden gegen Variationen der Strahlung und Lufttemperatur quasi isoliert wird. Die BTS-Werte sind deshalb gegen Ende des Hochwinters (Alpen: Februar/März; Anden: August/ September) konstant und eine Funktion des Wärmeflusses aus den obersten Bodenschichten. Die BTS-Grenzwerte liegen bei > -2° für permafrostfreie Gebiete und < -3° für Permafrostgebiete (vgl. HAEBERLI & PATZELT 1982; KING 1990).

3.3.2 Thermische Informationen - Bodentemperatur-Messungen

Mit den Messungen der Bodentemperatur werden zwei Ziele verfolgt: Erstens soll durch sie das thermische Regime in den obersten Bodenschichten bzw. in der Auftauschicht differenziert werden und zweitens, in Verbindung mit der Hammerschlagseismik, die Auftaumächtigkeit im Bereich von Permafrostvorkommen ermittelt werden.

Zur Ermittlung der Mächtigkeit und thermischen Entwicklung der Auftauschicht werden zunächst Bohrlöcher mit speziell entwickelten Locheisen geschlagen. Das Einbringen der Thermistoren erfolgt direkt mittels eines herausziehbaren Führungsdrahtes. Dies gewährleistet einen direkten Kontakt von Temperaturfühler und Umgebung. Die Ablesung der nicht am Datalogger angeschlossenen Thermistoren wird manuell mit einem 3½-stelligen Digital-Multimeter durchgeführt. An den Meteo-Stationen, die mit einem Datalogger bestückt sind, kamen ausschließlich PT-100 Widerstände zum Einsatz. Bei der Auswahl der Meßstellen wurden Extremlagen wie Schneemulden oder exponierte Kuppen gemieden, da sie ein verändertes

Mikroklima aufweisen und die Meßergebnisse somit stark von den durchschnittlichen Verhältnissen abweichen können.

Tab. 5: Beschreibung der Bodentemperatur-Meßstellen (BTM)

Nr.	Ort	Exposition/ Hangneigung	Höhe (m ü.M.)	Installationstiefen [cm]	Ablesungen bzw. Meßperiode
I	Meteo-Station I (Hochterrasse)	...	4150	1	Jan. 90 - Apr. 91
II	Meteo-Station II (Blockgletscher 'El Paso')	NE / 15°	4720	1, 10, 25, 50, 100, 140, 250	s. o.
III	Talboden (Totalisator)	...	4440	1, 10, 50, 100, 150	Jan. - Apr. 90, Nov. 90 - Apr. 91
IV	Blockgletscher ('Dos Lenguas' I)	WSW	4400	1, 10, 50, 100, 125	21.1., 12.3.90, 17.1.91
V	Blockgletscherzunge ('Dos Lenguas II')	SSW	4200	1, 10, 50, 95	13.1.90, 16.1.91
VI	Blockgletscherzunge ('El Paso')	NE	4650	1, 10, 50, 105	Jan. - Apr. 90, Nov. 90 - Apr. 91
VII	Moräne	SE / 8°	4650	1, 10, 50, 170	s. o.
VIII	Blockgletscher ('Agua Negra')	ESE / 13°	4650	1, 10, 50, 100, 140	s. o.
IX	Basislager	E	4190	1, 10, 50, 100, 130	s. o.

Ferner wurde darauf geachtet, daß die Lokalität der Meßstelle ein möglichst häufiges Ablesen ermöglicht. Die Auswahl geeigneter Bodentemperatur-Meßstellen sollte ein differenziertes Bild der Permafrostverbreitung im oberen Agua Negra-Einzugsgebiet ermöglichen. Wichtige Meßpunkte waren deshalb die Blockgletscher (BTM II, IV, V, VI und VIII). Sämtliche Standorte wurden v.a. nach geomorphologischen Gesichtspunkten ausgewählt. Um z.B. möglichst genau die aktiven von den inaktiven Blockgletschern unterscheiden zu können, wurden Meßstandorte an Stellen eingerichtet, die nach bisherigem Kenntnisstand eher auf Inaktivität bzw. Aktivität hindeuten. Vegetationsbewachsene Areale (BTM V) sind daher ebenso ausgewählt worden wie Rinnen (BTM IV) oder relativ ebene, vegetationsfreie Lokalitäten (BTM II).

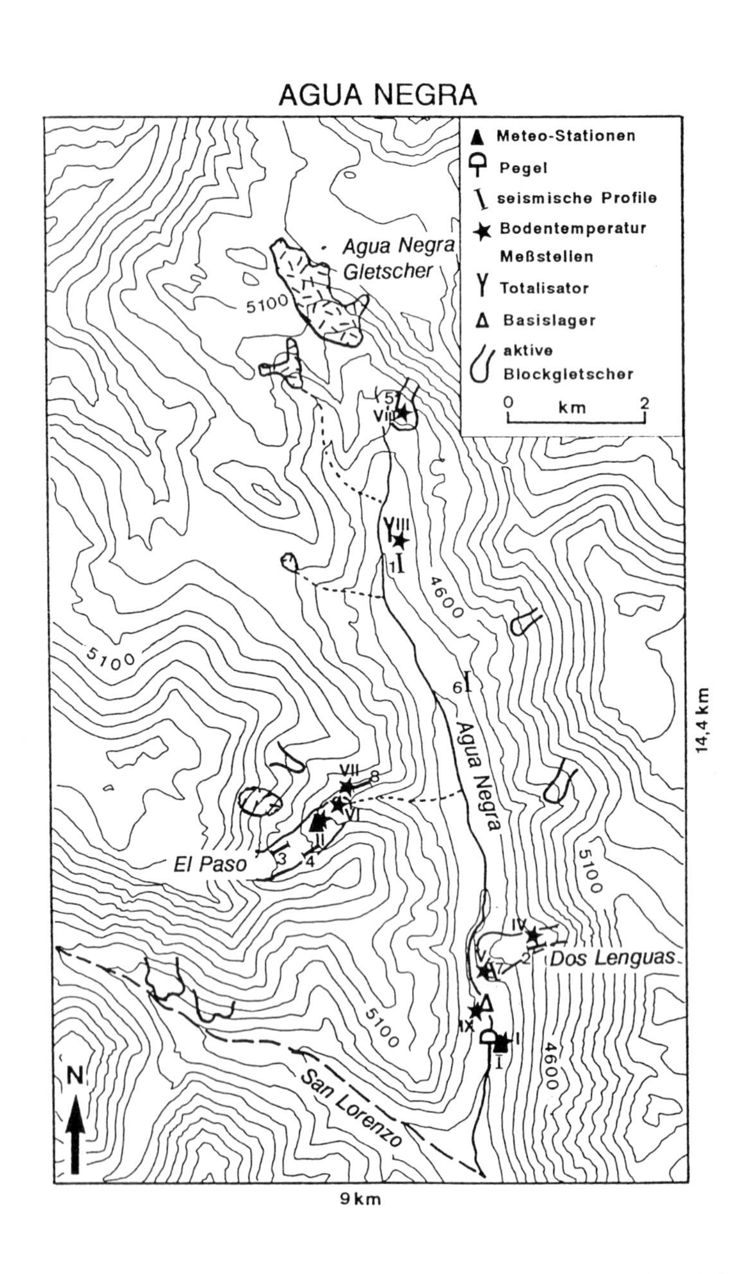

Abb. 29: Das obere Einzugsgebiet des Agua Negra mit der Lage der Meßstationen

Von weiterem Interesse waren Hanglagen (BTM IX) und Lokalitäten, an denen Strukturboden zu sehen war (BTM III). Die genaue Lage der Meßstationen ist Abbildung 29 zu entnehmen. Von besonderer Bedeutung ist die Bodentemperatur-Meßstelle (BTM) II auf 4720 m ü.M., da hier während 16 Monaten der Verlauf der Bodentemperatur in der Auftauschicht eines vermutlich aktiven Blockgletschers aufgezeichnet wurde (s. Abb. 30, 31 und 34). Das Meßintervall betrug hier normalerweise zwischen 15 und 30 Minuten, nur während der Wintermonate (Mai - November) mußte es aufgrund geringer Speicherkapazität auf 2 Stunden ausgedehnt werden.

In Tabelle 5 sind die wichtigsten Angaben zu den Bodentemperatur-Meßstellen zusammengefaßt.

3.3.2.1 Der Tages- und Jahresgang der Bodentemperatur

In Abbildung 30 ist der Jahresverlauf der Tagesmittelwerte in der Auftauschicht eines aktiven Blockgletschers dargestellt. Die *spline*-Kurven (a,b,c), welche anhand der Tagesmaxima (c), Tagesmittel (b) und Tagesminima (a) errechnet werden, geben die Möglichkeit eines direkten Vergleichs zwischen den unterschiedlich ausgeprägten Temperaturamplituden. Die höchsten Tagesamplituden werden in den obersten Bodenschichten mit teilweise über 40°C erreicht, während mit zunehmender Tiefe eine immer größere Dämpfung dieser Amplitude auftritt.
Der durch technisches Versagen begründete Datenausfall von November 90 bis Anfang Dezember 90 kann mit der Glättungskurve zufriedenstellend interpoliert werden. Die Skaleneinteilung der Y-Achse ändert sich ab 50 cm Bodentiefe aufgrund der stark gedämpften Tagesamplituden. Um in 250 cm Bodentiefe noch den geringen Jahresgang zu erkennen, ist eine 1/10° Skaleneinteilung verwendet worden. Bei der Globalstrahlung werden sowohl die Tagessummen (MJ/m² d) als auch die mittleren täglichen Strahlungsspitzen (W/m²) dargestellt (vgl. Abb. 30).

Anhand der kontinuierlichen Aufzeichnungen sind die täglichen und jährlichen Amplituden der Bodentemperatur zwischen 4000 und 4700 m ü.M. wie folgt zu charakterisieren (vgl. Abb. 30 u. 31):

- An Tagen mit hohem Strahlungsgenuß (> 30 MJ/m² d) kommt es zu einer beträchtlichen Aufheizung des Oberbodens. Es werden Oberflächentemperaturen (in 1 cm Tiefe) von maximal 55°C erreicht. Die Tagesamplituden schwanken fast täglich zwischen 30 und 40°C. In den Sommermonaten Dezember und Januar steigen die Extremwerte auf über 50°C.
- Die hohen Oberflächentemperaturen und eine sehr starke Dämpfung (über 50%) der Tagesamplitude in den obersten 10 cm des Bodens lassen auf eine geringe Wärme- bzw. Temperaturleitfähigkeit des Substrates schließen (vgl. Kap. 3.3.2.4). Das Maximum der Oberflächentemperatur (1 cm) wird ca. 1

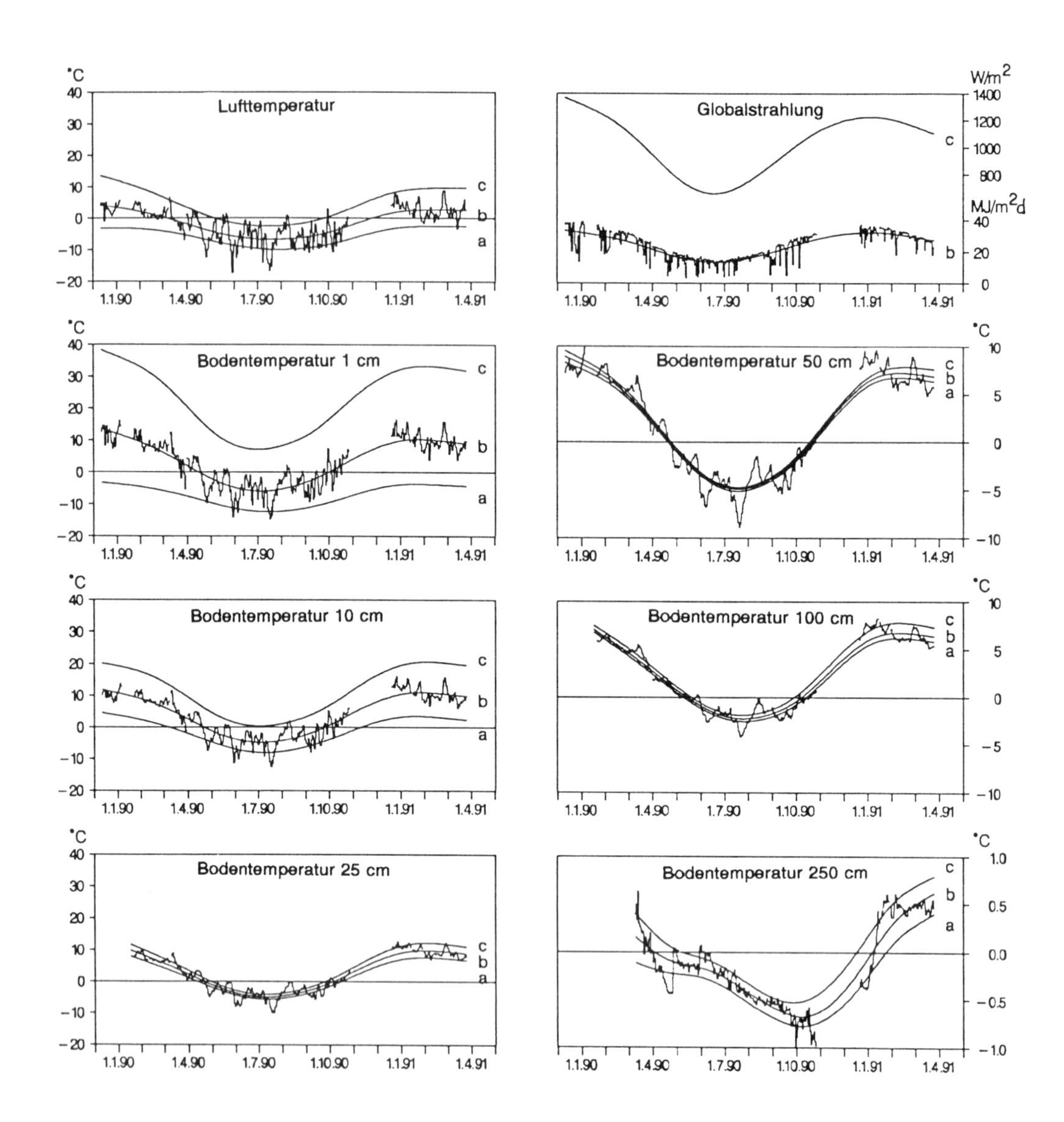

Abb. 30: Globalstrahlung, Luft- und Bodentemperatur (Tagesmittel) mit *spline* Kurven der Minima- (a), Mittel- (b) und Maximawerte (c); Station El Paso (4720 m ü.M.)

Stunde nach dem Einstrahlungsmaximum erreicht.

- Die Phasenverschiebung der sinusförmigen Temperaturwelle bis in 0,1 m Tiefe beträgt - ausgehend vom Einstrahlungsmaximum - bei trockenem Boden durchschnittlich 3-4 Stunden.
- In 0,25 m Tiefe treten nur noch geringe Tagesschwankungen von 3-5°C auf. Die Tagesamplitude wird bis zu dieser Tiefe bei einer Phasenverschiebung von durchschnittlich 5-6 Stunden um fast 90% gedämpft.
- Bereits in 0,5 m Tiefe pendelt die Tagesamplitude nur noch innerhalb 1-2°C und in 1 m Tiefe sind die Tagesamplituden bis auf wenige zehntel Grad gedämpft.
- Ein über zwei Monate hinweg installierter Temperaturfühler in 1,4 m Tiefe zeigt, daß Witterungseinflüsse während weniger Tage ab dieser Tiefe kaum nachzuweisen sind.
- Der Temperaturfühler in 2,5 m Tiefe ist direkt oberhalb der Permafrosttafel installiert, da die Werte um 0°C herum schwanken.

Neben den erwähnten Tagesschwankungen ist der Verlauf der Bodentemperatur durch einen typischen Jahrestemperaturgang charakterisiert, der je nach Bodentiefe mehr oder weniger starken saisonalen Schwankungen unterworfen ist. Kälteeinbrüche oder Perioden mit hoher Strahlungsintensität wie z.B. Anfang August 1990 (s. Abb. 30) pausen sich bis in 1 m Tiefe durch. Neben der eindringenden Wärmewelle erfährt mit zunehmender Tiefe auch die Auskühlungswelle eine Amplitudendämpfung. In Abbildung 31 deuten die Toutochronen der Monatsmittel auf die starke Amplitudendämpfung und auf einen mit der Tiefe veränderten Wärmestrom hin. Aus diesen Werten läßt sich die mittlere jährliche Bodentemperatur (*mean annual ground temperature* MAGT) errechnen; sie gibt Auskunft über den thermischen Zustand des Untergrundes.

Bemerkenswert ist, daß die mittleren jährlichen Bodentemperaturen bei großen Amplitudendifferenzen nur maximal 2,1°C voneinander abweichen und sämtliche Werte höher liegen als die Jahresmitteltemperatur der Luft (-2,3°C) (s. Abb. 31). Dieser Wärmeüberschuß wird zum einen durch die winterliche Schneedecke bewirkt, da sie den Wärmefluß aus dem Boden einschränkt, zum anderen kommt es im Sommer durch die intensive Einstrahlung zu einer beträchtlichen Erwärmung der obersten Bodenschichten. Da die Bodenoberfläche die Energieumsatzfläche darstellt, steuern insbesondere die solare Einstrahlung sowie die Mächtigkeit und Dauer der Schneedecke die auftretenden mittleren Bodentemperaturen (vgl. HAEBERLI 1985; KING 1984; HAPPOLDT & SCHROTT 1989).

Des weiteren fällt bei den Bodentemperaturen auf, daß zwischen 1 und 2,5 m ein deutlicher Temperaturgradient besteht, der durch das naheliegende Kältereservoir des gefrorenen Schuttkörpers bzw. der Permafrosttafel hervorgerufen wird (s. Kap. 3.3.2.4).

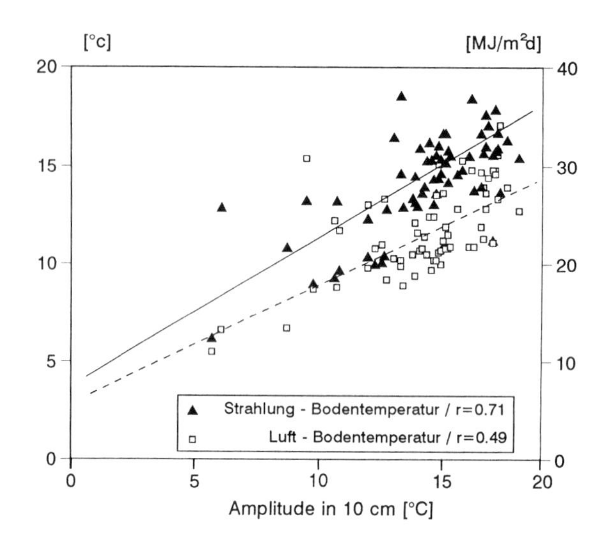

Abb. 31: Zusammenhang zwischen Globalstrahlung (Tagessummen), Luft- und Bodentemperatur (Tagesamplituden); Wertepaare von Januar bis Ende März; Station El Paso (4720 m ü.M.)

3.3.2.2 Bodentemperatur, Lufttemperatur und Globalstrahlung

Die gleichzeitige Erfassung von Globalstrahlung und Bodentemperaturen erlaubt es, den Zusammenhang zwischen Strahlungssummen und auftretenden Temperaturamplituden im Boden näher zu untersuchen. Besonders sichtbar wird die Dominanz der Globalstrahlung in den obersten Bodenschichten. Selbst ohne Berücksichtigung der übrigen am Wärmeumsatz beteiligten Faktoren wie Wärmeaustausch mit der Luft, Wärmetransport (Speicherung) im Boden, Verdunstung und langwelliger Strahlungsvorgänge besteht ein hoher Zusammenhang zwischen der Tagesamplitude der Bodentemperatur in den oberen Bodenschichten (≤ 25 cm) und der Tagessumme der Globalstrahlung.

Aus Tabelle 6 ist zu ersehen, daß während der Sommermonate 1990 die Bodentemperaturen (≤ 25 cm) in der Regel eine hohe Korrelation (r ≥ 0,7) mit der Globalstrahlung aufweisen. Die intensive solare Einstrahlung bewirkt steigende bzw. hohe Bodentemperaturen auch bei fallenden Lufttemperaturen.

Tab. 6: Korrelationskoeffizienten-Matrix (nach Pearson) der Temperaturamplituden der obersten Bodenschichten und der Tagessumme der Globalstrahlung bzw. der Tagesamplitude der Lufttemperatur

Tiefe		Jan.	Feb.	Mär.	Apr.	Mai	Juni	Juli	Aug.	Sep.	Okt.	Nov.	Dez.
I[1] 1 cm	G[3]	0,91	0,82	0,55	0,81	0,76	0,75	0,54	0,69	0,71	0,91	0,60	0,72
	L	0,68	0,68	0,64	0,75	0,52	0,77	0,21	0,58	0,60	0,86	0,91	0,79
II[2] 10 cm	G	0,69	0,57	0,81	0,87	0,84	0,74	0,68	0,64	0,81	0,76	...	0,77
	L	0,54	0,58	0,63	0,81	0,78	0,78	0,84	0,77	0,81	0,70		0,67
25 cm	G	0,77	0,67	0,47	0,85	0,31	0,33	0,39	0,31	0,54	0,41	...	0,35
	L	0,45	0,39	0,11	0,81	0,51	0,52	0,75	0,65	0,48	0,23		0,03

[1] I = Station Eisbein in 4150 m ü.M

[2] II = Station El Paso in 4720 m ü.M.

[3] G = Korrelation mit den Tagessummen der Globalstrahlung

L = Korrelation mit den Tagesamplituden der Lufttemperatur

Im Hochwinter (Juli, August) dagegen, wenn der Oberboden zeitweise gefroren oder schneebedeckt ist, kommt es vorübergehend zu geringeren Korrelationskoeffizienten.

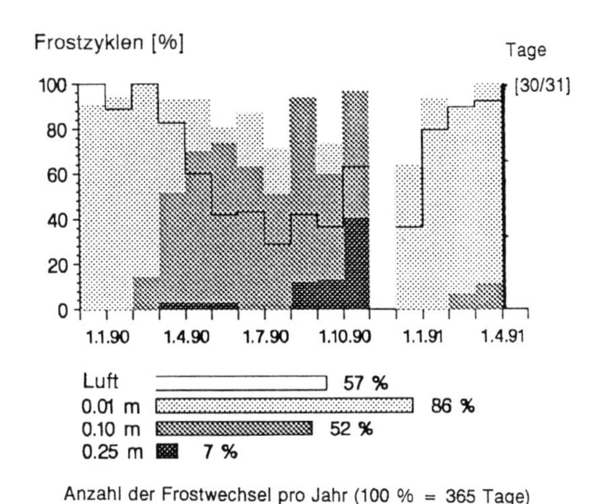

Abb. 32: Monatliche Frostwechselhäufigkeiten (100%≈30/31 Tage) von Luft- und Bodentemperaturen in 1 cm, 10 cm und 25 cm; Station El Paso (4720 m ü.M.)

Der fast durchgehend hohe Zusammenhang zwischen der Globalstrahlung und der Tagesamplitude an der Bodenoberfläche (1 cm) deutet sich schon durch die hohe Anzahl von über 310 Frostwechsel/Jahr an.Zwar werden häufig Eistage mit durchgehend unter dem Gefrierpunkt liegenden Lufttemperaturen registriert, gleichzeitig treten jedoch hohe positive Bodentemperaturen auf.

Die Strahlungsintensität hat auch zur Folge, daß die Bodenoberfläche fast während des ganzen Winters nicht über mehrere Tage hinweg gefroren blieb. Am Beispiel der drei Monate Januar, Februar und März soll der Zusammenhang zwischen Globalstrahlung (Tagessummen), Lufttemperatur und auftretenden Bodentemperaturen (Tagesamplituden) nochmals aufgezeigt werden.

In Abbildung 32 ist zu sehen, daß die Bodentemperaturen in den obersten Bodenschichten wesentlich besser mit der Globalstrahlung als mit der Lufttemperatur korrelieren. Das heißt, daß hohe Lufttemperaturen nicht unbedingt hohe Bodentemperaturen bewirken. Ein deutlich niedrigerer Korrelationskoeffizient (r = 0,49) bei Luft- und Bodentemperaturen belegt diesen Zusammenhang. Dies zeigt wiederum, daß mit der Globalstrahlung die auftretenden Bodentemperaturschwankungen präziser erklärt werden können als mit der Lufttemperatur (vgl. SCHROTT 1991).

3.3.2.3 Frostwechselhäufigkeiten

Bedeutet in den höheren Breiten eine fehlende Schneedecke in der Regel auch eine fehlende Isolation des Bodens gegen tiefe Frosttemperaturen, so kann dies in den subtropischen Anden aufgrund der weitaus intensiveren Strahlung eine beträchtliche Aufheizung des Oberbodens bewirken. Dies hat zur Folge, daß es während der Wintermonate bei einer ungenügend mächtigen oder fehlenden Schneedecke zu häufigen Frostwechseln kommt.

In Abbildung 33 sind die Frostwechselhäufigkeiten im Jahresgang dargestellt. Zeitpunkt und Anzahl der Frostwechsel sind sowohl eine Funktion der Tages- als auch der Jahresamplitude.

Es ist zu erkennen, daß die Lufttemperatur und Bodentemperatur in 10 cm Tiefe ähnliche mittlere Jahresamplituden und Frostwechselhäufigkeiten aufweisen (s. Abb. 30 u. 33). Daß dabei die Frostwechselhäufigeit von Luft- und Bodentemperatur diametral entgegengesetzt verläuft, ist in erster Linie auf den Temperaturunterschied der Jahresmitteltemperaturen zurückzuführen. Die mittlere Bodentemperatur in 0,1 m Tiefe liegt fast 4°C über der Lufttemperatur (1,6 versus -2,3°C), so daß bei geringer oder fehlender Schneedecke ein Maximum an Frostwechseln während der Wintermonate auftritt. Besonders deutlich wird dieser Effekt in 0,25 m Tiefe, wo eine relativ große Frostwechselhäufigkeit nur gegen Ende des Winters eintritt. An

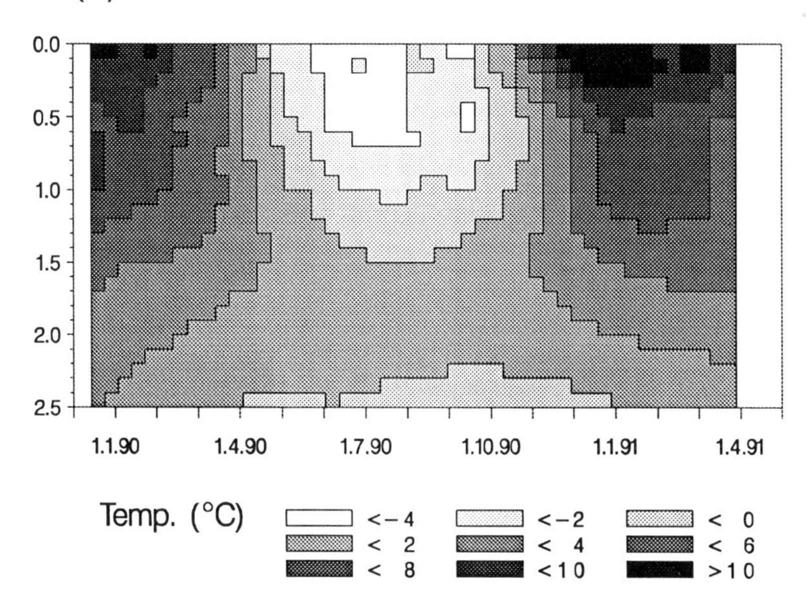

Abb. 33: Thermoisoplethendiagramm der Auftauschicht eines aktiven Blockgletschers; Interpolationsverfahren (Tagesmittel) und 10 cm Tiefen (BTM II in 4720 m ü.M.)

der Bodenoberfläche (0,01 m) herrschen ganzjährig äußerst große Tagesschwankungen vor, was durch eine Frostwechselhäufigkeit von 86 % belegt wird (s. Abb. 33).

3.3.2.4 Frosteindringtiefen

Die Wärmeausbreitung in einem unbewachsenen Boden unterliegt einem komplexen Wirkungsgefüge meteorologischer und pedologischer Gesetzmäßigkeiten. Der Wärmehaushalt des Bodens wird somit durch das Zusammenwirken intra- und extrapedologischer Faktoren reguliert (SCHEFFER & SCHACHTSCHABEL 1984). Wärmezufuhr erfolgt im wesentlichen durch Strahlung und bewirkt zunächst eine Temperaturerhöhung an der Bodenoberfläche. Mit welcher zeitlichen Verzögerung die Wärmewelle in den Boden eindringt, ist an den Toutochronen der Abbildung 31 und am Thermoisoplethendiagramm der Abbildung 34 zu erkennen. Während im Monat Oktober in den obersten Bodenschichten ($\leq$ 0,4 m) schon positive Temperaturen erreicht werden, ist der Boden in $\geq$ 0,5 m Tiefe zu dieser Zeit noch gefroren. Eine entsprechende Verzögerung findet auch in den Wintermonaten statt, da in tieferen Bodenschichten höhere Temperaturen erreicht werden. Diese Phasenverschiebung der Temperaturwelle kann mathematisch durch eine lineare Funktion beschrieben werden (LÜTSCHG-LÖSCHER 1947; ANDERSON & MORGENSTERN 1973 u.a.).

Unter der Voraussetzung, daß die Oberflächentemperatur als harmonische sinusförmige Schwingung verläuft, kann die Ausbreitung einer Wärmewelle (Wärmefluß) in einem homogenen Boden als eine Funktion von Tiefe und Zeit beschrieben werden (HOYNINGEN-HUENE 1970; KRAUS 1987):

$$T_z = T_o \, e^{-z\sqrt{\frac{\omega}{2\alpha}}} \cos\omega \left(t - \frac{z}{\sqrt{2\alpha\omega}}\right) \tag{7}$$

mit:

T_z	=	Temperaturamplitude in der Tiefe z
T_o	=	Temperaturamplitude in der Ausgangstiefe
t	=	Schwingungsdauer [s]
z	=	Tiefe
w	=	Winkelgeschwindigkeit $[2\pi d^{-1}]$
α	=	Temperaturleitfähigkeit $[m^2 s^{-1}]$

Neben der beschriebenen Phasenverschiebung (Cosinusteil der Formel) wird deutlich, daß die Temperaturamplitude mit einer Exponentialfunktion zur Tiefe hin abgedämpft wird. Diese Dämpfung wird bei hoher Wärmeleitfähigkeit sowie geringer Wärmekapazität etwas abgeschwächt. Andererseits bedingen eine hohe Temperatur- und Wärmeleitfähigkeit auch ein schnelles und tiefes Eindringen der Oberflächentemperaturen (vgl. FRENCH 1970). Die Wärmeleitfähigkeit des Bodens ist im wesentlichen das Produkt aus der mineralischen Leitfähigkeit und der Wärmeleitfähigkeit des Wassers. Trockene, poröse Böden mit einem hohen Luft- und einem geringen Wassergehalt erhitzen sich in den obersten Bodenschichten aufgrund der geringen Wärmekapazität und -leitfähigkeit schnell und stark. Feuchte und luftarme Böden, die infolge ihres hohen Wassergehalts auch eine gute Wärmeleitfähigkeit besitzen, erwärmen sich an der Oberfläche dagegen weniger stark. Hohe Tages- und Jahresamplituden in den obersten Bodenschichten sind deshalb auch auf die geringe Wärmeleitfähigkeit des trockenen Oberbodens zurückzuführen. Die Wärmeleitfähigkeit des Bodens kann somit als eine Funktion von Temperatur, Dichte, Druck und Zusammensetzung der einzelnen Phasen (mineralisches Korn, Luft- und Wassergehalt) angesehen werden (KERSTEN 1949; JUDGE 1973). Wärmeleitfähigkeit und Temperaturleitfähigkeit verlaufen proportional zueinander. Die Temperaturleitfähigkeit ist ein Index für die Geschwindigkeit, mit der eine Substanz (Boden) einen Temperaturwechsel eingeht. Daraus wird deutlich, daß sowohl die Eindringtiefe als auch die Dauer des Winterfrostbodens von einer Anzahl verschiedener Faktoren abhängt:

- meteorologischen Faktoren (Strahlung, sensible und fühlbare Wärme, Niederschläge, Mächtigkeit und Dauer der Schneedecke),

- pedologischen Faktoren (Wassergehalt, Korngrößenzusammensetzung, Porösität),
- edaphischen Faktoren (Exposition, Hangneigung, Vegetation).

Der zeitliche und räumliche Verlauf der Frosteindringtiefe ist in Abbildung 34 dargestellt.

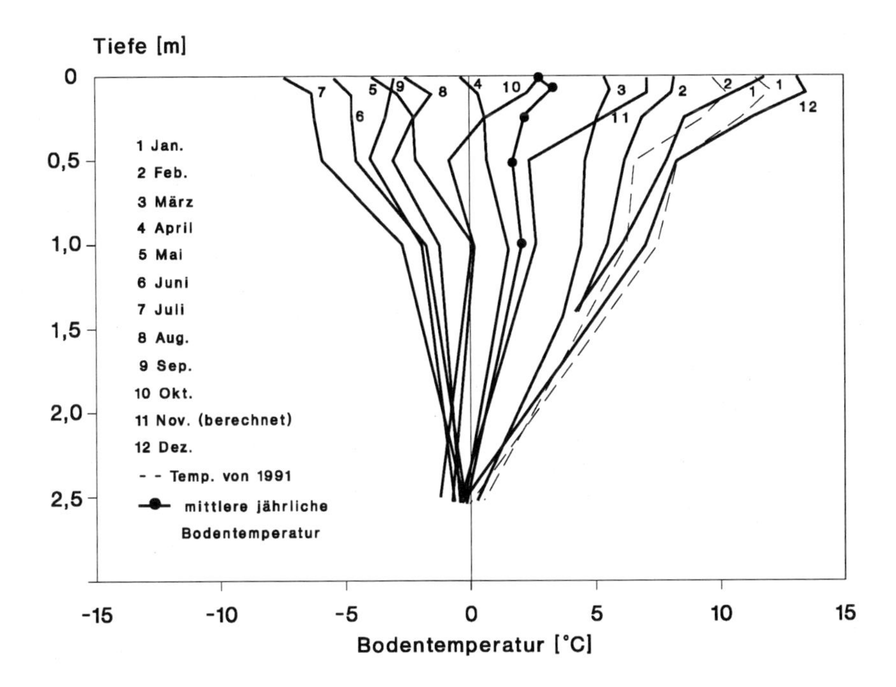

Abb 34: Die Monatsmittel der Bodentemperaturen in der Auftauschicht eines aktiven Blockgletschers; Station El Paso, BTM II (4720 m ü.M.)

Bodentiefen, in denen keine Temperaturfühler installiert waren, wurden hierbei interpoliert. Die Auswertung der 2-stündigen Meßintervalle in 0,1 m Tiefe ergibt eine Frostperiode von 165 Tagen, die jedoch mehrmals für wenige Stunden oder Tage unterbrochen wurde. Vermutlich konnten sich an der Meßstation aufgrund der Windverhältnisse keine größeren Schneemassen über längere Zeit ansammeln, so daß in den obersten Zentimetern des Bodens ein Wechsel von Gefrieren und

Auftauen stattfand. Ab 0,25 m bis in 1 m Tiefe war der Boden über einen Zeitraum von mehr als 5 Monaten gefroren (s. Abb. 34).

Die zeitliche Verzögerung des Frosteindringens bzw. -auftauens zwischen 0,25 m und 1,5 m Tiefe betrug rund 95 bzw. 75 Tage. Daraus errechnet sich eine durchschnittliche Geschwindigkeit des Frosteindringens von 1,6 cm/d. Die Geschwindigkeit des Frosteindringens erlaubt Rückschlüsse auf den Feuchtegehalt und die Porösität des Bodens. Die o.g. Eindringgeschwindigkeit entspricht etwa der von trockenem Sand (KREUTZ 1943; KRAUS 1987). Ungestört entnommene Bodenproben (Stechzylinder) ergaben eine sandig-grusige Matrix des Substrates (s. Abb. 35).

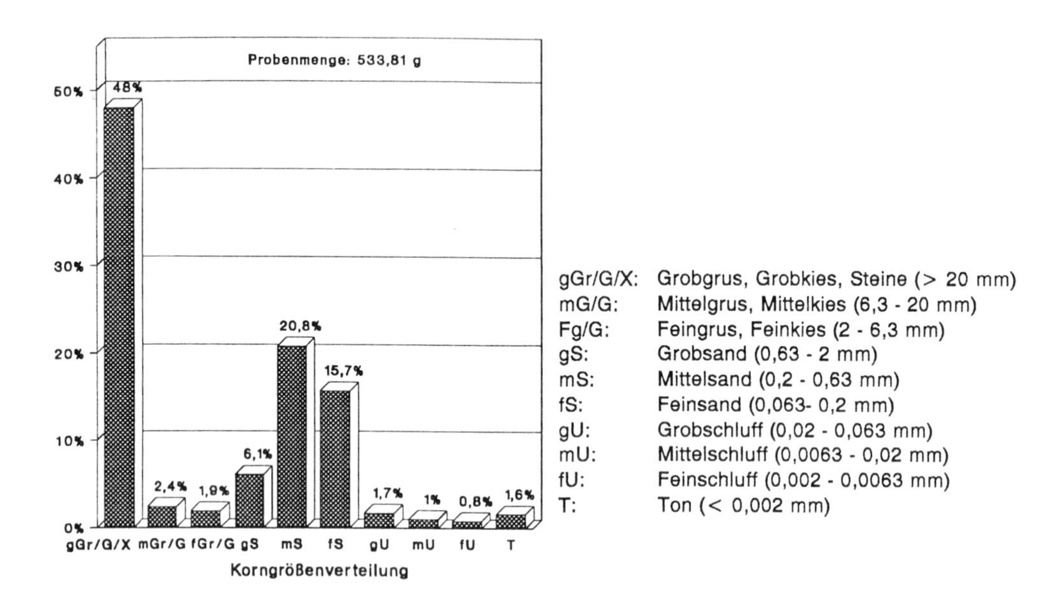

Abb. 35: Korngrößenverteilung Bodenprobe 1: sandig-grusiger Schutt an der BTM II; Bodentiefe 10 cm (4720 m ü.M)

Von Bedeutung für den Wärmeumsatz im Boden ist auch der Energieverbrauch beim Tauen bzw. die Energiefreisetzung beim Gefrieren. Dieser Energieumsatz - der nach GEIGER (1961) 79,5 cal/g beträgt - bewirkt, daß die Schmelzwärme des Wassers das Gefrieren und Auftauen für mehrere Wochen während der Übergangsjahreszeiten verzögern kann. Dadurch wird meist unmittelbar über der Permafrosttafel eine Zone ausgebildet, in der die Null-Grad-Isotherme längere Zeit verweilt.

Dieses Phänomen ist insbesondere bei stark durchfeuchteten Schichten über der Permafrost-Tafel ausgeprägt und wird als *zero-curtain* oder Nullschleier bezeichnet (vgl. FRENCH 1976; HARRIS 1986). Bemerkenswert ist außerdem, daß es während der Wintermonate zu einem Hochfrieren der Permafrosttafel kommt. Dieses Phänomen des Hochfrierens ist jedoch im Vergleich zur Frosteindringtiefe nur auf wenige cm beschränkt (s. Abb. 34, vgl. MACKAY 1984).
In Abbildung 34 ist eine Frosteindringtiefe von maximal 1,5 m Tiefe zu erkennen. Ganz offensichtlich kommt es an dieser Meßstelle (BTM II) nicht zu einem kompletten Durchfrieren der Auftauschicht. Ein Prozeß wie er im allgemeinen an aktiven Blockgletschern beobachtet wird (vgl. BARSCH 1977; CORTE 1978), findet folglich an dieser Stelle zur Zeit nicht statt. Damit liegt ein sogenannter Talik - eine ungefrorene Schicht zwischen Permafrost und Winterfrostboden - vor. Ob dieser Talik auf eine Erwärmung der letzten Jahre oder gar Jahrzehnte zurückzuführen ist oder ob es sich hierbei nur um ein lokales Phänomen handelt, kann anhand dieser Einzelmessung im Agua Negra Einzugsgebiet nicht mit letzter Sicherheit gesagt werden. Mehrere Indikatoren scheinen jedoch auf einen Erwärmungstrend und/oder auf eine Niederschlagsabnahme in den Hochregionen der Anden hinzudeuten:

1. Nach Angaben von COLQUI (1965) ist in der Zeit zwischen ca. 1890 und 1960 die Gletscherzunge um 350 m auf rund 4500 m ü.M. zurückgeschmolzen. Seit Mitte der achtziger Jahre ist ein erneutes Zurückschmelzen des Gletschers zu beobachten. Gegenwärtig befindet sich die Gletscherzunge weitere 250 m oberhalb des Gletscherstandes von 1960.
2. In den etwas weiter südlich gelegenen mendozinischen Anden (33° S) konnte anhand von Bodentemperatur-Messungen in der Auftauschicht eines Blockgletscher gezeigt werden, daß in 4000 m Höhe der Winterfrostboden ebenfalls nicht bis zur Permafrosttafel vordringt (HAPPOLDT & SCHROTT 1989).

3.3.2.5 Auftaumächtigkeiten und Permafrostvorkommen

Ein großer Vorteil der Bodentemperaturmessungen liegt darin, daß die Auftaumächtigkeit an den Meßpunkten gegen Ende des Spätsommers sehr exakt bestimmt werden kann. Außerdem können die Ergebnisse der refraktionsseismischen Sondierungen mit Hilfe der ermittelten Auftaumächtigkeiten aus den Bodentemperaturen abgesichert werden. Eine Kombination mehrerer Methoden (vgl. auch KING 1984; HAEBERLI 1985) erlaubt schließlich gezielte Rückschlüsse auf mögliche Permafrostvorkommen und deren Verbreitungsmuster (sporadisch-diskontinuierlich-kontinuierlich). Das Meßnetz mit insgesamt 9 Bodentemperatur-Meßstellen (BTM) muß, wie in Kapitel 3.3.2 schon ausgeführt, bezüglich der Geomorphodynamik differenziert werden. Die Meßstellen wurden auf aktiven Blockgletschern (II, IV,

VI, VIII), inaktiven Blockgletschern (V), Moränen (VII), Schutthängen (IX) und in der Talsohle (I, III) eingerichtet (siehe Tab. 5 und Abb. 29).

In Abbildung 36 sind einige ausgewählte Bodentemperaturprofile der Meßstationen aufgetragen. Entsprechend der Tages- und Jahreszeit, den thermischen Eigenschaften des Untergrundes und vor allem den Standortbedingungen (Hangneigung, Exposition etc.) zeigen die Toutochronen einen unterschiedlichen Verlauf der Bodentemperatur zur Tiefe hin. Von Dezember bis März kommt es an der Bodenoberfläche fast täglich zu Temperaturamplituden von über 30°C. Selbst bei negativen Lufttemperaturen ermöglicht der hohe Strahlungsgenuß (> 25 MJ/m² d) und die geringe Albedo an der Bodenoberfläche zwischen 4000 m und 4720 m ü.M. eine Erwärmung auf z.T. über 30°C. Lediglich an bewölkten Tagen mit geringer Einstrahlung nähert sich die Bodenoberflächentemperatur der Lufttemperatur an (s. Abb. 36, BTM VII). Oberhalb des Basislagers ist beispielsweise am 9.03.90 die Meßstelle BTM IX ab 9 Uhr 30 beschienen. Bereits 30 Minuten später steigt die Oberflächentemperatur auf fast 25°C an. Deutlich ist zu sehen, daß die nächtliche Auskühlung des Bodens bis in eine Tiefe von 0,5 m wirksam ist. Obwohl in dieser Höhe an edaphisch begünstigten Stellen bereits aktive Blockgletscher auftreten und somit schon vereinzelt mit Permafrostvorkommen gerechnet werden muß, ist an dieser Stelle aufgrund des schwach ausgeprägten Temperaturgradienten und der relativ hohen Bodentemperatur kein Permafrost zu erwarten.
Eine ähnliche Situation zeigt sich auch an der BTM V, die auf der inaktiven, vermutlich älteren Zunge des Blockgletschers Dos Lenguas auf 4200 m ü.M. eingerichtet wurde (siehe auch Abb. 29 und Abb. 36). Die relativ hohen Bodentemperaturen in rund 1 m Tiefe widersprechen einem möglichen Permafrostvorkommen. Eine zusätzliche Bohrung bis in 3 m Tiefe sowie eine refraktionsseismische Sondierung (vgl. Kap. 3.3.3.1) bestätigen diese Annahme.

Nur rund 200 m höher, im Mittelbereich des vermutlich aktiven Blockgletschers gelegen, zeigt sich an der BTM IV ein völlig anderes Bild (s. Abb. 36). Schon in den obersten Bodenschichten ist eine sehr starke Dämpfung der Temperaturamplitude zu erkennen und in einer Tiefe von 1,4 m werden bereits annähernd 0°C erreicht. Erstaunlicherweise verändert sich die Auftaumächtigkeit während des Sommers (12. Jan. - 12. März) - zumindest an dieser Stelle - nur geringfügig. Allerdings scheint die hier gemessene nur rund 1,5 m mächtige Auftauschicht nicht dem Durchschnittswert dieses Blockgletschers zu entsprechen, da sich die Meßstelle in einer Blockgletscherrinne befindet. Eine seismische Sondierung soll deshalb weitere Aufschlüsse über die möglichen Auftaumächtigkeiten dieses Blockgletschers erbringen (s. Kap. 3.3.3). Die Untersuchungen von BARSCH (1973) am Blockgletscher Murtèl in den Schweizer Alpen zeigten, daß praktisch keine Auftaumächtigkeiten in den Rinnen auftreten. Interessante Ergebnisse liefert auch die BTM III auf 4440 m ü.M. (s. Abb. 29 und 36).

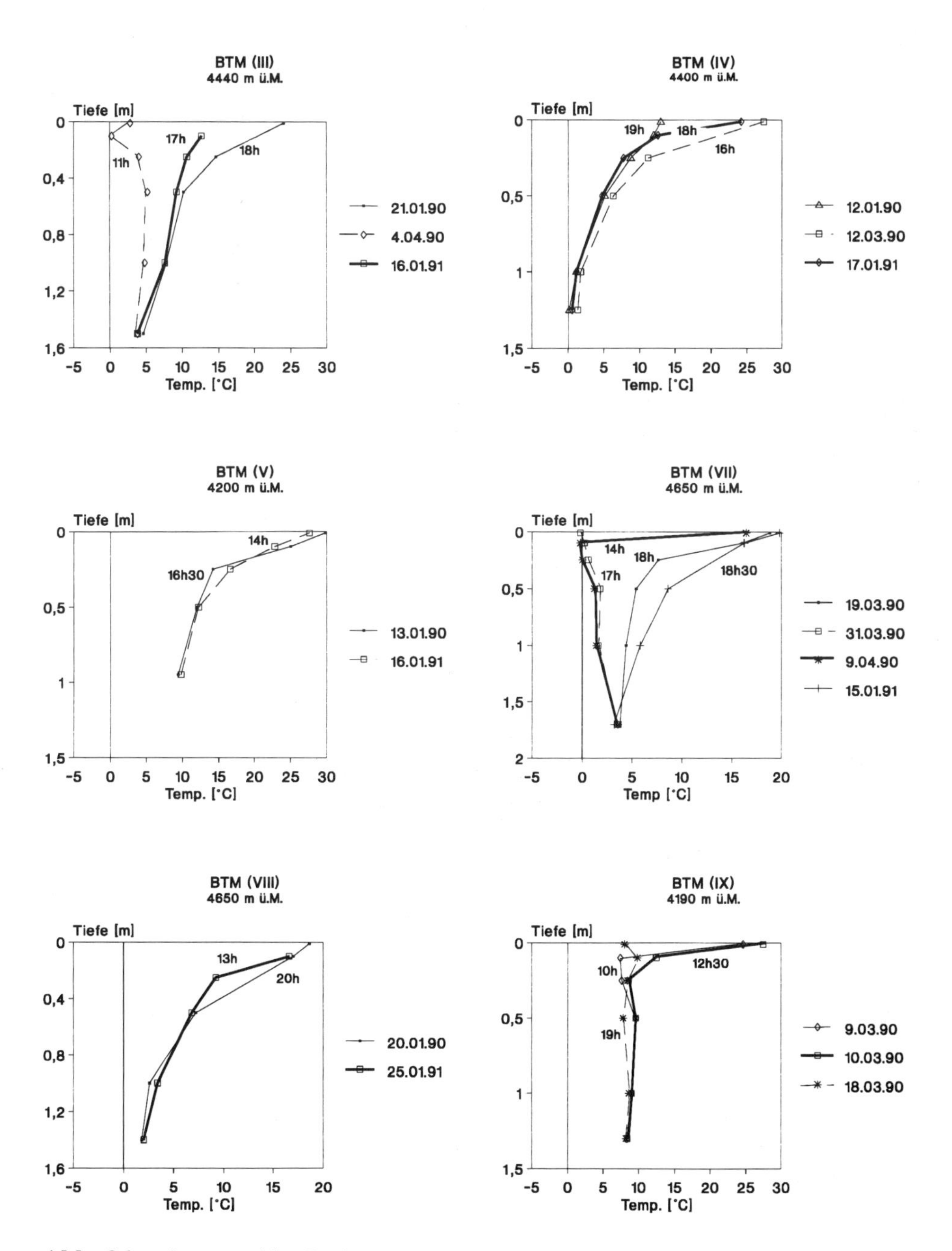

Abb. 36: Ausgewählte Bodentemperaturprofile der Meßstellen zwischen 4190 m und 4650 m ü.M.

Diese Meßstelle wurde in der Talsohle unweit des Totalisators auf ebenem Grund eingerichtet. Das Auftreten von kleinen Steinpolygonen läßt auf eine intensive Frostdynamik bei durchfeuchtetem Feinmaterial schließen. Generell finden sich im Agua Negra Einzugsgebiet Strukturböden in der Nähe von Bachläufen, das heißt an eher feuchten Standorten (vgl. Kap. 3.3.3.2). Gleichzeitig ergibt sich durch die Tallage, vor allem in den Wintermonaten, eine relativ strahlungsarme Lokalität (vgl. Abb. 26), was sich durch die umgebenden fast 1000 m hohen Hänge erklären läßt. Aufgrund des stark verfestigten, sandig-kiesigen Bodenmaterials konnte nur ein Bohrloch bis in 1,5 m Tiefe geschlagen werden. Obwohl die BTM III nur rund 250 m höher liegt als BTM IX, werden in derselben Bodentiefe (1,3 m) wesentlich niedrigere Temperaturen registriert. In 1,5 m Tiefe beträgt die Bodentemperatur im Januar 1990 und 1991 nur knapp 3°C und schwankt innerhalb der Tages- und Jahreszeit nur noch um einige Zehntel Grad. Zwischen 1 m und 1,5 m ist zudem ein deutlicher Temperaturgradient ausgebildet, so daß bei einer linearen Extrapolation der Temperatur in tieferen Bodenschichten (≥ 2m) Permafrost zu erwarten wäre (siehe Abb. 36).

Eine ähnliche Situation zeigt sich auch an der BTM VIII, die in 4650 m ü.M. auf einer vermutlich spätglazialen Seitenmoräne unweit des Blockgletschers El Paso eingerichtet wurde (s. Abb 29). Hier werden in 1,7 m Tiefe Temperaturen um 3,5°C gemessen. Wie im vorherigen Beispiel wurden in den Sommermonaten 1990 und 91 nahezu identische Temperaturen in 1,7 m Tiefe gemessen. Allerdings erfolgt hier bereits Ende März ein erster merklicher Temperaturabfall in den obersten Bodenschichten. Der noch nicht allzu tief eingedrungene erste Nachtfrost wird innerhalb weniger Stunden aufgetaut. Bei hoher Strahlungs-intensität und negativer Lufttemperatur wurden an dieser Meßstelle an der Bodenoberfläche Temperaturen um 20°C gemessen (vgl. Kap. 3.3.2.2).

Auf derselben Höhe befinden sich auch die Bodentemperatur-Meßstellen VI und VIII. Die BTM VI wurde im unteren Abschnitt des Blockgletschers El Paso eingerichtet und dient als Kontrollstation für die BTM II. Die trockene und sehr poröse Schuttauflage des Blockgletschers verhinderte jedoch die Installation der Thermistoren in dem 2,4 m tief geschlagenen Bohrloch. Die Meßstelle bestätigt dennoch zwei Dinge: Erstens befindet sich in 2,4 m Tiefe Permafrost und zweitens entsprechen die Temperaturen in 1 m Tiefe denen von BTM II, die rund 100 m oberhalb gelegen ist (vgl. Abb. 36). Sichere Hinweise auf gegenwärtige Auftaumächtigkeiten liefert auch die BTM VIII, die ebenfalls auf einem aktiven Blockgletscher im Vorfeld des Agua Negra Gletschers eingerichtet wurde. Starke Temperaturgradienten und Temperaturen von 2°C in 1,4 m Tiefe deuten auf eine Auftauschicht von 2 bis 2,5 m hin. In Kap. 3.3.3.1 wird diese Schichtmächtigkeit mit Hilfe einer refraktionsseismischen Sondierung überprüft. Bei Kartierungsarbeiten in einer Höhe von 5200 m ü.M. sind Auftaumächtigkeiten von maximal 20 cm gemessen worden.

3.3.3 Hammerschlagseismische Untersuchungen

Mit dieser im Hochgebirge relativ leicht anzuwendenden Prospektionsmethode sollen Auftaumächtigkeiten im Bereich von Permafrostvorkommen bestimmt und die gemessenen Bodentemperaturen abgesichert werden. Grundsätzlich wurde darauf geachtet, daß die Profile in der unmittelbaren Umgebung der Bodentemperatur-Meßstellen lagen. Die Auslage beträgt bei allen Profilen 50 m, wobei gewöhnlich im 5 bzw. 2,5 m Abstand gemessen wird (s. Abb. 29). Die Auswertung erfolgt nach den Richtlinien, wie sie im *Handbook of Engineering Geophysics* (BISON INSTRUMENTS 1976) oder in einschlägigen Lehrbüchern und speziellen Abhandlungen beschrieben sind (BENTZ 1961; RÖTHLISBERGER 1972).

3.3.3.1 Berechnungsverfahren

Das Hauptinteresse dieser Untersuchungen liegt in der Interpretation der erhaltenen Scheingeschwindigkeiten der Primärwellen und der Tiefenlage des ersten Refraktors. Die Geschwindigkeit der P-Wellen hängt dabei sehr stark von der Beschaffenheit des Untergrundes ab, wodurch direkte Rückschlüsse auf das vorhandene Substrat (z.B. ungefrorener/gefrorener Schutt, Fels, Eis etc.) ermöglicht werden. Bei geneigten Schichtgrenzen verändert sich die Tiefenlage des Refraktors über das Profil. Die up- und downdip geschlagenen Profile werden deshalb jeweils mit Wertepaaren für Geschwindigkeit und mittlere Tiefenlage des Refraktors angegeben (s. Tab. 6), um gegebenenfalls stark voneinander abweichende Scheingeschwindigkeiten aufzudecken.

Nach KING (1984) kann von einer Ungenauigkeit von < 10 % ausgegangen werden, wenn die beiden Scheingeschwindigkeiten um weniger als Faktor 2 voneinander abweichen. In erster Näherung kann deshalb das arithmetische Mittel der Wertepaare bei angenommener paralleler Schichtung als "wahre" Geschwindigkeit des Refraktors betrachtet werden.

Die Ermittlung der Tiefenlage des ersten Refraktors wird im Zweischichtenfall mit Hilfe der seismischen Geschwindigkeiten nach folgender Formel berechnet:

$$d_1 = \frac{x_1}{2} \sqrt{\frac{v_2 - v_1}{v_2 + v_1}} \tag{8}$$

mit: d_1 = Tiefe des ersten Refraktors
x_1 = Knickpunkt der Geschwindigkeiten v_1 und v_2

Im Dreischichtenfall wird die Tiefe des zweiten Refraktors wie folgt ermittelt:

$$d_2 = p \cdot d_1 + \frac{x_2}{2} \sqrt{\frac{v_3 - v_2}{v_3 + v_2}} \qquad (9)$$

mit: d_2 = Tiefe des zweiten Refraktors
x_2 = Knickpunkt der Geschwindigkeiten v_2 und v_3
p = Funktion der Wellengeschwindigkeit

Die exakte Bestimmung von p erfolgt anhand folgender Beziehung (BISON INSTRUMENTS 1976):

$$P = 1 - \frac{\frac{v_2}{v_1}\sqrt{(\frac{v_3}{v_1})^2 - 1} - \frac{v_3}{v_1}\sqrt{(\frac{v_3}{v_1})^2 - 1}}{\sqrt{(\frac{v_3}{v_1})^2 - (\frac{v_2}{v_1})^2}} \qquad (10)$$

Nach KING (1984, S. 41) empfiehlt sich bei einem Dreischichtfall im Permafrostbereich (z.B. trockener Grobschutt, feuchter Feinschutt, Permafrost) die Verwendung eines Näherungswertes von p = 0,85, da er in ausreichender Genauigkeit die Geschwindigkeitsverhältnisse von v_3:v_1 mit einem Faktor zwischen 7 und 12 und von v_2:v_1 mit einem Faktor zwischen 2,5 und 4,5 beschreibt.
Die Lage der seismischen Profile, die auf Blockgletschern (aktiv/inaktiv), Moränen sowie in Hang- und Tallagen geschlagen wurden, ist der Abb. 29 zu entnehmen. Die Daten der insgesamt 9 Profile[7] sind in Tabelle 7 zusammenfassend dargestellt.

3.3.3.2 P-Wellen-Geschwindigkeiten, Eisgehalte und Auftaumächtigkeiten

Bohrungen im Blockgletscher-Permafrost zeigten, daß unter einer 2-5 m dicken Deckschicht aus Blöcken eine wechselnde Lagerung von gefrorenen Schluffen, Sanden, Geröllen und moränenähnlichem Material vorherrscht (vgl. BARSCH 1977a; HAEBERLI et al. 1988). Die Bohrresultate am Blockgletscher Murtèl (Engadin/Schweiz) ergaben Eisgehalte von gefrorenen Sanden und Silten mit durchschnittlich 80-90 Vol %; in den oberen Abschnitten dominieren gar reine Eislinsen. Lediglich im grobblockigen Bereich nimmt der Eisgehalt deutlich ab (vgl.

[7] Das Profil Nr. 9 liegt außerhalb der Kartenblätter *San Lorenzo* und *Agua Negra*. Die seismische Sondierung erfolgte in unmittelbarer Nähe der Pegelstation Cuatro Mil in 4000 m ü.M.

HAEBERLI et al. 1988). Dies belegt die Dominanz des *supersaturated* Permafrostes und unterstreicht die hydrologische Signifikanz der Blockgletscher.

Allerdings darf hierbei nicht vergessen werden, daß diese Bohrresultate auch die Bedingungen eines humiden Klimas widerspiegeln und deshalb nicht unbedingt auf semiaride Gebiete zu übertragen sind. Die Frage nach dem Eisgehalt der Blockgletscher ist dennoch gerade in den semiariden Anden von großer Bedeutung. Da Bohrungen dieser Art nicht möglich waren, soll versucht werden, den Eisgehalt der obersten Schichten anhand der P-Wellen-Geschwindigkeit und der empirisch ermittelten Beziehung von MÜLLER (zitiert in RÖTHLISBERGER 1972, S. 38) zu berechnen:

$$\frac{1}{V_p} = \frac{p}{2500} + \frac{1-p}{6250} \qquad (11)$$

mit: V_p = P-Wellen-Geschwindigkeit
p = Eisgehalt in Volumenprozent

Bei der Anwendung dieser Formel ist zu bedenken, daß sie für gefrorenen Sand entwickelt wurde und bei P-Wellen-Geschwindigkeiten < 2500 m/s die Eisgehalte rechnerisch über 100% liegen würden. Ebenso unrealistische Werte können sich bei einer für Gletschereis typischen P-Wellen-Geschwindigkeit von 3600 m/s ergeben, da die berechneten Eisgehalte hier nur 50 % betragen.

Die P-Wellen-Geschwindigkeit von Blockgletscher-Permafrost unterliegt nach den bisherigen Untersuchungen aufgrund der z.T. stark variierenden Zusammensetzung von Eisgehalt und Substrat beträchtlichen Schwankungen (vgl. BARSCH 1979; KING 1984; HAEBERLI & PATZELT 1982; HAEBERLI 1985). In Skandinavien ermittelte KING (1984, S. 43) an Lokalitäten mit gefrorenem Untergrund Geschwindigkeiten von < 2200 m/s. In den Alpen liegen die typischen Geschwindigkeiten von gefrorenem Geröll und Moränenmaterial zwischen 2300 und 4800 m/s (BARSCH 1969,1973; HAEBERLI & PATZELT 1982; HAEBERLI 1985). Dies verdeutlicht die Begrenztheit der Schätzmethode, da Eis-Schuttgemische sowohl tiefere als auch deutlich höhere Geschwindigkeiten als reines Eis aufweisen können. Die Ergebnisse des ermittelten Eisgehaltes sollten deshalb vorsichtig interpretiert werden.

Entsprechend groß ist auch die Schwankungsbreite der Geschwindigkeiten bei den Profilen im Agua Negra-Einzugsgebiet. An den Lokalitäten, die aufgrund der Bodentemperaturen auf gefrorenen Untergrund deuten, werden mittlere Geschwindigkeiten (v_2) zwischen 1970 und 3450 m/s ermittelt. Bei den Profilen 2 und 4 läßt sich der Eisgehalt nach der o.g. Beziehung wegen der zu niedrigen Geschwindigkeiten nicht berechnen. An den Meßstellen 3 und 5 liegt der berechnete Eisgehalt bei 95% bzw. 92%.

Tab. 7: Refraktionsseismische Daten der einzelnen Profile

Nr.	Lokalität	Höhe m ü.M.	Exp./Hang-neigung	v_1 [m/s]	v_2/v_3 [m/s]	D_1/D_2 [m]	Eisge-halt[%]
1	Totalisator	4440	S / 2°	590 / 660	3320 / 3570	2,45 / 2,12	54
2	Blockglet-scher ('Dos Lenguas')	4400	SW / 7°	455 / 385	1925 / 2380	2,88 / 2,86	-*
3	Blockglet-scher ('El Paso')	4880	NW / 8°	295 / 280	2500 / 2650	2,59 / 2,33	95
4	"	4790	NW / 5°	325 / 190	1380 / 2565	2,97 / 1,94	-*
5	Blockglet-scher ('Agua Negra')	4650	SSW / 12°	302 / 250	3330 / 1905	5,09 / 2,19	92
6	Talboden	4470	S / 4°	325 / 250	870 / 625 3030 / 2500	0,84 / 1,14 14,4 / 16,6	-*
7	Blockglet-scherzunge	4250	S / 2°	390 / 277	480 / 490	1,65 / 1,45	-*
8	Moräne	4650	WWN / 3°	225 / 375	1620 / 1250	1,96 / 2,38	-*
9	Pegel	4000	E / 10°	290 / 270	490 / 370	1,82 / 1,42	-*

*Wert nicht zu bestimmen (siehe Text)

In den folgenden Beispielen sollen Hinweise auf Permafrostvorkommen an erstellten Weg-Zeit-Diagrammen diskutiert werden. Die Laufzeiten in Abbildung 38 deuten auf einen relativ homogenen Zweischichtenfall. Die aufliegende Lockerschuttdecke des Blockgletscher weist Geschwindigkeiten um 400 m/s auf. Darunter befindet sich eine deutlich schnellere Schicht mit mittleren Geschwindigkeiten von knapp 2200 m/s. Obwohl die Geschwindigkeiten der unteren Schicht nicht allzu hoch sind, weisen mehrere Indikatoren auf einen gefrorenen Untergrund hin. Zum einen werden an der Bodentemperatur-Meßstelle IV, die unweit des seismischen Profils eingerichtet wurde (s. Abb. 29), in 1,45 m Tiefe Temperaturen knapp über dem Gefrierpunkt gemessen, und zum anderen deutet die von Rinnen und Wällen geprägte Oberfläche auf plastische Deformation und Aktivität des Blockgletschers hin.

Abb. 37: Aktiver Blockgletscher Dos Lenguas mit der Lage der hammerschlagseismischen Sondierungen Profil 2 und 7

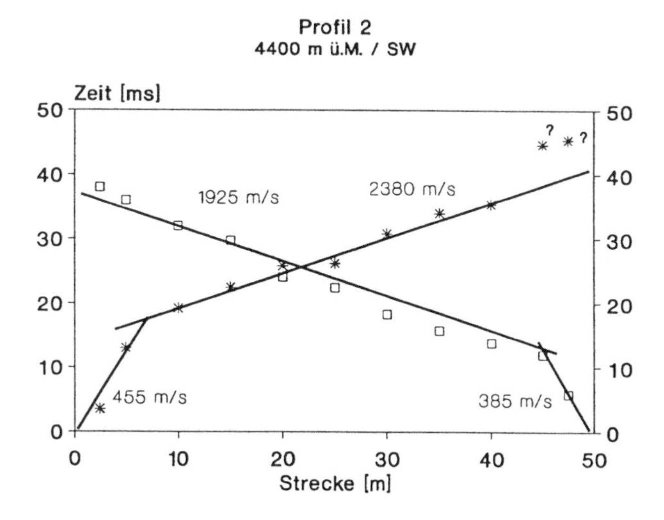

Abb. 38: Weg-Zeit-Diagramm des Profils Nr. 2 auf dem Blockgletscher Dos Lenguas in 4400 m ü.M.

Mit Hilfe der Formel 8 und 9 läßt sich aus den Geschwindigkeiten und Knickpunkten die Schichtmächtigkeit bestimmen. Wie Tabelle 7 zu entnehmen ist, beträgt die Auftaumächtigkeit rund 2,9 m. Allerdings muß berücksichtigt werden, daß die seismischen Profile Lauflängen von 50 m erfassen und auch an möglichst homogenen Abschnitten (Wälle, ebene Flächen) durchgeführt wurden. Daß die ermittelten Auftaumächtigkeiten außerhalb des Profils um mindestens ± 1 m schwanken können, belegen die Bodentemperaturmessungen und die Oberflächenmorphologie (Rinnen und Wälle) des Blockgletschers.

Im folgenden Beispiel geht es nicht um Auftaumächtigkeiten, sondern um die Differenzierung aktiver und inaktiver Bereiche des Blockgletschers Dos Lenguas. Dies ist insbesondere im diskontinuierlichen Permafrost von großer Bedeutung. So können bei der Erstellung eines Flächeninventars des Einzugsgebietes Eis-, Permafrost- und permafrostfreie Areale ausgewiesen werden.

Abbildung 39 zeigt ein Profil, das im Zungenbereich des Blockgletschers Dos Lenguas geschlagen wurde (s. Abb. 29). Die sehr niedrigen Geschwindigkeiten von 500 m/s deuten auf eisfreien, trockenen Schutt. Dafür sprechen auch die hohen Bodentemperaturen in 1 m Tiefe (vgl. Abb. 36 in Kap. 3.3.2.5) sowie ein relativ hoher Bedeckungsgrad (10-20%) von Vegetation (v.a. *Adesmia remyana*).

Interessant ist auch der Vergleich der Weg-Zeit-Diagramme von Profil 1 und 6, da sich die Sondierungen beide im Talboden auf etwa gleicher Höhe befinden und deutlich voneinander abweichende Ergebnisse zeigen (s. Abb. 40).

Die am Totalisator auf 4440 m ü.M. durchgeführte Sondierung erbrachte hohe mittlere Geschwindigkeiten der zweiten Schicht von 3445 m/s. Die daraus berechneten Auftaumächtigkeiten von 2,12 bzw. 2,45 m stimmen sehr gut mit den Bodentemperaturen von der naheliegenden BTM (III) überein, die in rund 2,2 m Tiefe Temperaturen um 0°C erwarten lassen. Dies deutet auf Permafrostvorkommen in 2-3 m Tiefe hin (vgl. Abb. 36).

Ein völlig anderes Bild zeigt sich beim Profil 6, das sich ebenfalls noch im Talboden befindet. Da hier von einem Dreischichtfall ausgegangen werden muß, liegen die Schichtgrenzen in 1 m und 15,5 m Tiefe. Allerdings weisen die P-Wellen-Geschwindigkeiten der zweiten Schicht eindeutig auf ungefrorenen Untergrund bis in eine Tiefe von umgerechnet 14,4 m hin. Erst in tieferen Schichten wurden Geschwindigkeiten gemessen, die typisch sind für gefrorene Sande und Gerölle (s. Abb. 40 u. Tab. 7). Möglicherweise befindet sich an dieser Stelle Relikt- bzw. inaktiver Permafrost, der bis in diese Tiefe aufgeschmolzen ist. Präzisere Aussagen über die Untergrundsverhältnisse könnten allerdings nur mit geoelektrischen- oder Bohrlochsondierungen getroffen werden.

Abb. 39: Der Blockgletscher El Paso mit der Lage der Meteo-Station II (↓) und den refraktionsseismischen Profilen 3 und 4

Sichere Hinweise auf Permafrostvorkommen und Auftaumächtigkeiten, die den Ergebnissen der Bodentemperatur-Messungen entsprechen (vgl. BTM II), ergaben die refraktionsseismischen Sondierungen 3 und 4 auf dem Blockgletscher El Paso in 4880 und 4790 m ü.M.. Bei dem in 4880 m Höhe geschlagenen Profil können zwei deutlich voneinander abgegrenzte Schichten ermittelt werden. Die oberste Schicht mit Geschwindigkeiten von rund 280-300 m/s läßt auf trockenen, nicht verfestigten Schutt schließen, wie er überwiegend an der Oberfläche des Blockgletschers zu sehen war. Nach den niedrigen Geschwindigkeiten im porenreichen Schutt

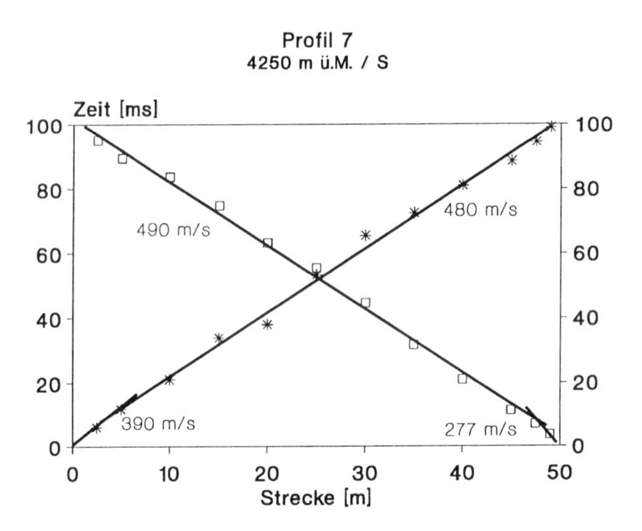

Abb. 40: Weg-Zeit-Diagramm des Profils Nr. 7 auf der inaktiven Blockgletscherzunge in 4250 m ü.M.

folgt in durchschnittlich 2,45 m Tiefe eine deutlich schnellere Schicht, die auf gefrorenen Untergrund hinweist. Dieser Wert stimmt ausgezeichnet mit den kontinuierlichen Bodentemperatur-Messungen der BTM II in 4720 m ü.M. überein (vgl. Abb. 36 u. Abb. 42).

In unmittelbarer Umgebung des Blockgletschers El Paso an der BTM VII auf 4650 m ü.M. befindet sich das seismische Profil Nr. 8 auf einer vermutlich spätglazialen Seitenmoräne. Sowohl die Bodentemperaturen (vgl. Kap. 3.3.2.5) als auch die P-Wellen-Geschwindigkeiten geben keine direkten Hinweise auf einen gefrorenen Untergrund in 2-3 m Tiefe. Die P-Wellen-Geschwindigkeiten der zweiten Schicht von < 2000 m/s deuten eher auf ein stark durchfeuchtetes Feinmaterial hin (vgl. Tab. 7). Ebenso deutliche Hinweise auf ungefrorenen Untergrund ergab die seismi sche Sondierung 9 in 4000 m ü.M.. Auf einer, wie im obigen Beispiel beschriebe nen, vermutlich spätglazialen Seitenmoräne oberhalb des Pegels Cuatro Mil werden lediglich Geschwindigkeiten von trockenem Feinschutt (250-400 m/s) - wie er auch an der Oberfläche zu sehen ist - ermittelt (s. Abb. 35).
Eine weitere Bestätigung der Bodentemperaturen liefert das Profil Nr. 5 auf dem

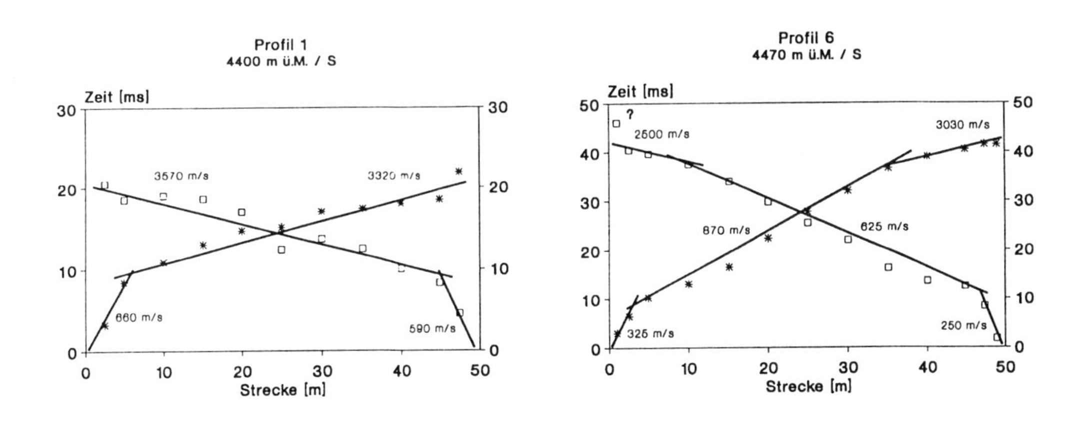

Abb. 41: Weg-Zeit-Diagramme der Profile 1 und 6. Die Lage der Profile ist aus Abbildung 35 zu ersehen

aktiven Blockgletscher Agua Negra in 4650 m ü.M.. Allerdings unterscheiden sich hier die Geschwindigkeiten der zweiten Schicht untereinander (v_2 = 3330:1905) erheblich, so daß sich Auftaumächtigkeiten zwischen 2,2 und 5,1 m ergeben. Hierbei darf jedoch nicht vergessen werden, daß die parallelen Zwei- oder Dreischichtmodelle die wahren Untergrundsverhältnisse häufig nur ungenügend wider spiegeln und schräg verlaufende Schichtgrenzen beträchliche Interpretationsschwierigkeiten bereiten (vgl. KING 1984). In diesem Fall kann aufgrund der vorliegenden Bodentemperatur-Messungen von durchschnittlichen Auftaumächtigkeiten zwischen 2 und 3 m ausgegangen werden (vgl. Abb. 36).

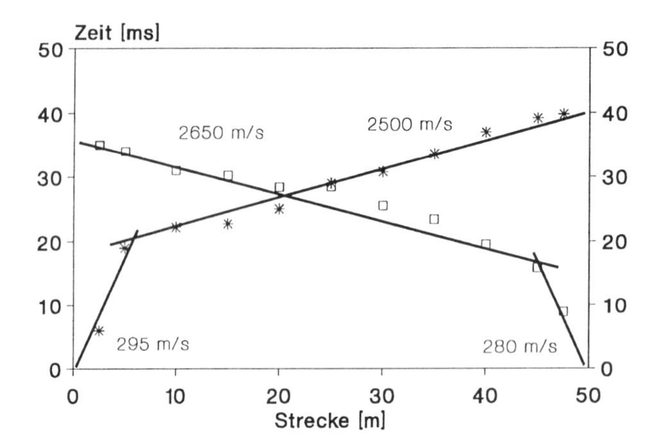

Abb. 42: Weg-Zeit-Diagramm des Profils Nr. 3 auf dem Blockgletscher El Paso in 4880 m ü.M. (s. auch Abb. 65)

Die Ergebnisse der refraktionsseismischen Profile können - in Kombination mit den Bodentemperaturen - wie folgt zusammengefaßt werden:

- Lokalitäten, die aufgrund der Bodentemperaturen das Fehlen oder die Existenz von Permafrost andeuten, können mit Hilfe der Refraktionsseismik bestätigt und präzisiert werden. Die ermittelten Auftaumächtigkeiten stimmen überwiegend mit den thermischen Befunden überein.
- Die P-Wellen-Geschwindigkeiten der langsameren ersten Schicht (v_1 = 190 - 660 m/s) entsprechen der relativ trockenen und porösen Schuttdecke. Bei der darunterliegenden zweiten Schicht werden überwiegend Geschwindigkeiten ermittelt, die typisch für gefrorene Sande und Gerölle sind (v_2 = 2380 - 3570 m/s). Die Größenordnung dieser Werte liegt im Bereich der aus den Alpen bekannten Werte (vgl. BARSCH 1973; HAEBERLI & PATZELT 1982; HAEBERLI 1985; TATENHOVE & DIKAU 1990). Auch aus dem Khumbu Himalaya sind neuerdings ähnliche Geschwindigkeiten bekannt (JACOB 1992).
- Seismische Geschwindigkeiten um 2000 m/s sind bei den up- und downdip geschlagenen Profilen stets kombiniert mit deutlich höheren Laufzeiten (vgl. Tab. 7) und wurden deshalb noch als gefrorener Untergrund interpretiert. Gestützt wird diese Interpretation durch Temperaturen von 0°C in der Tiefe

des ersten Refraktors (s. Abb. 38). KING (1984) konnte Geschwindigkeiten um 2000 m/s ebenfalls gefrorenem Material zuordnen, da die Temperatur ebenfalls bei 0°C oder etwas darunter lag. DZURIK & LESCHIKOV 1978 wiesen darauf hin, daß unterschiedliche Schutt-Eis- und Substratverhältnisse sowie Lufteinschlüsse und Bodentemperaturen die Geschwindigkeit der seismischen Wellen nicht unerheblich beeinflussen.

- Die zunächst nicht proportional zur Höhe abnehmende Auftautiefe ist vermutlich im wesentlichen auf lokale Phänomene (Blockgletscher), starke Reliefunterschiede (Bergschatten) und somit ungleiche Strahlungsbedingungen zurückzuführen (s. Kap. 3.5).

3.3.4 Geomorphologische Zeigerphänomene

Eine weitere indirekte Methode der Permafrostprospektion basiert auf der Identifizierung bestimmter geomorphologischer Formen und Prozesse. Im Zusammenhang

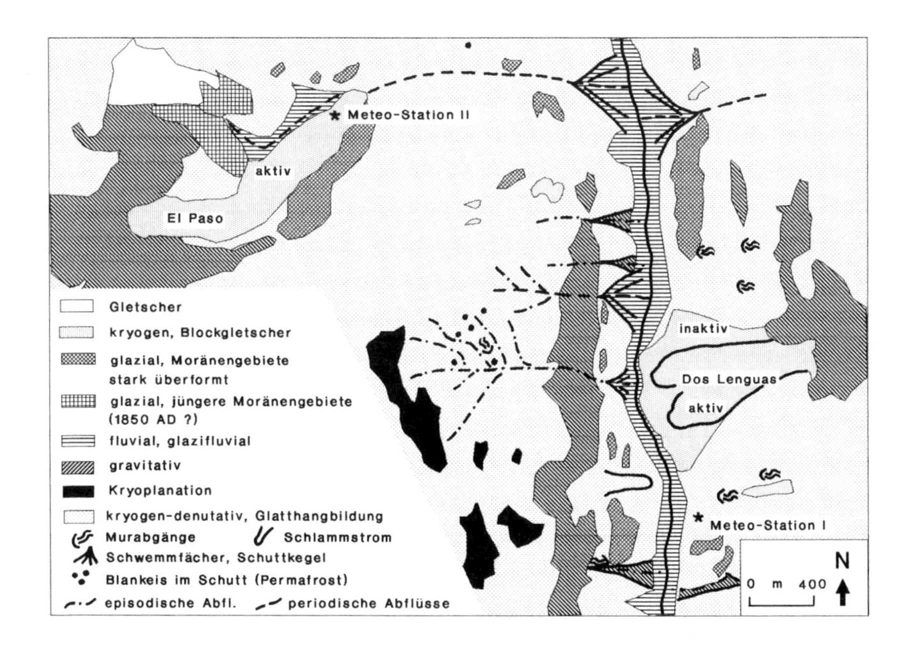

Abb. 43: Geomorphologische Übersicht der wichtigsten Formen und Prozeßbereiche eines Ausschnitts des oberen Agua Negra-Einzugsgebietes (nach SCHOLL & SCHROTT in SCHOLL 1992)

mit der Entstehung und Existenz von Eis oder Permafrost im Untergrund kann es zur Ausbildung bestimmter Oberflächenformen kommen. Je nach Substratverhältnissen, edaphischen Gunst- oder Ungunstfaktoren (z.B. Exposition) und klimatischen Bedingungen können diese Formen mehr oder weniger deutlich ausgeprägt sein. Im Untersuchungsgebiet ist die periglaziale Höhenstufe
vor allem durch Blockgletscher, Solifluktion, Frostmusterböden, Glatthänge und Kryoturbation charakterisiert.

3.3.4.1 Blockgletscher, Schutt- und Eisvolumina

Ein besonders augenfälliges Beispiel von Hochgebirgspermafrost sind die aktiven Blockgletscher, da sie einen charakteristischen Prozeß, das sogenannte Permafrostkriechen (engl. *creep of mountain permafrost*), darstellen und eine markante Form (loben- oder zungenförmig) aufweisen. Die Verbreitung von Blockgletschern ist aus nahezu allen periglazialen Gebirgsregionen der Welt bekannt, in denen permafrostgünstige Klimabedingungen vorherrschen und eine intensive Frostdynamik und Verwitterung ausreichende Schuttmengen gewährleisten (vgl. u.a. WAHRHAFTIG & COX 1959; BARSCH 1969,1977c; BARSCH & KING 1989; CORTE 1976,1978, 1987; HAEBERLI 1975,1985; HÖLLERMANN 1983; GORBUNOV 1983).
Aktive Blockgletscher gehören nicht nur zum rezenten Formenschatz der periglazialen Höhenstufe, sondern eignen sich darüber hinaus als Indikatoren für die Unter grenze von diskontinuierlichem Permafrost (vgl. BARSCH 1978; HAEBERLI 1983, KING 1984).

Im Untersuchungsgebiet treten aktive Blockgletscher ab 4000 m ü.M. auf (SCHROTT 1991). Die semiariden Bedingungen und die hohe Verwitterungsintensität bilden ideale Voraussetzungen für die Blockgletschergenese. Es überrascht deshalb nicht, daß allein der Flächenanteil der aktiven Blockgletscher die der Gletscherareale übersteigt (s. auch Tab. 2 in Kap. 1.6). Zu diesem Ergebnis trägt neben der Quantität insbesondere die für den semiariden Andenraum charakteristische große Flächenausdehnung der Blockgletscher bei.

Am Beispiel der beiden größten Blockgletscher im Untersuchungsgebiet (El Paso und Dos Lenguas) soll deshalb das Schutt- und Eisvolumen sowie die mögliche Rückverwitterungsrate diskutiert werden (s. Abb. 43, 44 u. 46). Dies ist in zweierlei Hinsicht von Bedeutung: Erstens kann anhand der Schuttmengen ein Anhaltspunkt über die Verwitterungsintensität des strahlungsreichen Tageszeitenklimas gewonnen werden und zweitens erhält man über das Schuttvolumen der Blockgletscher wichtige Angaben zu möglichen Eisvolumina. Diese Eisvolumina werden bei der Behandlung der Blockgletscher-Quellen, der Permafrostschmelze und der Wasserbilanz erneut diskutiert (vgl. Kap. 4.1.3.4, 4.1.3.5 u. Kap. 5). Der nordöstlich exponierte, zungenförmige Blockgletscher El Paso hat sich in einem Kar zwischen 4620 (Stirn) und 4900 m ü.M. (Wurzelzone) gebildet.

Abb. 44: Seitenansicht des aktiven Blockgletschers El Paso. Der Pfeil markiert die Lage der Meteo-Station II (Blick nach Westen; Aufnahme im März 1990)

Seine Länge beträgt 1900 m bei einer durchschnittlichen Breite von 200-300 m. Mit einer Fläche von 0,663 km² ist der Blockgletscher El Paso bei weitem der größte im Einzugsgebiet. Die Oberfläche ist auffällig in längsverlaufende Wälle bzw. Rücken gegliedert (s. Abb. 44). Es ist deshalb anzunehmen, daß in der Fließdynamik vornehmlich Ausdehnungsfließen vorherrscht. In quasi diametral entgegengesetzter Exposition (SW-W) befindet sich der Blockgletscher Dos Lenguas, dessen Stirnfront auf einer Höhe von 4200 m ü.M endet. Die Wurzelzone ist in ca. 4550 m ü.M. anzusiedeln.

Der Blockgletscher Dos Lenguas unterscheidet sich v.a. in der Physiognomie vom Blockgletscher El Paso; er ist v.a. im unteren flacheren Abschnitt in ausgeprägte Querwülste und Rinnen aufgegliedert. Diese quer verlaufenden Rinnen deuten auf ein verstärktes Kompressionsfließen hin, das vermutlich zum einen durch ein abnehmendes Gefälle und zum anderen durch das Anstehende verursacht wird. Indikatoren hierfür sind ein hervorstehender Basaltriegel an der Stirnfront und die

Abb. 45: Die Meteo-Station II auf dem aktiven Blockgletscher El Paso (4720 m ü.M.; Solifluktionsloben am gegenüberliegenden Glatthang; Aufnahme im Februar 1990, Blick nach NW)

auffällige Zweizungenform des Blockgletschers. Eine weitere Besonderheit dieses Blockgletschers ist die Kombination von mehreren Blockgletschergenerationen, das heißt aktiven und inaktiven Formen. So hat sich der gegenwärtig aktive Blockgletscher - dafür sprechen neben der Morphologie auch die in Kapitel 3.3.2 und 3.3.3 erwähnten Temperaturmessungen und seismischen Sondierungen - über eine ältere inaktive Form geschoben. Diese hebt sich durch beträchtlichen Vegetationsbewuchs (10-20%), Kollapsspuren und eine sehr flache Stirn von der aktiven Form ab. Auch seitlich des Blockgletschers Dos Lenguas finden sich inaktive oder gar fossile (eisfreie) Blockgletscherformen (s. Abb. 46).

Beide Blockgletscher dürften sich während des Holozäns gebildet haben, da in unmittelbarer Umgebung Seitenmoränen zu sehen sind, die vermutlich spätglaziale Gletscherstände markieren. Im Falle des Blockgletschers El Paso verlaufen die Seitenmoränen des glazial geprägten Kars weitgehend parallel zur Fließrichtung. Ein kleiner, stark zurückschmelzender Gletscher an der Südostflanke des Blockglet

Abb. 46: Der aktive Blockgletscher Dos Lenguas; Aufnahme im März 1990

schers deutet an, daß das Kar ehemals stärker vergletschert gewesen sein muß. Inwieweit der Blockgletscher bei kleineren Vorstößen der jüngeren Vergangenheit (z.B. Kleine Eiszeit) überfahren wurde und/oder Moränenmaterial inkorporierte, läßt sich nicht eindeutig klären. In jedem Fall deuten Thermokarstphänomene an der orographisch linken Seite des Blockgletschers auf einen hohen Eisgehalt hin.
Die zum Teil stark überformten Seitenmoränen, welche quer zur Fließrichtung des Blockgletschers Dos Lenguas verlaufen, markieren einen vermutlich spätglazialen

Gletscherstand des Agua Negra Gletschers (vgl. Abb. 49). Die vorgefundenen Moränengürtel deuten auf eine Schneegrenzdepression von rund 700 m. Von VEIT (1991) werden für das benachbarte Einzugsgebiet des Rio Elqui auf der Andenwestseite Schneegrenzdepressionen von 1200 und 700-900 m angegeben, die durch Moränen vermutlich spätglazialer Gletschervorstöße dokumentiert werden. Aufgrund mehrerer pollenanalytischen Untersuchungen im südlichen Südamerika wird angenommen, daß die Gletscher in den südlichen Anden bereits 12.000 BP auf ihre heutige Position zurückgeschmolzen waren (vgl. MARKGRAF 1991; MERCER 1984). Es muß deshalb wie üblich als wahrscheinlich angesehen werden, daß beide Blockgletscher während des Holozäns entstanden sind und ihr Alter etwa zwischen 5000 und 9000 BP anzusiedeln ist. Mit Hilfe dieser Hypothese sollen einige Abschätzungen zum Schutttransport der Blockgletscher und zur Schuttproduktion (Rückverwitterung) der Karrückwände angestellt werden.

Dazu müssen unter Verwendung der Flächen und Mächtigkeiten beider Blockgletscher zunächst die Schuttvolumina berechnet werden. Die Fläche der Blockgletscher konnte mittels Luftbildinterpretation und Kartierungen bestimmt werden. Die Schuttmächtigkeit (50 m) wird aus der Höhe der Stirn- und Seitenfronten abgeleitetet. Dabei ist zu beachten, daß die angenommene Schuttmächtigkeit einen Mindestwert repräsentiert, denn nach den Untersuchungen von BARSCH & HELL (1975) können Blockgletscher hinter der Front ein übertieftes Bett aufweisen.
Um schließlich das "reine" Schuttvolumen der Blockgletscher zu erhalten, muß vom Gesamtvolumen noch der geschätzte Eisgehalt (60%) subtrahiert werden. Mit Hilfe des berechneten Schuttvolumens und unter Einbeziehung der schuttliefernden Wandfläche kann schließlich die ungefähre Schuttproduktion (Rückverwitterung) für einen bestimmten Zeitraum (s. Tab. 8) abgeschätzt werden. Das Problem hierbei ist die Bestimmung der schuttliefernden Wandflächen, da diese im Laufe der Zeit gewissen Veränderungen unterliegen können. Wechselnde Gesteinsschichten und/-oder abschmelzende bzw. vorstoßende Eismassen verursachten ebenso wie wechselnde Klimabedingungen Schwankungen in der Verwitterungsintensität und Schuttproduktion während des Holozäns. Da die Karrückwände gegenwärtig fast völlig schneefrei sind und aus diesem Grund die Kalkulation der schuttliefernden Wände eher zu große Flächen berücksichtigt, ist davon auszugehen, daß es sich bei den Rückverwitterungsbeträgen um Mindestwerte handelt.

Schließlich kann mit Hilfe des geschätzten Alters und der Länge des Blockgletschers die durchschnittliche Fließgeschwindigkeit kalkuliert werden. Obwohl all diese Kalkulationen für die Blockgletscher Dos Lenguas und El Paso zu ähnlichen Ergebnissen führen (s. Tab. 8), muß nochmals betont werden, daß bei den Berechnungen zum Schuttvolumen und zur Rückverwitterung die Schätzwerte von Schuttmächtigkeit und des Eisgehalts mit eingehen. Die Werte der Geschwindigkeit und der Geschiebemenge basieren gar nur auf indirekt abgeleiteten Angaben und können deshalb nur grobe Anhaltspunkte liefern (vgl. JACOB 1992).

Tab. 8: Schutt- und Eisvolumina, Rückverwitterung und wichtigste Daten der aktiven Blockgletscher Dos Lenguas und El Paso

Blockgletscher	Dos Lenguas	El Paso
Höhe m ü.M. (Stirn)	4200	4620
Exposition/Hangneigung	SW-W / 12°	NE / 11,5°
Länge [km]	1,25	1,9
Oberfläche [10^3 m²] (aktiv/inaktiv)	362 / 385	663
Einzugsgebiet [km²][1]	1,008	1,474
Gesamtvolumen [10^6 m^3][2]	18,1	33,1
Schuttvolumen [m^3][3]	7,24	13,24
Gesamtabtrag [m]	7,18	8,99
Rückverwitterung [mm/a]		
(Hypothese 5000 Jahre)	1,44	1,8
(" 9000 Jahre)	0,8	1
mittlere Geschwindigkeit [cm/a]		
(Hypothese 1)	25	38
(" 2)	13,8	21
mittlere jährliche Schuttmenge [m^3]		
(Hypothese 1)	3620	6620
(" 2)	2011	3677

[1] Unter Einbeziehung der mittleren Hangneigung
[2] Unter der Annahme einer Schuttmächtigkeit von 50 m
[3] Geschätzter Eisgehalt ≈ 60% (siehe auch Kapitel 5.2)

Trotz der erwähnten, nicht unerheblichen Fehlerquellen nehmen diese beiden Blockgletscher angesichts ihrer Größe offensichtlich eine gewisse Ausnahmestellung ein. Die berechneten Schuttvolumina liegen deutlich über den Werten, wie sie beispielsweise aus den Schweizer Alpen bekannt sind (vgl. BARSCH 1977a, 1977b). Selbst im Khumbu Himalaya, wo vergleichbare semiaride und strahlungsreiche Bedingungen herrschen, kommt es nicht zur Ausbildung derart großer Blockgletscher und Schuttvolumen. Die Gründe liegen dort wohl in der nach wie vor starken Vergletscherung größerer Höhen und in der Dominanz schuttbedeckter Gletscher (JACOB 1992). Auf die Bedeutung des Eisvolumens von Blockgletschern als wichtige Wasserspeicher wird deshalb nochmals ausführlich in Kapitel 4.3.1.4 und in Kapitel 5.1 eingegangen. Ähnlich große Blockgletscher wie im Agua Negra Einzugsgebiet finden sich auch etwas weiter südlich in den mendozinischen Anden (33° S) (vgl. z.B. CORTE 1976b; BARSCH & KING 1989).
Daß es sich bei den Blockgletschern El Paso und Dos Lenguas um aktive Blockgletscher handelt, belegen folgende Phänomene:

- ausgeprägtes Oberflächenrelief mit Wällen und Rinnen
- sehr steile Stirn (> 35°)
- Auftaumächtigkeiten von durchschnittlich 2-3 m (s. Kap. 3.3.2.5)
- niedrige Quellwassertemperaturen zwischen 0 und 1°C an der Stirn der Blockgletscher.

Da Grund- und Bodenwasser durch Wärmeleitung die Temperatur des umgebenden Bodens annehmen, kann das austretende Quellwasser an der Front eines Blockgletschers Aufschluß darüber geben, ob im Innern des Blockgletschers Temperaturen unter dem Gefrierpunkt und damit Permafrostverhältnisse vorherrschen.
An der Stirnfront der Blockgletscher Agua Negra, Dos Lenguas und El Paso (s. Abb. 41 u. 46) wurden deshalb in den Monaten November bis April 1990 und Dezember bis Januar 1991 mehrfach Messungen zur Quellwassertemperatur durchgeführt. Im Falle der beiden Blockgletscher Agua Negra und El Paso schwanken die Quellwassertemperaturen lediglich zwischen 0 und 0,2°C. Dies kann, so wiesen eingehende Untersuchungen an Blockgletscherquellen in den Alpen nach, als weiterer Permafrostindikator gedeutet werden (vgl. HAEBERLI 1975; HAEBERLI 1985; HAEBERLI & PATZELT 1982).

Etwas komplizierter ist die Situation am Blockgletscher Dos Lenguas. Da sich hier ein aktiver Blockgletscher über eine ältere, inaktive Form geschoben hat, entspricht das austretende Quellwasser an der inaktiven Front nicht mehr der Umgebungstemperatur des aktiven Blockgletschers. Zwar werden immer noch Quellwassertemperaturen zwischen 2,5 und 3°C gemessen, aber diese Werte liegen nicht mehr im Bereich vorwiegend aktiver Blockgletscher. In diesem Fall kommt es beim Durchsickern des Quellwassers offensichtlich zu einer Erwärmung durch die wesentlich höheren Bodentemperaturen der inaktiven Form (vgl. Kap. 3.3.2.5). Auch HAEBERLI (1975, S. 102) konnte an Blockgletscherquellen zeigen, daß sich das Schmelzwasser relativ schnell erwärmen kann.

3.3.4.2 Solifluktion und Frostmusterböden

Die Prozesse der Solifluktion und Sortierung sind immer in Verbindung mit intensiven Frostwechseln zu sehen; sie sind jedoch nicht unbedingt an Permafrost gebunden (WASHBURN 1979; HARRIS 1986; FRENCH 1976; HARRIS et al. 1988). Im allgemeinen wird in die Prozesse *frost creep, gelifluction* und *needle ice* differenziert (HARRIS et al. 1988). Beim Frostkriechen erfolgt der Materialtransport hangabwärts durch das ständige Gefrieren und Auftauen. Diese relativ flachgründige Materialverlagerung wird in ihrer Extremform auch als Kammeissolifluktion beschrieben und ist im Untersuchungsgebiet aufgrund des Tageszeitenklimas noch unterhalb der periglazialen Höhenstufe wirksam (vgl. auch TROLL 1944). In rund 4000 m ü.M. wurden Kammeisbildungen von bis zu 5 cm beobachtet. Im Gegensatz dazu erfolgt das Frostbodenfließen oder die Gelifluktion über gefrorenem Untergund, das heißt über saisonalem, noch nicht vollständig aufgetautem Winterfrostboden oder über Permafrost. Eine Differenzierung in mögliche Permafrostvorkommen ist jedoch anhand dieser Formen allein nicht möglich.

Das Zusammenwirken beider Prozesse ist im Untersuchungsgebiet oberhalb 4000 m ü.M. sehr weit verbreitet und führt insbesondere an nicht zu steilen Hängen (10-30°) zur Ausbildung von Kleinformen wie Solifluktionsloben, -terrassen und -wülsten (s. Abb. 45). Die Solifluktionsloben weisen Stirnhöhen zwischen 0,2 und 1 m auf und sind bis zu 5 m breit.

Ein weiterer bemerkenswerter Prozeß im Untersuchungsgebiet ist die Sortierung, die insbesondere an (ehemals) gut durchfeuchteten Stellen oberhalb 4300 m ü.M. auffällt. Dabei kommt es auf ebenen Flächen zur Ausbildung von kleineren Polygonen und in Hanglagen zu Steinstreifen.

Abb. 47: Steinstreifen an einem 20° geneigten ostexponierten Hang in 4550 m ü.M. (Aufnahme im März 1990; Agua Negra-Einzugsgebiet)

Die Polygone mit Durchmessern von 0,1-1 m weisen einen Feinerdekern auf, der von einem Fein- und Mittelschuttring umgeben ist. Beim seitlichen Aufgraben kann auch eine nicht allzu tiefgründige (10-20 cm) vertikale Sortierung festgestellt werden (CORTE 1962b,1963). Daß diese Formen mit intensiver Frostdynamik oder mit diskontinuierlichem Permafrost in Zusammenhang stehen, belegen die Bohrloch-Temperaturmessungen und refraktionsseismischen Sondierungen in unmittelbarer Umgebung der Polygone. Ihre Enstehungsmechanismen werden in einer verstärkt ablaufenden Dehydratation und Trockenrißbildung gesehen (vgl. HARRIS et al. 1988).

Dagegen ist bei den Steinstreifen, die eine durchschnittliche Breite von 5-10 cm aufweisen, gefrorener Untergrund nicht immer nachzuweisen. Hier bilden offensichtlich intensive Frostwechsel die wichtigste Voraussetzung. Steinstreifen treten vor allem an 10-25° geneigten Hängen mit hohem Feinmaterial und oberhalb 4100 m ü.M. auf (s. Abb. 47).

3.3.4.3 Glatthangbildung und Kryoturbation

Glatthänge sind ein charakteristisches Landschaftselement der semiariden strahlungsreichen Hochanden. Sie sind das Ergebnis einer hohen Verwitterungsintensität und Schuttverlagerung bei klimatisch und/oder edaphisch begünstigter Hangzerschneidung (vgl. z.B. GARLEFF 1978; STINGL & GARLEFF 1983; VEIT 1991).

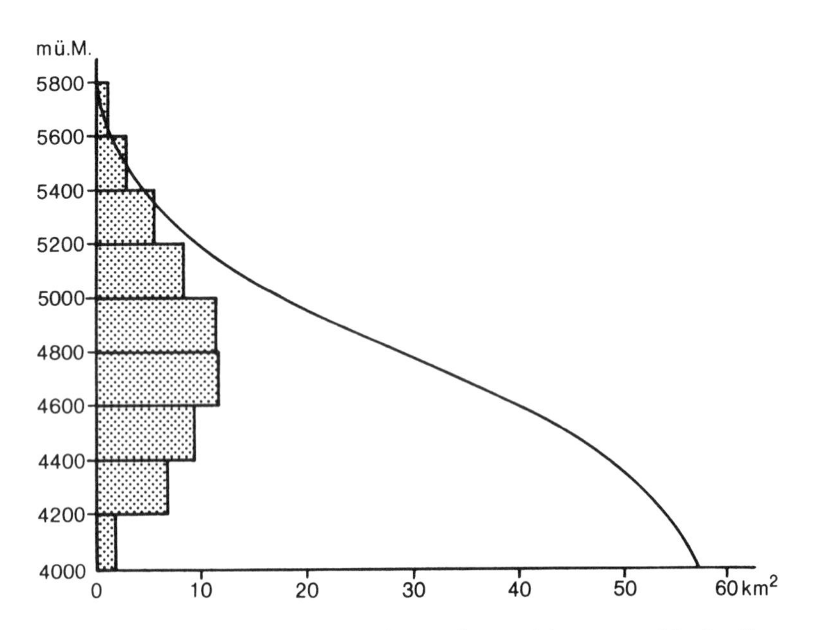

Abb. 48: Flächenhafte Verteilung der Höhenstufen und hypsographische Kurve

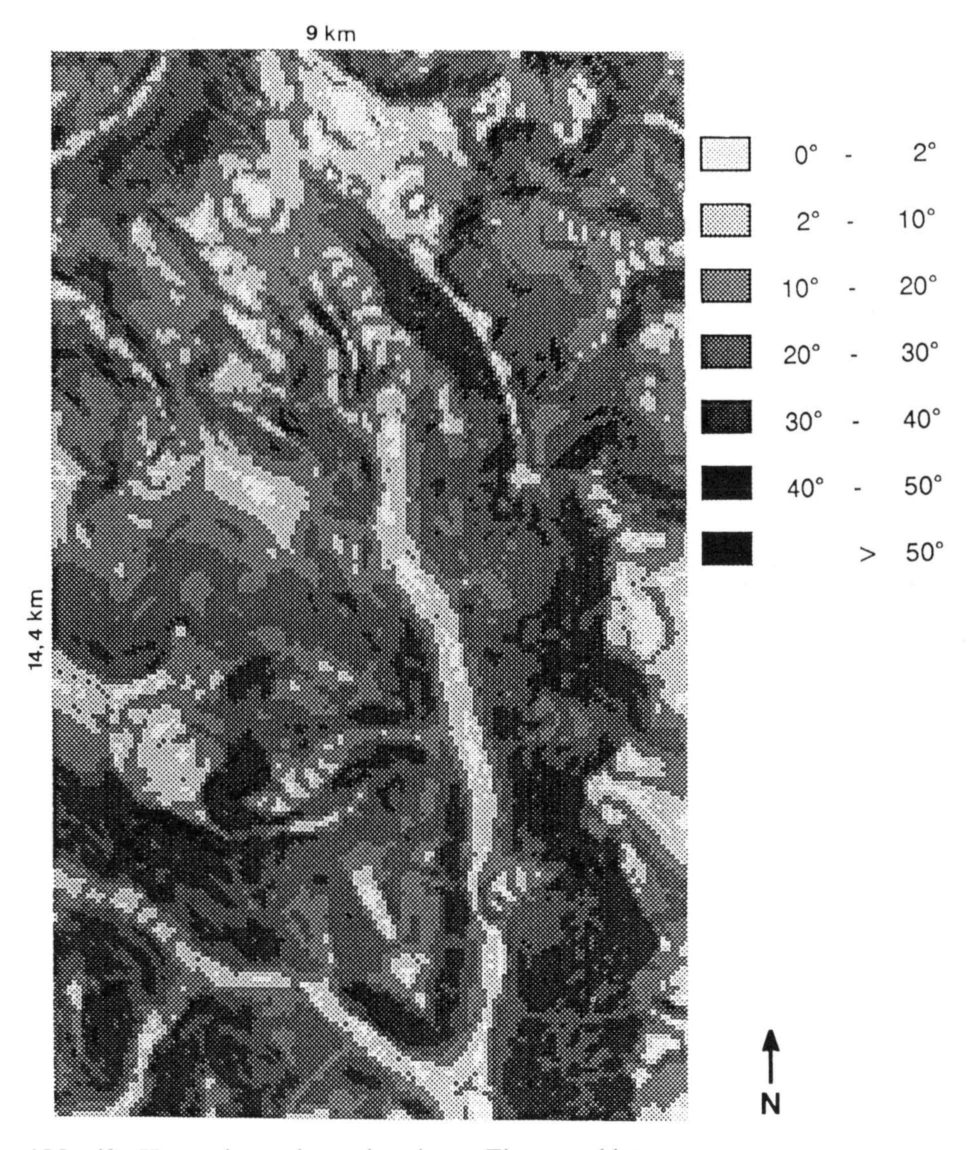

Abb. 49: Hangneigungskarte des oberen Einzugsgebietes

Sowohl im Untersuchungsgebiet als auch im übrigen cuyanischen Hochland der Anden sind die Glatthänge nicht nur auf ein bestimmtes Neigungsintervall begrenzt, sondern treten bei Hangneigungen von 1-40° auf. Wenngleich der überwiegende

Teil der Glatthänge im Untersuchungsgebiet bei Hangneigungen zwischen 20° und 35° in Erscheinung tritt, fällt es schwer, die fließenden Übergänge von Glatthangrelief und Kryoplanationsflächen zu unterscheiden. Typische Kryoplanationsterrassen, wie sie für die weniger ariden Gebiete der Alpen, der Rocky Mountains (KARRASCH 1984) oder die skandinavische Gipfeltundra (GÖBEL 1989) beschrieben werden, sind durch die intensiven kryogenen Überprägungen der hochgelegenen Gipfelregionen meist eingeebnet (s. Abb. 45 u. 48). Diese Plateauflächen, deren Neigungen im allgemeinen < 5° sind, lassen sich zudem sehr deutlich mittels der Hangneigungskarte erkennen (s. Abb. 50).

Abb. 50: Glatthänge und Schwemmfächer im Agua Negra Einzugsgebiet; Blick nach NW (Aufnahme im Januar 1991)

Es erscheint sinnvoll, wenn in Anlehnung an STINGL & GARLEFF (1983) der Begriff des Glatthangs auf stark geglättete und nahezu flache Hänge (< 5°) erwei tert und die Kryoplanation miteingeschlossen wird (vgl. auch GARLEFF 1977, 1978). Die Glatthangprofile im Untersuchungsgebiet erstrecken sich häufig über 1000 m Höhendistanz und sind nur durch den konvexen Übergang im oberen Hangabschnitt (s. Abb. 23 u. 24 in Kap. 3.2.1) und einzelnen Hangtors gegliedert (vgl. TROMBOTTO 1991).

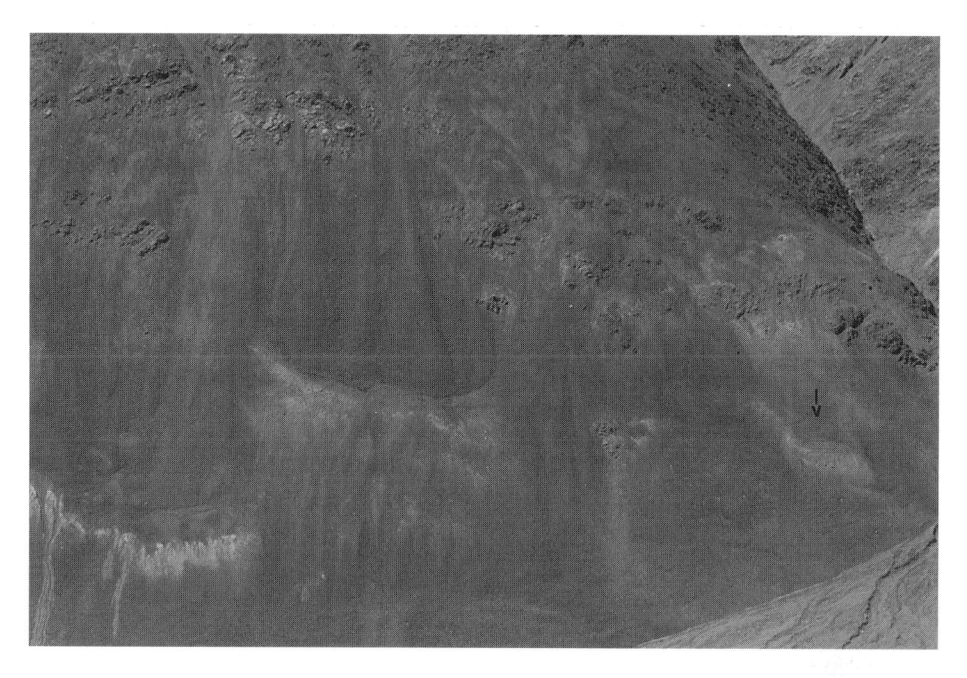

Abb. 51: Glatthang mit stark überprägten Moränenresten und embryonalen Blockgletschern, Permafrostkriechen (↓)

Oberhalb 4600 m ü.M. ist in südlich exponierten Schattenlagen vereinzelt Poreneis im grobblockigen Schutt zu sehen. Diese spätsommerlichen perennierenden Eisreste belegen ein diskontinuierliches Permafrostvorkommen in den Glatthängen (s. Abb. 43). In 4400 m ü.M. bildeten sich aus den stark überformten Moränenresten vereinzelt embryonale Blockgletscher (s. Abb. 41 u. 43). Die z.T. starke Überprägung vermutlich spätglazialer Moränen und alter Paßstraßen deutet auf eine nacheiszeitlich einsetzende und rezent anhaltende Glatthanggenese.

Unterhalb der periglazialen Höhenstufe (< 4200 m ü.M.) wird das Glatthangrelief allmählich aufgelockert, eine hygrisch begünstigte Vegetationsverbreitung macht sich v.a. entlang der Bachläufe bemerkbar (zunächst v.a. *Adesmia remyana*).

Zwischen 4000 m und 3500 m Höhe bestehen die Glatthänge in zunehmenden Maße aus leicht verwitterbaren Gesteinen (v.a. Vulkanite); die Materialverlagerung ist fast nur in Form von Schuttstau an Basaltriegeln oder Polsterpflanzen zu sehen. Unterhalb 3500 m ü.M. treten vermehrt dornige Spalier- und Zwergsträucher wie

Adesmia remyana, Oxychloe, Adesmia subterranea u.a. auf (vgl. auch WINGENROTH & SUAREZ 1984).

3.4 Höhenstufengliederung

Mit Hilfe geomorphologischer Formen und Prozesse, direkter Beobachtungen, Bohrloch-Temperaturmessungen und refraktionsseismischen Sondierungen können für die Ostabdachung der Hochkordillere bei 30° S folgende rezente Höhenstufen, Ober- und Untergrenzen bestimmt werden (s. Tab. 9).

Tab. 9: Rezente Höhenstufung mit Angaben zu Ober- und Untergrenzen für die Ostabdachung der cuyanischen Hochkordillere; Agua Negra-Einzugsgebiet (30° S)

Höhenlage m ü.M.[1]			Höhenstufen, Ober- und Untergrenzen
>	5300	(5300)[2]	spärliche Vergletscherung vorwiegend in SE-Exposition und/-oder in extremen Schattlagen; Kuppen und Sättel meist schneefrei bis > 5500 m ü.M., Auftaumächtigkeiten 5-10 cm
	5200	(5200)	Untergrenze kontinuierlichen Permafrostes
	5050	(4900)	Obergrenze der aktiven Blockgletscher
	4750		rezente Untergrenze des Agua Negra Gletschers
	4650		Obergrenze der letzten Vegetationsspuren
	4200		Untergrenze der Frostmusterböden
	4000	(4200/4400)	Untergrenze diskontinuierlichen Permafrostes (Untergrenze der aktiven Blockgletscher)
	3900	(4250)	Untergrenze der periglazialen Höhenstufe (Solifluktion, Glatthangbildung)
≤	3500		andine Höhenstufe (fleckenhafte Vegetationsverbreitung, Auflösung der Glatthangbildung, Kammeissolifluktion, "dry creep")
≥	3500		subandine Höhenstufe (gelegentlich Kammeis, zunehmend Vegetation)

1 Alle Werte sind gerundet und beziehen sich auf das Einzugsgebiet Agua Negra (30° S), argentinische Hochkordillere.

2 Die Angaben in Klammern beziehen sich auf die Andenwestabdachung der chilenischen Hochkordillere und enstammen der Arbeit von VEIT (1991).

Der Vergleich dieser Ergebnisse mit den Resultaten von VEIT (1991) auf der benachbarten chilenischen Seite bei 30° S zeigt eine sehr gute Übereinstimmung. Insbesondere die Höhenlage der Untergrenze diskontinuierlichen Permafrostes wurde in bisherigen Untersuchungen östlich des Andenhauptkammes zwischen 30 und 33° S mit geringfügigen, edaphisch bedingten Abweichungen (± 200 m) bestätigt (vgl. u.a. GARLEFF 1977,1978; GARLEFF & STINGL 1985; BARSCH & HAPPOLDT 1985; HAPPOLDT & SCHROTT 1989; BARSCH & KING 1989; SCHROTT 1991).

Insgesamt nimmt der diskontinuierliche Permafrostbereich im oberen Agua Negra-Einzugsgebiet etwa 84% der Gesamtfläche ein; der übrige Anteil entfällt auf kontinuierlichen Permafrost (vgl. Abb. 51).

Eine klimatische Schneegrenze für den Bereich des Agua Negra Passes festzulegen, ist schwierig, da die wenigen Gletscher und perennierenden Firnfelder auf extreme Schattenlagen begrenzt sind und meist durch Schneedrift und -ansammlungen genährt werden. Aus diesem Grund kann auch nicht von einer Gleichgewichtslinie - im Sinne der Alpengletscher - gesprochen werden. Obwohl oberhalb 5300 m ü.M. in südexponierten und betont strahlungsarmen Mulden und Karen vermehrt perennierende Schneefelder auftreten, bleiben die großflächigen Hochplateaus aufgrund der hohen Windgeschwindigkeiten weitgehend schneefrei.

3.5 Solarstrahlung und Permafrostverbreitung

Nachdem in den vorangegangenen Kapiteln die räumliche und zeitliche Variation und Auswirkung der Strahlungsintensität sowie das Permafrostvorkommen im Untersuchungsgebiet besprochen wurde, soll nun anhand einiger Beispiele veranschaulicht werden, inwieweit strahlungsarme Areale und Permafrostphänomene bzw. Strahlungsgunstlagen und permafrostfreie Gebiete übereinstimmen. Wichtige allgemeine Hinweise darauf geben z.B. die Höhendifferenzen zwischen den Untergrenzen diskontinuierlichen alpinen Permafrostes, die bisher meist mit Hilfe der aktiven Blockgletscher und in Abhängigkeit von der Exposition beschrieben wurden (vgl. u.a. BARSCH 1977a; KING 1984,1990; KERSCHNER 1985). Die Permafrostuntergrenze wird auch häufig mit der mittleren jährlichen Lufttemperatur in Verbindung gebracht (CHENG 1983). Erste Einschätzungen bezüglich der Verbreitung von Permafrost können damit zwar getroffen werden, doch ist gerade in Hochgebirgen mit großer Reliefenergie und im Übergangsbereich von sporadischem zu kontinuierlichem Permafrost (subnivale Höhenstufe) die mittlere jährliche Lufttemperatur weit weniger aussagekräftig als die solare Einstrahlung. Es steht zweifelsfrei fest, daß ab einer gewissen Höhe mit entsprechend tiefen Lufttemperaturen kontinuierlicher Permafrost trotz hoher Solarstrahlung auftritt. Im Bereich mit vorwiegend sporadischer oder diskontinuierlicher Permafrostverbreitung bewirken jedoch Strahlungsdefizite relativ "kalte" Areale und somit permafrostgünstige Voraussetzungen.

HAEBERLI (1985) betont in diesem Zusammenhang, daß akkumulierter Lawinenschnee an Hangfußlagen einen Schutz gegen solare Einstrahlung bildet und somit permafrostgünstige Bedingungen schafft.

Am Beispiel des oberen Einzugsgebietes wurden deshalb Permafrostgunstlagen zunächst lediglich mit Hilfe der potentiellen Strahlungsintensität ausgewiesen und die strahlungsarmen Areale nachfolgend mit Permafrostindikatoren wie etwa aktiven Blockgletschern verglichen. Dazu werden Gebiete ausgewählt, deren tägliche Strahlungssumme im strahlungsschwächsten Monat Juni unter 10 MJ/m^2 d liegen und im strahlungsstärksten Monat nicht über 30 MJ/m^2 d ansteigen (s. Abb. 26 u. 27).

Erwartungsgemäß entspricht das Strahlungsmuster größtenteils den topographischen Gegebenheiten. Die südöstlich exponierte Haupttalachse und seitliche tief eingeschnittene Seitentälchen sind durch niedrige Strahlungswerte charakterisiert, wogegen nördlich exponierte Hänge vorwiegend hohen Strahlungsgenuß aufweisen (vgl. Abb. 25 u. 26 in Kap. 3.2.2.1). Konsequenterweise befinden sich die aktiven Blockgletscher und die Gebiete mit nachgewiesenem Permafrostvorkommen (vgl. auch BTM III & VII) innerhalb der Zonen mit relativ geringem Strahlungsgenuß (s. Abb. 52).

Diesem Zusammenhang zwischen der Strahlungsgunst bzw. -ungunst und dem Auftreten von Permafrost sind in jüngster Zeit an der Versuchsanstalt für Wasserbau, Hydrologie und Glaziologie der ETH-Zürich auch HOELZLE (1992), FUNK & HOELZLE (1992) und KELLER (1992) nachgegangen. Einen Grundstock bildete dabei das Modell von FUNK & HOELZLE (1992, s. auch FUNK 1985) zur potentiellen Direktstrahlung (vgl. Kap. 3.2). HOELZLE (1992) konnte bei seinen Untersuchungen in den Schweizer Alpen eine hohe Korrelation zwischen potentieller Direktstrahlung und BTS-Werten nachweisen. Ein deutlich schlechterer Zusammenhang besteht zwischen den BTS-Werten und der mittleren jährlichen Lufttemperatur. Tiefliegende Permafrostvorkommen in den Nordalpen, die in Höhen mit einer relativ hohen mittleren jährlichen Lufttemperatur (MAAT: 2°C) gefunden wurden, entsprechen Gebieten mit sehr geringer potentieller Direktstrahlung (FUNK & HOELZLE 1992). Diese Ergebnisse stimmen ausgezeichnet mit den erzielten Ergebnissen in den argentinischen Anden überein und belegen den direkten Zusammenhang zwischen kleinräumig differenzierter Strahlungsintensität und dem Verbreitungsmuster von Permafrost.

Einen ähnlichen Ansatz verfolgt KELLER (1992), der mit seinem Modell "Permakart" eine flächendeckende Berechnung der wahrscheinlichen Permafrostverbreitung ermöglicht. Das empirische Modell wurde unter Verwendung eines digitalen Geländemodells und unter Einbeziehung von Exposition, Hangneigung, relativer Geländelage und absoluter Höhe auf der Basis eines Geographischen-Informationssystem (ARC/INFO) (vgl. KELLER 1992) entwickelt. Die damit erzielten Ergebnisse

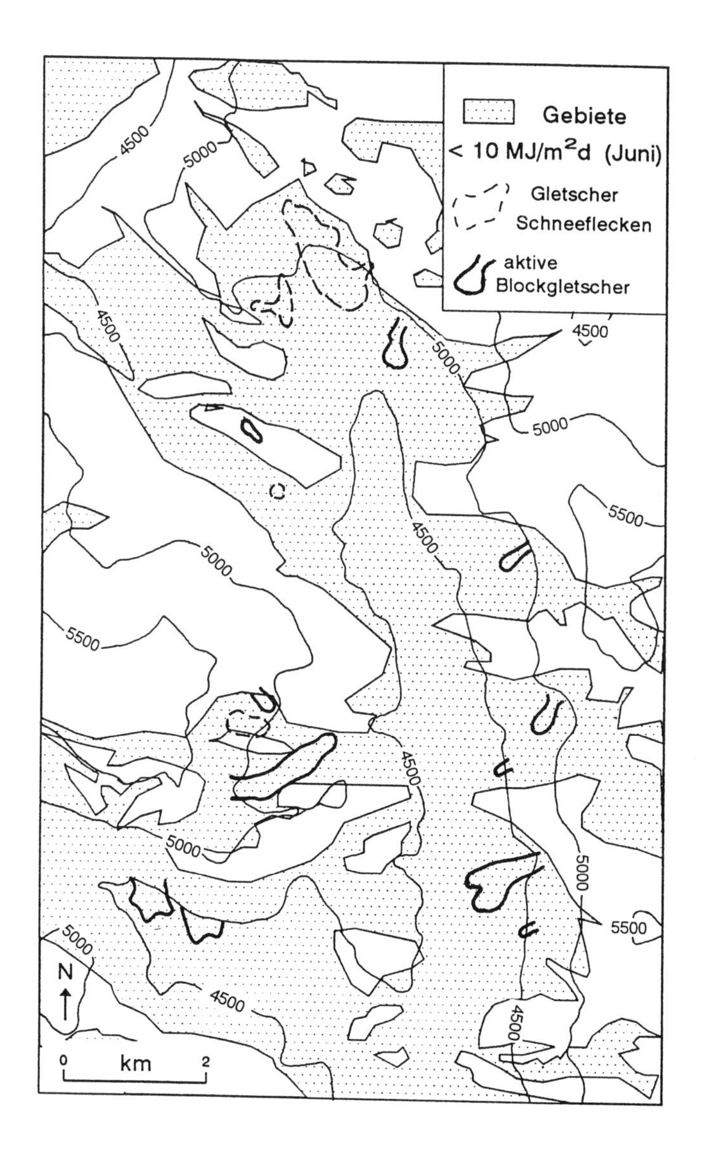

Abb. 52: Das obere Einzugsgebiet des Agua Negra mit dem Verbreitungsmuster von potentieller Direktstrahlung im Monat Juni und dem Vorkommen von aktiven Blockgletschern

wurden durch Kontrollmessungen vor Ort geprüft (z.B. BTS-Messungen) und erbrachten eine sehr gute Übereinstimmung mit den Befunden von BTS, Refraktionsseismik und geoelektrischen Sondierungen. Das Verbreitungsmuster von aktiven Blockgletschern entspricht weitgehend den durch das Modell ausgewiesenen Zonen mit wahrscheinlichem Permafrostvorkommen. Ein Vergleich zweier Karten, die zum einen die Verbreitung von Permafrost unter Verwendung von "Permakart" ausweist und zum anderen die Intensität der potentiellen Direktstrahlung wiedergibt, zeigt den hohen Zusammenhang zwischen niedrigen Strahlungswerten und Permafrostvorkommen (vgl. HAEBERLI et al. 1991; KELLER 1992).

3.6 Zusammenfassung

Die Globalstrahlung ist in den semiariden subtropischen Hochanden eine steuernde Größe im Energiehaushalt und muß im direkten Zusammenhang mit der Verbreitung von alpinem Permafrost gesehen werden.

Das Strahlungsmodell von FUNK & HOELZLE (1992) ermöglicht die Berechnung der raum-zeitlich differenzierten potentiellen Direktstrahlung für das obere Einzugsgebiet des Agua Negra auf der Grundlage eines digitalen Geländemodells. Für Tage mit annähernd maximalem Strahlungsgenuß und unter Einbeziehung einer konstant geringen diffusen Himmelsstrahlung, stimmen die kalkulierten Strahlungssummen mit den gemessenen Werten sehr gut überein.

Die Erfassung der Permafrostverbreitung erfolgt mit Hilfe verschiedener Prospektionsmethoden (Hammerschlagseismik, Bohrloch-Temperaturmessungen, direkte Aufschlüsse, geomorphologische Zeigerphänomene). Ein großer Vorteil liegt in der kombinierten Anwendung von Bodentemperatur-Messungen und refraktionsseismischen Sondierungen. So können in Zweifelsfällen auch seismische Geschwindigkeiten um 2000 m/s gefrorenem Material zugeordnet werden, da gleichzeitig gemessene tiefe Bodentemperaturen auf den naheliegenden Permafrostkörper hinwiesen. Die mittlere seismische Geschwindigkeit der gefrorenen Schichten variiert zwischen 1970 und 3450 m/s. Im Bereich des diskontinuierlichen Permafrostes schwankt die Auftaumächtigkeit zwischen 1,4 und 5 m. In 5200 m Höhe taut der Boden bis zum Spätsommer maximal 20 cm auf.

Die kontinuierlichen Messungen in der Auftauschicht eines aktiven Blockgletschers auf 4720 m ü.M. liefern wichtige Informationen zur Frostwechselhäufigkeit, Frost- und Taueindringtiefe sowei zu Tages- und Jahresschwankungen. Interessant ist, daß an dieser Stelle die Auftauschicht während des Winters nicht komplett bis zur Permafrosttafel in 2,5 m Tiefe durchfriert. Leider kann derzeit noch nicht gesagt werden, ob dies auf ein lokales Phänomen oder auf Anzeichen eines Erwärmungstrends zurückzuführen ist.

Mit Hilfe der Ergebnisse dieser Untersuchungen (Blockgletscherkartierung, Hammerschlagseismik, Bodentemperatur-Messungen) können die Untergrenzen des diskontinuierlichen (4000 m ü.M.) und kontinuierlichen Permafrostes (5200 m ü.M.) festgelegt werden. Unterhalb 4000 m tritt Permafrost nur noch an edaphisch begünstigten, d.h. strahlungsarmen Arealen auf.

Der deutliche Zusammenhang zwischen hoher Strahlungintensität und Permafrostungunst wird durch mehrere Punkte bestätigt:

- Während 8 Monaten (fehlende oder geringe Schneebedeckung) besteht eine hohe Korrelation zwischen Globalstrahlung und Bodentemperatur in 1 bzw. 10 cm Tiefe.
- Niedrige oder sinkende Lufttemperaturen bewirken bei gleichzeitig hoher Globalstrahlung keine tiefen Bodentemperaturen.
- Strahlungsgunst bzw. -ungunstlagen sind aufgrund der starken Beschattung nicht immer gleichzusetzen mit nord- bzw. südexponierten Hanglagen.
- Im Übergangsbereich von sporadischem zu kontinuierlichem Permafrost (subnivale Höhenstufe) kann mit Hilfe der Solarstrahlung das Verbreitungsmuster von Permafrost wesentlich besser erklärt werden als mit der Lufttemperatur.

4. DIE HYDROLOGISCHEN VERHÄLTNISSE

4.1 Einführung

Die Hauptziele dieser hydrologischen Teiluntersuchungen liegen zum einen in einer Analyse des Strahlungs-Abfluß-Geschehens, zum anderen sollen die Messungen zum Sedimenttransport Aufschlüsse über den Massen- und Energietransfer in diesen noch weitgehend unerforschten Andenregionen erbringen. Genauere Kenntnisse über die Kompetenzen eines Gletscherbaches unter semiariden Bedingungen erlauben nicht nur Rückschlüsse auf mögliche Abflußmengen, Sedimentquellen oder auf Wechselwirkungen mit der Solarstrahlung, sondern sind auch unter planerischen Gesichtspunkten von großem Nutzen.
Entscheidend für die Wasserversorgung der Oasensiedlungen sind neben den Niederschlägen in den Hochregionen der Anden die Speicheränderungen (Rücklage versus Aufbrauch) und die dadurch beeinflußten Schwankungen des Abflusses. In einem semiariden bis ariden Gebiet mit Jahresniederschlägen von teilweise weniger als 50 mm wird das Wasser zu einem besonders kostbaren Grundelement. Der in den letzten Jahrzehnten stark erhöhte Wasserbedarf führte in einigen vorwiegend industriellen Zentren in den Regionen Mendoza und San Juan zur Wasserknappheit und zu einer verstärkten Grundwassernutzung (BETRANOU, LLOP & VAZQUES AVILA 1983). Die Existenz vieler Oasensiedlungen in der Region Cuyo wäre ohne die Schmelzwässer der winterlichen Schneedecke, der Gletscher und Permafrostregionen aus den Hochanden undenkbar. Daneben bereiten die im Schmelzwasser mitgeführten im allgemeinen sehr hohen Sedimentkonzentrationen erhebliche Probleme in Staubecken und Wasserkraftanlagen.
Mit den Messungen zum Abfluß und zur Sedimentkonzentration an verschiedenen Laufabschnitten des Agua Negra soll deshalb versucht werden, die Schmelzwasseranteile von Gletscher und Permafrostarealen qualitativ und quantitativ zu differenzieren. Dem Abfluß, als einer der noch am besten meßbaren Komponente der Wasserhaushaltsgleichung und als Outputsignal des gesamten hydrologischen Geschehens, kommt deshalb eine herausragende Bedeutung zu (SCHÄDLER 1991). Das Zusammenwirken der einzelnen Wasserhaushaltsgrößen kann quantitativ durch die Wasserhaushaltsgleichung definiert werden:

$$N = A + V + (R - B) \quad [mm] \tag{12}$$

mit: N = Niederschlag
A = Abfluß
V = Verdunstung
R = Rücklage
B = Aufbrauch

Auf die Meßproblematik des Niederschlags, als einer stark variierenden Eingangsgröße, sowie auf die Verdunstung ist bereits im Kapitel 2 eingegangen worden.

4.2 Charakterisierung der andinen Flußsysteme Cuyos

Um die im Einzugsgebiet des Agua Negra vorgenommenen Untersuchungen zur fluvialen Dynamik in einen regionalen Rahmen einzuordnen, werden im folgenden die Grundzüge der Flußsysteme von Nordcuyo beschrieben und einige charakteristische Parameter vor allem für das Einzugsgebiet des Rio Jachal besprochen.

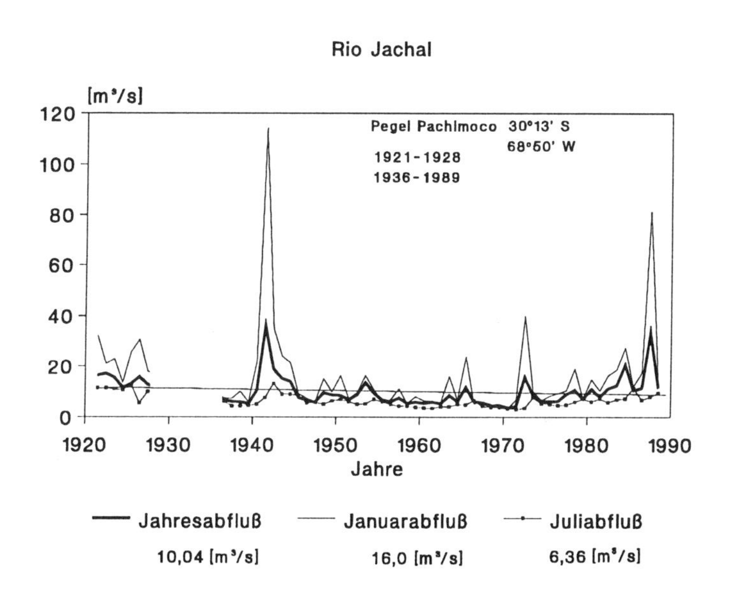

Abb. 53: Jahresmittel, Januar- und Julimittel am Pegel Pachimoco, Rio San Juan (Datenquelle: AYEE 1981 sowie unveröffentlichte Daten von AYEE)

Von Süden nach Norden bilden der Rio Mendoza, Rio San Juan und Rio Jachal die drei großen Flußeinzugsgebiete von Nordcuyo (s. Abb. 2 in Kap. 1), wobei die Abflußspende (l/s km²) dieser Flüsse von Süd nach Nord und vor allem von West nach Ost abnimmt. Der deutliche Zusammenhang zwischen Niederschlag und Abfluß wird hierbei erkennbar. Eine Niederschlagsabnahme ist sowohl von den Hochanden zum Piedmontbereich als auch von der Provinz Mendoza zu der nördlich anschließenden Provinz San Juan zu erkennen (vgl. Abb. 12 in Kap. 2.4). Die beim Niederschlag schon angedeuteten starken jährlichen und saisonalen Schwankungen spiegeln sich in der Abflußganglinie und im Abflußregime der Flüsse wider. Die abflußreichsten Monate sind November, Dezember, Januar und Februar. Während der Sommermonate sind deutlich höhere Variations- und Schwankungskoeffizienten festzustellen. Dies ist vor allem auf die große Variabilität der Niederschlagssummen zwischen den einzelnen Jahren zurückzuführen (s. Abb. 10 in Kap. 2.4). Der Variationskoeffizient der einzelnen Monate ist dabei über den Quotienten aus Standardabweichung und arithmetischem Mittel zu erhalten, und der Schwankungskoeffizient nach Pardé (hier mit 100 multipliziert) drückt das Verhältnis von mittleren Monatsabflüssen zu mittleren Jahresabflüssen aus (s. Abb. 54) (vgl. DYCK & PESCHKE 1989). Durch diese Koeffizienten können Abflußregime unterschiedlich großer Flußsysteme verglichen werden.

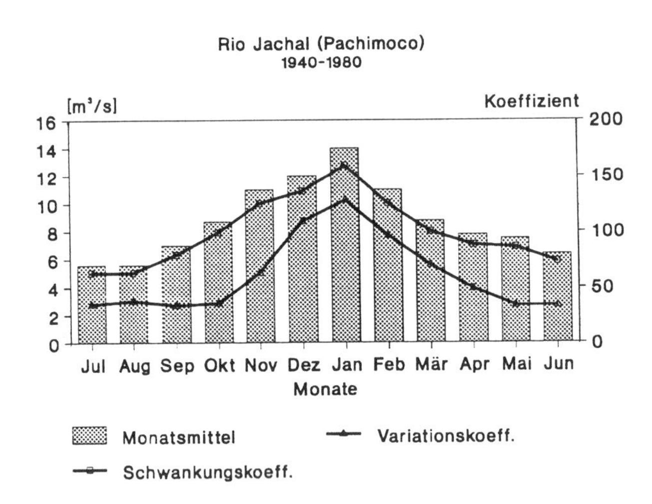

Abb. 54: Abflußregime, Schwankungs- und Variationskoeffizienten des Rio Jachal (Datenquelle: AYEE 1981)

In der durchschnittlichen Abflußmenge (m^3/s) übertrifft der Rio San Juan mit 66,3 m^3/s (Pegel km 47) die Werte von Rio Mendoza (49,8 m^3/s, 9040 km² am Pegel Cacheuta) und Rio Jachal (10,1 m^3/s, Pegel Pachimoco). Das gewählte Untersuchungsgebiet des Agua Negra gehört zum Flußsystem des Rio Jachal, das mit einer Fläche von rund 25.500 km² den gesamten nördlichen Bereich Cuyo einschließt. Entsprechend der monatlich größten bzw. kleinsten Abflußkoeffizienten (KELLER 1961) und der Rangfolge der vier abflußstärksten Sommermonate (1>12>2>11)

(ASCHWANDEN et al. 1986) hat der Rio Jachal ein vorwiegend glazial-nival geprägtes Ablußregime.

In Tabelle 10 sind die wichtigsten Abflußhauptzahlen und morphometrischen Eigenschaften des Rio Jachal-Einzugsgebietes zusammengefaßt.

Tab. 10: Abflußhauptzahlen des Rio Jachal und morphometrische Eigenschaften des Einzugsgebietes (1940-1980; Datenquelle: A.Y.E.E. 1981)

Abflußhauptzahlen	NNQ	NQ	MNQ	MQ	MHQ	HQ	HHQ
[m^3/s]	2,0	3,0	4,2	8,8	36,1	114	179
Morphometrie	F_E [km^2]	L_E [km]		H_E [m]	D_D [l/km]		
	25.500	260		5555	0,159		

mit:
- NNQ - niedrigster Niedrigwasserdurchfluß (niedrigstes Tagesmittel)
- NQ - niedrigstes Monatsmittel
- MNQ - Mittel der jährlichen Tagesmittelminima
- MQ - Mittelwasserabfluß (Jahresmittel)
- MHQ - Mittel der jährlichen Tagesmaxima
- HQ - höchstes Monatsmittel
- HHQ - Höchstes Tagesmittel
- F_E - Einzugsgebietgröße (horizontal projizierte Fläche)
- L_E - Länge des Einzugsgebietes
- H_E - Reliefenergie des Einzugsgebietes (H max - H min)
- D_D - Flußdichte oder 'drainage density' (Quotient aus der Gesamtlänge des Entwässerungssystems und der Einzugsgebietsfläche)

In den achtziger Jahren variieren die abflußstärksten Monate zwischen November und Januar, wobei im langjährigen Schnitt (1940-1980) der Monat Januar dominiert. Außer den beträchtlichen Schwankungen des Jahresganges fällt auch eine starke Variation zwischen den Jahren auf. Nach CARLETTO & MINETTI (1990) dominieren beim Rio Jachal mittlere Variabilitätszyklen zwischen 5 und 25 Jahren, die sich nach Süden hin (Rio San Juan und Rio Mendoza) auf Variabilitätszyklen von unter 5 Jahren verschieben. Diese Ergebnisse zeigen wiederum eine gute Übereinstimmung mit den statistisch signifikanten Oszillationen der Niederschläge zwischen 16 und 22 Jahren in Argentinien und Südafrika auf 29° bis 35° S (COMPAGNUCCI & VARGAS 1983). Eine Ursache sehen MINETTI et al. (1982) in der Position der subtropischen Antizyklone. Je stärker sie ausgebildet ist, desto weniger Niederschlag erhält der mediterrane Bereich Chiles und die Hochkordillere Argentiniens (vgl. Kap. 2). Auffallend ist die deutlich höhere Variabilität der hydrologisch bedeutsamen Jahre, die wiederum einen Zusammenhang mit dem "Southern Oscillation Index", d.h. der Druckdifferenz zwischen dem asiatisch-australischen Tiefdruck- und dem südostpazifischen Hochdrucksystem, ergeben (MINETTI et al. 1982).

Bei den angegebenen Abflußwerten sind jedoch gewisse Fehlerquellen bzw. Ungenauigkeiten zu berücksichtigen. Die größte Fehlerquelle dürfte - neben Ablese- und Umrechnungsfehlern - an der Meßungenauigkeit der Pegelanlage liegen. Zur Abflußmessung des Rio Jachal dient den dortigen Wasserwirtschaftsämtern ein konstruierter fest definierter Gerinnebettquerschnitt in Pachimoco bei Jachal. Dabei wird in der Regel dreimal täglich der Pegelstand abgelesen. Das heißt, kurzfristige Hochwasserwellen werden nicht erfaßt. Außerdem kann die mittlerweile hohe Verunkrautung und Sedimentaufschüttung zu steigenden Pegelwerten bei gleichen oder womöglich sinkenden Abflußmengen führen. Bedauerlicherweise erfolgen die Kontrollmessungen und Säuberungen in zu großen Zeitintervallen, so daß zum Teil mit hohen Fehlerquoten gerechnet werden muß.
Ob somit ein Zusammenhang zwischen dem starken Gletscherrückgang in den cuyanischen Anden und den gemessenen Abflußmengen besteht, der wie beispielsweise in den Alpen zunächst einen Anstieg und dann aufgrund der kleineren Gletscherflächen und dem geringeren Speichervolumen einen deutlichen Rückgang der Abflußmengen induziert (BAUMGARTNER et al. 1983), ist anhand der wenigen Meßstationen und ohne Überprüfung der Meßgenauigkeit schwer zu beantworten.

4.3 Das Einzugsgebiet des Agua Negra

An einem kleineren und für die Region typischen Einzugsgebiet wird im folgenden das Abflußverhalten und der Sedimenttransport anhand eigener Meßreihen diskutiert. Das rund 617 km² große Einzugsgebiet des Agua Negra[8] bildet die Bewässerungsgrundlage der Oasensiedlungen Rodeo, Iglesia und Las Flores. Die Lauflänge des Agua Negra bis zur Bewässerungskanalisation beträgt rund 48 km (s. Abb. 55). Das Abflußgeschehen im Agua Negra Einzugsgebiet wird von der Schmelze der winterlichen Schneedecke, der Gletscher sowie den Permafrostarealen bestimmt. Im unteren Abschnitt führt der Agua Negra ganzjährig Wasser. In den hochgelegen Bereichen ist das Bachbett während der Wintermonate gefroren; der dann stark minimierte Abfluß erfolgt unter einer festen Eis- und Schneedecke und ist daher nicht meßbar. Die absolute Höhendifferenz des vorwiegend nach Süd-Südost exponierten Einzugsgebietes beträgt 3205 m. Die höchste Erhebung mit 5855 m ü.M. gehört zum Massiv des 6220 m hohen *Cerro Olivares*, von dessen vergletscherter Südostflanke ein kleiner Teil zum Agua Negra hin entwässert.

Zur Untersuchung der fluvialen Dynamik in verschiedenen Höhenstufen wurden im Längsprofil des Agua Negra 4 Meß- und Pegelstationen installiert. In Abbildung 55

[8] die Größe wurde planimetrisch anhand von Kartenblättern im Maßstab 1:100.000 bis zur Wasserfassung des Agua Negra am Gebirgsrand bestimmt

ist die Höhenlage und Gebietsgröße der einzelnen Untersuchungsräume bzw. Teileinzugsgebiete dargestellt.

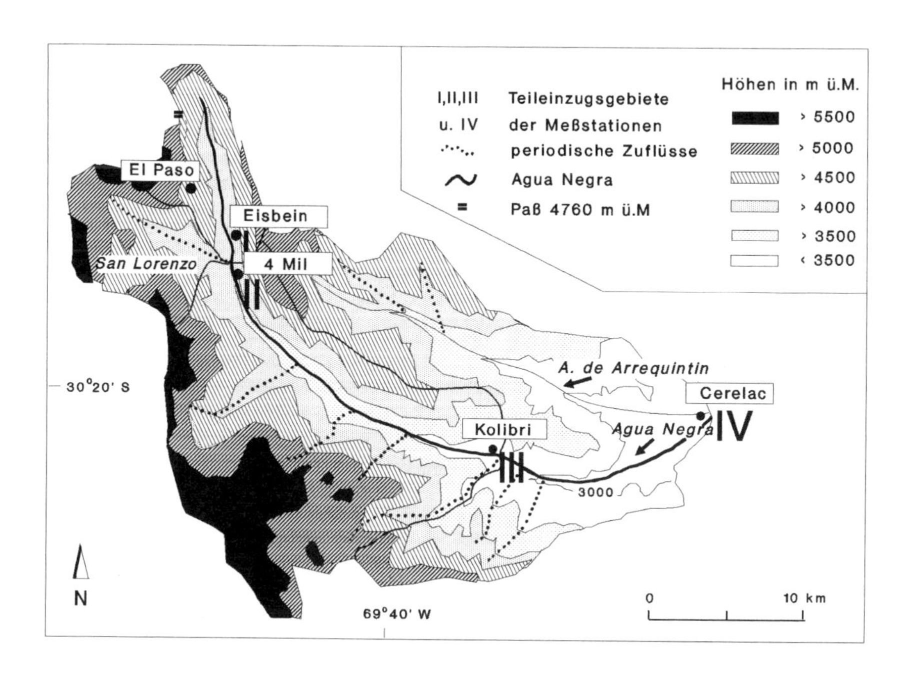

Abb. 55: Das Einzugsgebiet des Agua Negra mit den Pegelstationen und Teileinzugsgebietsgrößen

Die von Gletschern und perennierenden Schneeflecken eingenommenen Flächen konnten anhand von Luftbildern und großmaßstäbigen Karten nur für das obere Einzugsgebiet mit hoher Genauigkeit bestimmt werden (s. Abb. 28 in Kap. 3.3.2). Die Angaben für die übrigen Teileinzugsgebiete basieren auf der planimetrischen Auswertung der topographischen Karten *Paso del Agua, Guardia Vieja* und *Iglesia* (s. Anhang). Für das gesamte Untersuchungsgebiet wurde der Gletscherflächenanteil mit Hilfe topographischer Karten und Luftbildern auf rund 8,1 % (≈ 50,2 km²) bestimmt[9].

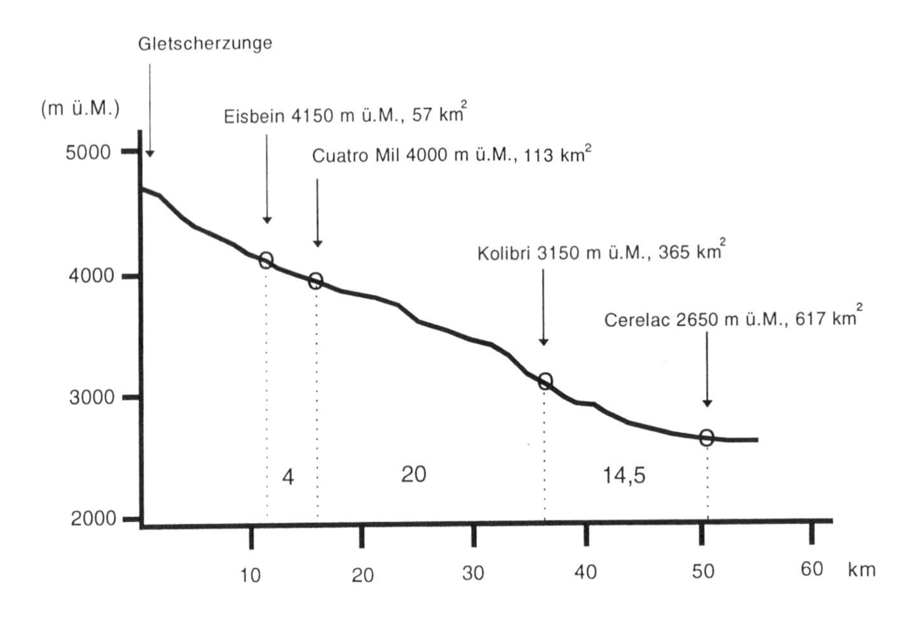

Abb. 56: Die Pegelstationen im Längsprofil des Agua Negra

Die Standorte der vier installierten Pegelstationen sind:

Station Eisbein

Die Station Eisbein auf 4150 m ü.M. ist das höchstgelegene Camp und Ausgangspunkt für alle Arbeiten im oberen Agua Negra Einzugsgebiet (Abflußmessungen, Transportbestimmungen, seismische Sondierungen etc., vgl. Kap. 3). Der Pegel wurde etwas oberhalb des Talausganges der *Quebrada*[10] *del Agua Negra* installiert (s. Abb. 28 u. Abb. 55). Von der auf 4750 m ü.M. endenden Gletscherzunge bis zur Pegelstelle hat der Agua Negra eine Lauflänge von 10,2 km. Auf einer höheren

[9] Dabei handelt es sich um Näherungswerte, da die Luftbilder und topographischen Karten Aufnahmen von 1983 und 1984 repräsentieren

[10] span. Bezeichnung für bergiges Einzugsgebiet

Terrasse befindet sich die Meteo-Meßstation I mit dem Datalogger. Von den 57 km² des Teileinzugsgebietes sind gegenwärtig 1,8 km² oder 3,1 % vergletschert.

Station Cuatro Mil

Rund 4 km flußabwärts befindet sich die Meßstation Cuatro Mil, unmittelbar nach dem Zusammenfluß des *Arroyo*[11] *del Agua Negra* mit dem *Arroyo del San Lorenzo* . Da das Einzugsgebiet des Zuflusses nahezu der Größe des oben genannten entspricht, bezieht sich die Abflußspende am Pegel Cuatro Mil auf eine Fläche von rund 113 km². Davon sind etwa 7,5 km² bzw. 13,4% vergletschert. Ebenso wie beim Nachbareinzugsgebiet unterliegt ein Großteil der Fläche Hochgebirgspermafrost (s. dazu Kap. 3). Ähnlich wie bei der oberen Station Eisbein ist Vegetation in Form von einigen Polsterpflanzen (v.a. *Adesmia*) nur an hygrisch begünstigten Standorten zu finden. Das Bachbett sowie die Uferterrassen sind vegetationsfrei.

Station Kolibri

Die Station Kolibri wurde rund 24 km unterhalb der Station Eisbein oberhalb der Zollstation *Guardia Vieja* (s. Abb. 55) in 3150 m ü.M. eingerichtet.

Abb. 57: Die periodisch überflutete Aue an der Station Cerelac; Blick nach W (Aufnahme im Januar 1991)

---

[11] span. Bezeichnung für Bach

Das Camp liegt auf einer gut bewachsenen Terrasse des Agua Negra unweit der Paßstraße. Auch im Bachbett selbst ist stellenweise Vegetationsbewuchs festzustellen. Am Pegel Kolibri ist die Einzugsgebietsgröße bereits auf rund 365 km² angewachsen, bei einer vergletscherten Fläche von 10,6 % (≈ 38,7 km²).

Station Cerelac
Weitere 14,5 km flußabwärts befindet sich das niedrigstgelegene Camp Cerelac im Übergangsbereich des Gebirgsmassivs zu den dort weit verbreiteten Pedimenten. Der Pegel zur Erfassung der Abflußspende des 617 km² großen Einzugsgebietes wurde kurz nach der Einmündung des letzten perennierenden Zuflusses, des *Arroyo de Arrequintin*, in 2650 m ü.M. installiert (s. Abb. 55). Dieser kleine, meist völlig klare Gebirgsbach führt in den Sommermonaten rund 120 l/s und entspringt einem kleinen namenlosen hochgelegenen Gletscherfeld.

Die gesamte Gletscherfläche des Agua Negra Einzugsgebietes nimmt rund 8,1 % (≈ 50,2 km²) der Gesamtfläche ein. Etwa 1,5 km unterhalb der Pegelstelle wird das Wasser des Agua Negra in Bewässerungskanälen für die Oasensiedlungen Rodeo, Las Flores und Iglesia abgeleitet.

4.3.1 Abfluß

Bei den Arbeiten zur fluvialen Dynamik kommt den Abflußmessungen eine besondere Bedeutung zu, da die gewonnenen Daten sowohl zur Eichung der kontinuierlich aufgezeichneten Wasserstände als auch zur Berechnung der Sedimentfrachten dienen.

Für das höchstgelegene Teileinzugsgebiet (I) (s. Abb. 55 u. 56) wurden am Pegel Eisbein während der gesamten Ablationsperiode 1990/91 Wasserstandsänderungen registriert. Lediglich während der Wintermonate wurden aufgrund der vollständigen Bachbettvereisung keine Daten gewonnen. Dadurch sind vor allem Aussagen über den Aufbrauch, das heißt den Verlauf der Schnee-, Gletscher- und Permafrostschmelze möglich. Nach Ablauf der Schneeschmelze sind während knapp vier Wochen (Januar 1991) an drei weiteren Pegelstationen die Abflußmengen des Agua Negra in verschiedenen Laufabschnitten erfaßt worden (s. Abb. 55). Diese Arbeiten erfolgten mit Unterstützung der Teilnehmer der "Argentinien-Exkursion 1990/91".

Zur Erhöhung der Meßgenauigkeit wurden bei den Abflußmessungen zwei Methoden, meist parallel, angewandt: Zum einen sind Abflußmessungen mit Kleinstflügeln (Höntzsch) in stets neu vermessenen Gerinnequerschnitten (s. Abb. 58 u. 59) durchgeführt worden, zum anderen kamen verstärkt NaCl-Tracer Messungen zum Einsatz, da sie bei hoher Turbulenz genauere Ergebnisse liefern. Ein Vorteil der Flügelradmessungen wiederum liegt in der Erstellung differenzierter Geschwindigkeitsprofile, die zur Beurteilung der Fließdynamik im Bachbett (z.B.

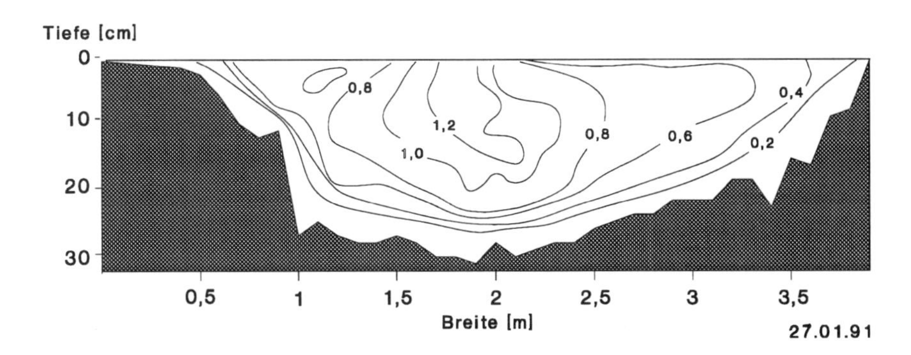

Abb. 58: Geschwindigkeitsquerprofil am Pegel Eisbein in 4150 m ü.M.; Geschwindigkeitsangaben in [m/s]

basale Schubspannung) notwendig sind (s. Abb. 58). Beide Methoden führten zu einer recht guten Übereinstimmung (80-90 %).

Die Probleme der Abflußmessungen im Hochgebirge sind hinreichend bekannt. Neben den technischen Schwierigkeiten führt vor allem die ständige Änderung des Querprofils zu großen Fehlern in den Abflußwerten. Um dennoch aussagekräftige Abflußkurven erstellen zu können, wurden an jedem Pegel zwischen 10 und 35 Abflußmessungen bei möglichst unterschiedlichen Wasserständen durchgeführt. Dabei konnten, aufgrund der Meßproblematik, rund 10% der durchgeführten Abflußmessungen nicht weiter verwendet werden. Ungenaue Resultate wurden bei den Tracer-Messungen vor allem durch wechselnde Turbulenzen und unzureichende Durchmischung verursacht. Bei den Flügelradmessungen führten die Veränderungen im Gerinnebett und im Wasserstand während der Messungen zu größeren Ungenauigkeiten.

Die Abbildung 60 zeigt die Abflußkurven der einzelnen Pegelstationen. Die Abfluß- bzw. Eichkurven lassen sich am genauesten durch eine Potenzfunktion an die erzielten Abflußmengen annähern. Die Wasserstandsänderungen des Pegels Eisbein und die errechneten Abflußwerte sind in der Abbildung 61 dargestellt.

Abb. 59: Die Pegelanlage Eisbein in 4150 m ü.M.. Im Hintergrund die Stirnfront des aktiven Blockgletschers Dos Lenguas; Blick nach Norden (Aufnahme im März 1990)

4.3.1.1 Jahreszeitliche Schwankungen im Abflußgang

Station Eisbein

Mit Hilfe der in Abbildung 60 dargestellten Abflußkurven wird der zeitliche Verlauf der Abflußmengen für die vier genannten Pegelstationen berechnet. Eine sowohl tages- als auch jahreszeitliche Differenzierung kann jedoch nur für den Pegel Eisbein, d.h. für das Teileinzugsgebiet I (s. Abb. 55 u. 56), vorgenommen werden. Das nival-glazial geprägte Abflußregime am Pegel Eisbein zeigt eine chronologische Abfolge von Schnee-, Gletscher- und Permafrostschmelze. Im hydrologischen Meßjahr 1990/91 setzt die Schneeschmelze Ende Oktober/Anfang November ein. Durch die hohe Globalstrahlung und den ständig zunehmenden fühlbaren Wärmestrom verläuft die Schneeschmelze rasch und dominiert bis Dezember den Abflußgang. Allerdings muß betont werden, daß der Südwinter 1990 in den cuyanischen Hochanden relativ trocken war und im Vergleich zum Vorjahr

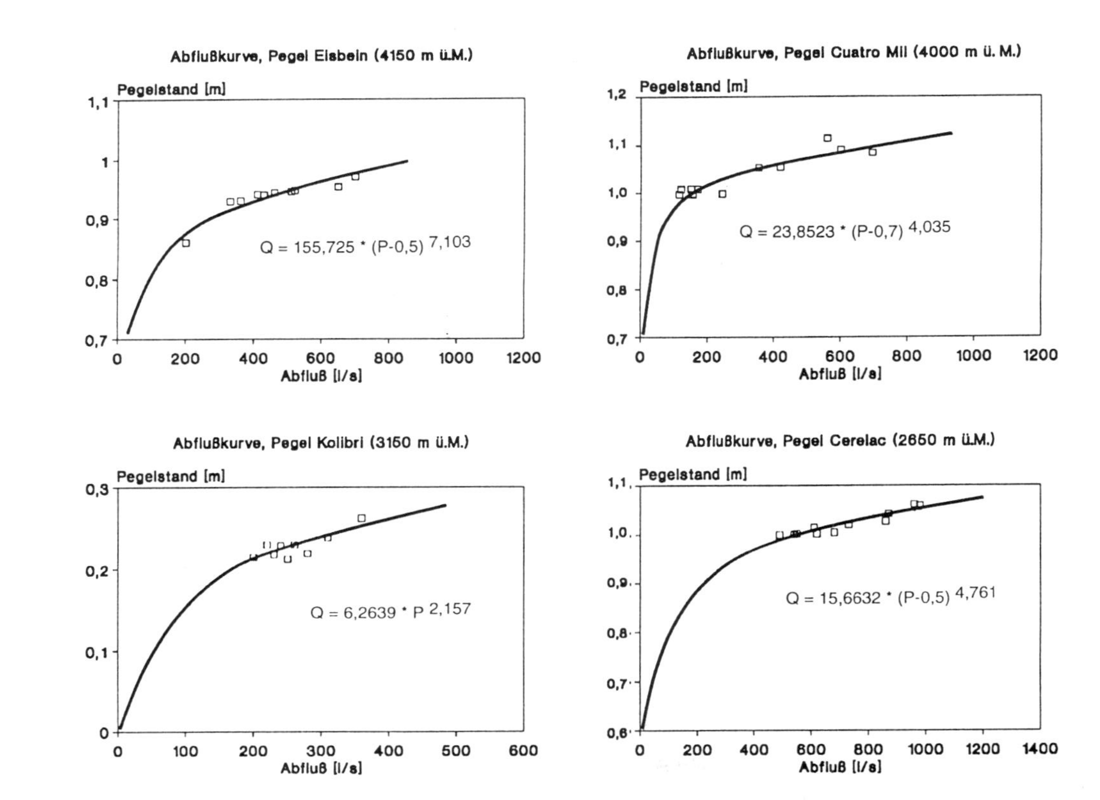

Abb. 60: Abflußkurven für die Pegel Eisbein, Cuatro Mil, Kolibri und Cerelac

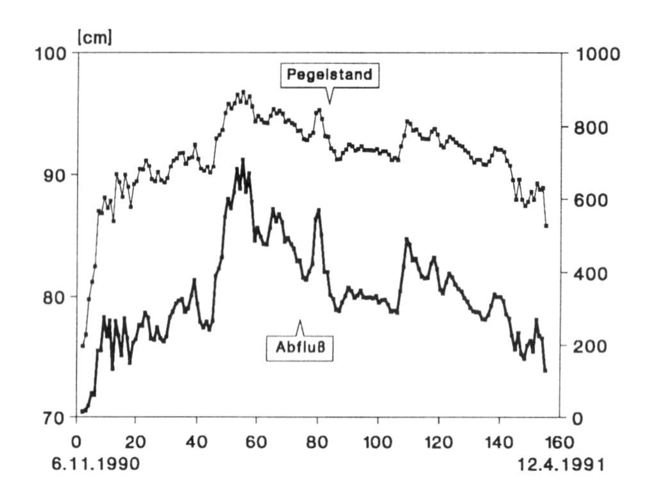

Abb. 61: Abflußganglinie und Pegelstand an der Station Eisbein (4150 m ü.M.) vom 6.11.1990 bis 12.4.1991 (Tagesmittelwerte)

Anfang November eine wesentlich geringere Schneedecke vorgefunden wurde. Aus diesem Grund war bereits nach wenigen Wochen die Schneeschmelze abgelaufen, ohne ein größeres Abflußmaximum hervorzurufen. Dies ist insbesondere bei der abschließenden Bilanzierung in Kapitel 5 von Bedeutung.
Die einsetzende Schmelze von Gletscherflächen und perennierenden Schneeflecken wird vor allem durch die langanhaltende Schönwetterperiode im Dezember und Januar mit extrem hoher solarer Einstrahlung verstärkt. Die höchsten Tagesmittel des Abflusses treten im Dezember mit HQ = 731 l/s auf, ebenso wie das absolute Maximum mit Q_{max} = 1344 l/s (27. Dez.). Das höchste Monatsmittel fällt aufgrund der geringen winterlichen Schneedecke auf den Monat Januar mit Q = 484 l/s. Ein Kälteeinbruch mit Schneefall im Februar 1991 verminderte kurzfristig den Abfluß durch den erhöhten Albedoeffekt. Ab Februar machte sich neben der Gletscherschmelze auch die Permafrostschmelze bemerkbar, worauf im Zusammenhang mit der Entwicklung der Auftauschicht und dem Blockgletscherabfluß nochmals gesondert eingegangen wird (s. Kap. 4.3.1.4).

Ähnliche Abflußgänge von teilweise vergletscherten Einzugsgebieten werden auch in den europäischen Alpen und auf Spitzbergen während der Ablationsperiode beobachtet (RÖTHLISBERGER & LANG 1987; BARSCH et al. 1992a).

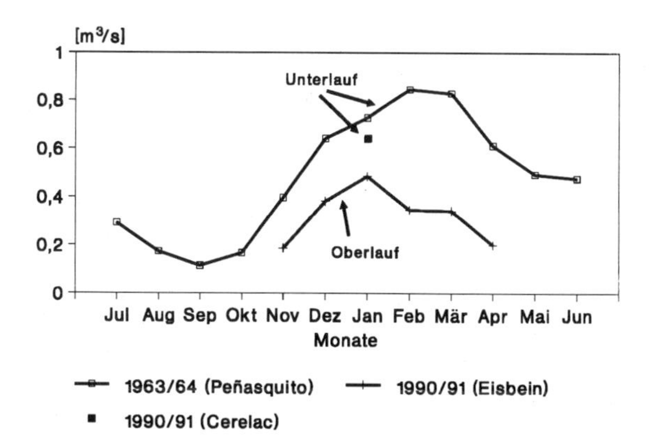

Abb. 62: Monatsmittel des Abflusses der Stationen Eisbein (Oberlauf), Cerelac (Unterlauf) und Peñasquito (Unterlauf) (Datenquelle: Eig. Messungen, COLQUI 1968)

Die bisher einzig vorliegenden Messungen aus dem Gebiet des Agua Negra stammen aus dem hydrologischen Jahr 1963/64 und wurden rund 10 km unterhalb des Pegels Cerelac vorgenommen.
An der mittlerweile nicht mehr existierenden Pegelstation Peñasquito wurde während eines Jahres der Abfluß des Agua Negra registriert (COLQUI 1968). Ein Vergleich der Monatsmittel der Station Eisbein (4150 m ü.M.), Cerelac (2650 m ü.M.) und Peñasquito (≈ 2500 m ü.M.), zeigt einen im Jahresgang ähnlichen Verlauf des Abflußganges (vgl. Abb. 62).

In Tabelle 11 sind die wichtigsten Abflußhauptzahlen für die Ablationsperiode 1991/92 zusammengefaßt.

Tab. 11: Einige Abflußhauptzahlen des Agua Negra in [l/s](Station Eisbein; Meßperiode Nov. 1990 - Apr. 1991)

MQ (l/s)	HQ (Höchstes Monatsmittel)	HHQ (Höchstes Tagesmittel)	(Abs. Maximum)
324	484 (Jan.)	731 (Dez.)	1344 (Dez.)

4.3.1.2 Tageszeitliche Schwankungen im Abflußgang

Im Abflußgang treten typische Tagesschwankungen auf, deren Abflußmaximum je nach Einstrahlungsintensität einige Stunden nach dem Einstrahlungsmaximum auftritt (s. Abb. 64 u. 66). Bestimmt wird der tägliche Abflußgang durch periodische Schmelzprozesse aber auch durch aperiodische Ereignisse wie Wassertaschenausbrüche des Gletschers oder Kaltwettereinbrüche mit Niederschlägen.

Die Interpretation des Tagesganges wird durch spezifische Gegebenheiten im Gletschervorfeld des Agua Negra erschwert; unmittelbar vor der Gletscherzunge bildete sich ein Schmelzwassersee aus, der in unregelmäßigen Abständen entleert wird und damit große Wassermengen abgibt, die zunächst in der Regel unterirdisch ablaufen und erst ca. 2 km unterhalb der Gletscherzunge einen perennierenden Bach bilden. Hinzu kommt, daß die Fläche des Agua Negra Gletschers nur 1,7 km² bzw. 3% des Einzugsgebietes einnimmt und die z.T. beträchtlichen Schmelzwässer der perennierenden Schneeflecken und Permafrostregionen den Tagesgang am Pegel Eisbein erheblich beeinflussen. Der Pegel Eisbein zeigt daher eine deutliche saisonale Differenzierung im täglichen Abflußgang. Der Tagesgang des Novembers ist von z.T. überlagernden Prozessen der Schnee- und Gletscherschmelze geprägt und zeigt drei unterschiedlich stark ausgeprägte Maxima.

Ein nach dem ersten Maximum (7 Uhr) einsetzender Abfall wird von einem kurzfristigen Anstieg (10 Uhr) unterbrochen, der charakteristisch ist für nahezu alle Tagesgänge während der Ablationsperiode (s. Abb. 64). Ein weiterer kleinerer Anstieg in den Abendstunden wird vermutlich durch die Schneeschmelze in den unteren Abschnitten des Einzugsgebietes hervorgerufen, jedoch unterliegt das Laufzeit-Verhalten einer häufigen Änderung durch wechselnde Fließgeschwindigkeiten, Veränderungen im Drainagesystem des Gletschers, verstärkte Permafrostschmelze während der Sommermonate und wechselnde z.T. unterirdische Abflußbahnen des Gletscherbaches.

Die Schneeschmelze verursacht im Monat November und Dezember die höchsten Tagesamplituden von ca. 200 l/s (s. Abb. 64). Einen deutlich erhöhten und teilweise aperiodischen Tagesgang zeigt die Dezemberkurve, da der gegen 19 Uhr auftretende, kurzfristige Anstieg vermutlich von Wassertaschenausbrüchen induziert wurde. Gefestigt wird diese Vermutung durch die kurzfristigen und außergewöhnlich hohen Abflußspitzen (> 1300 l/s) während drei Beobachtungstagen. Mit Hilfe einer Computersimulation, die alle Tagesgänge eines Monats nacheinander darstellte, zeigte sich, daß ebenso in den Monaten November, März und April die morgendlichen Maxima nur durch einige außergewöhnlich hohe Abflußspitzen, sogenannte Ausreißer, verursacht wurden.

Abb. 63: Die zurückschmelzende Gletscherzunge des Agua Negra-Gletschers mit einem Schmelzwassersee; Aufnahme im März 1990; Blick nach E

Das heißt, die Stundenmittel zeigen zwar größenordnungsmäßig den Tagesverlauf der Abflußmenge, repräsentieren aber nicht unbedingt den typischen Tagesgang des jeweiligen Monats. In den Monaten Januar und Februar ist das Drainagessystem des Gletschers bereits gut entwickelt und die Schneeschmelze beschränkt sich auf einige wenige Schneeflecken, die noch in edaphisch begünstigten Rinnen und Mulden zu finden sind. Der Abflußgang ist stabilisiert und zeigt relativ gleichmäßige und vor allem gedämpftere Schwankungen. Diese werden zwar im wesentlichen vom Gletscherabfluß bestimmt, sind jedoch gegenüber stark vergletscherten Einzugsgebieten relativ schwach ausgebildet (vgl. RÖTHLISBERGER & LANG 1987; BERNATH 1991).

Aufgrund eigener Beobachtungen ist das Abflußminimum an der Gletscherzunge während der Sommermonate (Nov.- Feb.) zwischen 8 und 10 Uhr morgens aufgetreten. Dies stimmt sehr gut mit den Minimawerten von Lufttemperatur und Globalstrahlung überein. Dagegen tritt das Abflußmaximum an der Gletscherzunge rund

4-5 Stunden nach Einstrahlungsmaximum auf. Bei einer Lauflänge von rund 10,5 km und einer mittleren Fließgeschwindigkeit von 0,6 ± 0,1 m/s, ist die Welle des Abflußmaximums nach rund 4-6 Stunden am Pegel Eisbein zu erwarten. Daraus ergibt sich eine Zeitverzögerung der Abflußwelle von durchschnittlich 8-10 Stunden, bezogen auf das Einstrahlungsmaximum. Für die Monate Januar, Februar und März 1991 können damit die auftretenden Maxima zwischen 21 und 22 Uhr erklärt werden (vgl. Abb. 64).

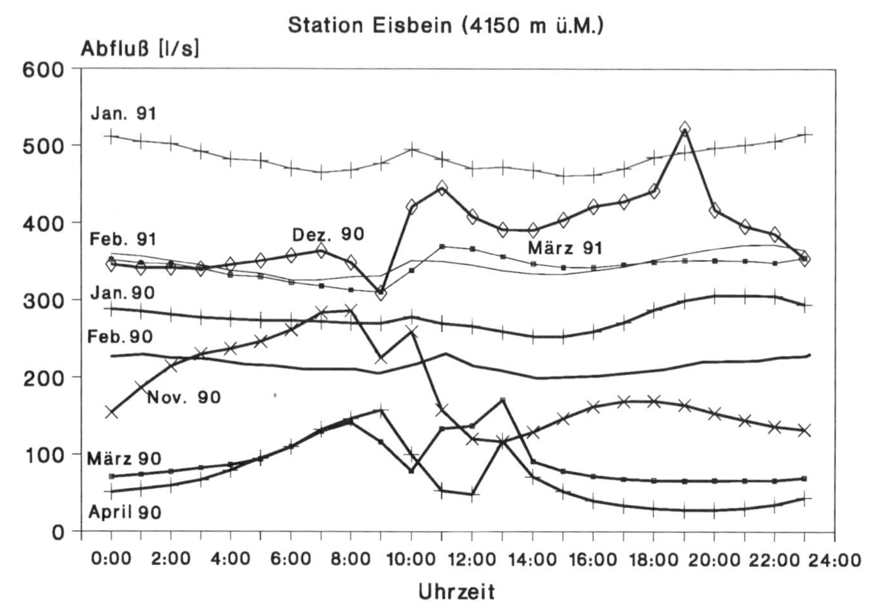

Abb. 64: Monatliche Stundenmittel des Abflußganges am Pegel Eisbein (4150 m ü.M.)

Das in allen Kurven erkennbare Maximum, das je nach Jahreszeit einige Stunden nach Sonnenaufgang erreicht wird, ist besonders stark am Ende der Ablationsperiode (März und April) ausgeprägt. Die Interpretation ist aufgrund der oben genannten Gegebenheiten schwierig und mit mehreren Unsicherheitsfaktoren behaftet. Lediglich am Anfang (November) und Ende (April) der Pegelaufzeichnung kann davon ausgegangen werden, daß an mehreren Tagen der kurzfristige Anstieg durch ein Auftauen des festgefrorenen Pegelschwimmers hervorgerufen wurde. Während des Zeitraums Dezember 1990 - März 1991 ist dieses kurzfristige Ansteigen auf eine Welle des Vortages zurückzuführen.

Ein Vergleich beider Jahre zeigt, daß trotz nahezu identischem Tagesgang bei den Monaten Januar, Februar und März, die Abflußmengen 1991 annähernd das Doppelte betragen. Eine Ursache dürfte an den langanhaltenden Schönwetterperioden im Südsommer 1990/91 liegen, die bei hoher solarer Einstrahlung sowie relativ hohen Lufttemperaturen zu einem sehr starken Abschmelzen der perennierenden Schneefelder und Gletscherflächen führten. Hinzu kommt, daß dem schneearmen Winter 1990 ein sehr trockener Sommer folgte und somit die Albedo bereits im Frühsommer stark abnahm und den Energieeintrag damit noch verstärkte.

Die Stationen Eisbein, Cuatro Mil, Kolibri und Cerelac

Im Januar 1991 konnte zusätzlich parallel an drei weiteren Pegelstationen (Cuatro Mil, Kolibri und CERELAC) flußabwärts der Tagesgang des Abflusses quasi im Längsprofil erfaßt werden. Dabei ergaben sich einige interessante Hinweise zur Dynamik im semiariden, gering vergletscherten Einzugsgebiet des Agua Negra.

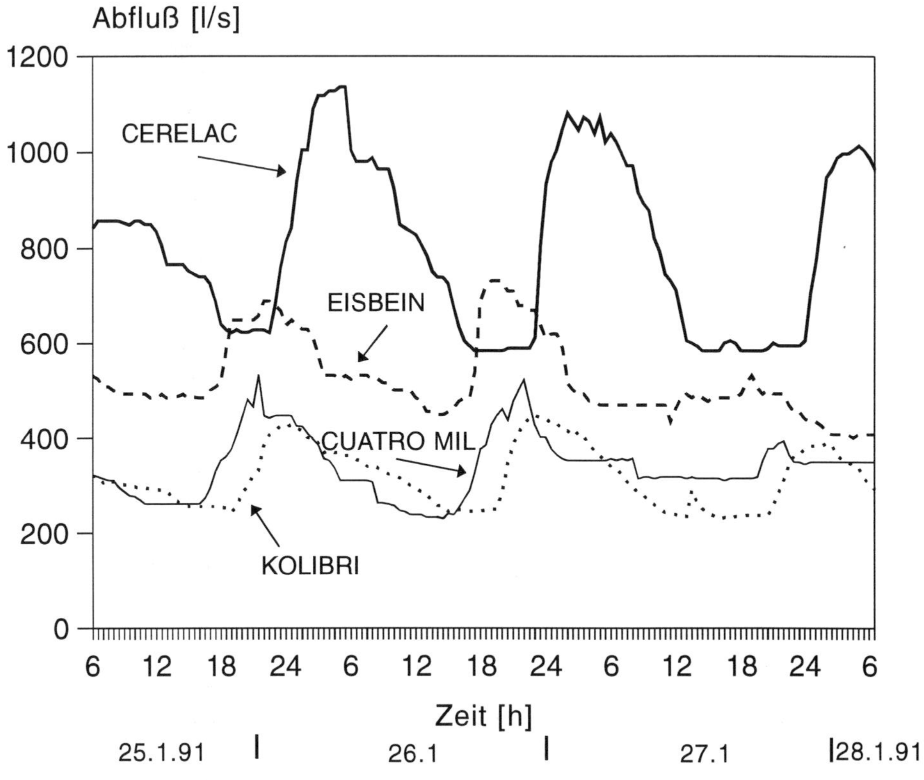

Abb. 65: Abflußganglinien der vier Pegelstationen im Längsprofil des Agua Negras (Januar 1991)

Anhand eines typischen Ausschnittes dieser Meßperiode (25.-27. Jan.) soll die Thematik kurz erläutert werden (s. Abb. 65).

An allen vier Pegelstationen ist ein deutlich sichtbarer Tagesgang zu erkennen. An der höchstgelegenen Pegelstation Eisbein treten die Abflußmaxima jeweils in den Abendstunden zwischen 18 und 20 Uhr auf. Im Januar wird die Abflußmenge noch vorwiegend durch die Gletscherschmelze bestimmt (s. Kap. 4.3.1.5). Das heißt, die am Pegel Eisbein registrierten Abflußmaxima in den Abendstunden sind hauptsächlich durch die Schmelzwasserwellen des Gletschers geprägt. Da unweit der Gletscherzunge (rund 1 km unterhalb) das Abflußmaximum durchschnittlich 6-7 Stunden nach Einstrahlungsbeginn auftrat, errechnet sich bei einer nachgewiesenen Abflußgeschwindigkeit von 0,6-0,7 m/s und einer Entfernung von ca. 9,5 km bis zum Pegel eine Laufzeit von rund 4 Stunden.
Im oberen Einzugsgebiet werden somit durchschnittlich 11 bis 12 Stunden nach Einstrahlungsbeginn bzw. 6-7 Stunden nach Einstrahlungsmaximum die höchsten Abflußwerte gemessen.

Da sich die Fließgeschwindigkeiten zum Pegel Cuatro Mil kaum ändern, müßte dort in knapp 2 Stunden die Welle vom Pegel Eisbein durchkommen. Diese theoretischen Laufzeiten konnten an strahlungreichen Tagen durch entsprechende Abflußmaxima auch bestätigt werden. Allerdings wurde die Regelhaftigkeit v.a. an Tagen mit ungleichen Witterungsbedingungen im oberen Einzugsgebiet unterbrochen. Entsprechend den Strahlungsbedingungen im benachbarten Einzugsgebiet des *Arroyo de San Lorenzo* unterlag dieser Zufluß großen Schwankungen in der Abflußmenge. Dies führte u.a. zu Unregelmäßigkeiten zwischen den beiden Pegelstationen Eisbein und Cuatro Mil, da der kleinere Zufluß (ca. 100 l/s) des benachbarten Teileinzugsgebietes des *Arroyo de San Lorenzo* (s. Abb. 55) kurz vor der Pegelstelle Cuatro Mil in den Agua Negra mündet. Schwierig wird die Interpretation des Abflußganges im weiteren Verlauf des Längsprofils, was bedingt ist durch folgende Faktoren:

- beträchtliche Vergrößerung des Einzugsgebietes
- mehrere Zuflüsse
- starker Wasserverlust durch Evaporation und durch Versickerung in den großen Sanderflächen der eiszeitlichen Eisrandlagen.

Der zu beobachtende Wasserverlust zwischen den Pegeln Eisbein und Cuatro Mil wird weiter 14,5 km flußabwärts, am Pegel Kolibri, noch deutlicher. Ein Tracerversuch zwischen den Pegeln Cuatro Mil und Kolibri führte aufgrund der starken Versickerung zu keinem Erfolg. Das heißt, zwischen dem relativ gletschernahen Pegel Eisbein und den weiter flußabwärts gelegenen Stationen Cuatro Mil und Kolibri nimmt nicht nur erwartungsgemäß der spezifische Abfluß (Abflußspende) aufgrund der stark zunehmenden Fläche des Einzugsgebietes ab, sondern auch die absolute Abflußmenge (s. Abb. 65).

Ähnliche Beobachtungen machte auch COLQUI (1968, S. 80) bei seinen Untersuchungen am Agua Negra: "...de los múltiples glaciares que concurren a su cuenca entregan cada uno, mayor cantidad de agua que la que pasa por Peñasquito...la desaparición de la mayor parte del volumen en escurrimiento superficial de los cursos que concurren a los 'arenales' no es sólo aparente sino que en gran medida, es permanente."[12] Dieses Phänomen des Wasserverlusts flußabwärts durch starke Versickerung in Schotterfächen ist auch aus anderen vergletscherten Einzugsgebieten bekannt (MAIZELS 1983b). Eine gewisse Regelhaftigkeit zwischen der höchstgelegenen Station Eisbein im Oberlauf und der tiefstgelegenen Station Cerelac im Unterlauf des Agua Negra ist dennoch zu erkennen. So werden die höchsten Tagesmittel mit Q = 785 l/s am Pegel Cerelac und ein merklich geringerer Abfluß von Q = 341 l/s am Pegel Eisbein registriert. Daraus wird aber auch ersichtlich, daß ohne ein dichtes Meßnetz Abschnitte mit großem Wasserverlust überhaupt nicht erkannt werden.

Betrachten wir abschließend den Abflußgang der beiden unteren Pegelstationen Kolibri und Cerelac. Zwischen den beiden Pegelstationen ist eine sehr gute Übereinstimmung der Abflußmaxima mit theoretisch ermittelten Laufzeiten und Tracerversuchen festzustellen (vgl. Kap. 4.3.2). Auffallend ist die drastische Erhöhung des Abflusses nur wenige Kilometer unterhalb des Pegels Kolibri trotz großer Schotterflächen und nur geringer Zuflüsse. Die Zunahme an Abfluß zwischen den 14,5 km entfernt liegenden Stationen um fast das Dreifache läßt sich nur durch einen starken Zulauf aus Grundwasseraquiferen erklären. Das heißt, die im Verlauf des Längsprofils versickerte Wassermenge fließt zu einem großen Teil unterirdisch ab und tritt am Gebirgsrand aus bisher nicht lokalisierten Aquiferen wieder aus.

4.3.1.3 Globalstrahlung, Lufttemperatur und Abfluß

Tages- und Jahresgang des Abflußganges im Hochgebirge werden maßgeblich von der Intensität der solaren Einstrahlung sowie den advektiven Wärmeströmen bebestimmt. Auch in den europäischen Alpen treten extrem hohe Schmelzwasserabflüsse meist dann auf, wenn intensive solare Einstrahlung verbunden ist mit annähernd maximalem sensiblen und latenten Wärmefluß (RÖTHLISBERGER & LANG 1987).

---

[12] ...von den zahlreichen Gletscher des Einzugsgebietes, spendet jeder einzelne mehr Wasser als bei Peñasquito (Pegelstelle) vorbeiströmt... das Verschwinden des größten Anteils des Oberflächenwassers, das in den Schotterflächen zusammenströmt ist nicht nur augenscheinlich, sondern in großem Maße permanent.

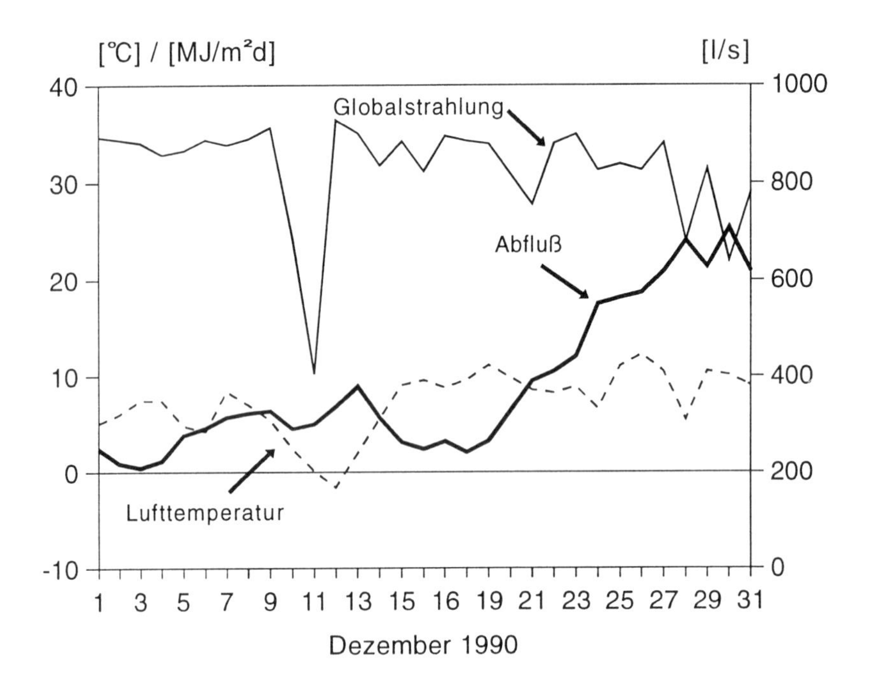

Abb. 66: Tagesmittel von Abfluß, Globalstrahlung und Lufttemperatur; Station Eisbein in 4150 m ü.M. (Dezember 1990)

Die genaue Betrachtung der abflußreichsten Monate gibt Aufschluß über die Zusammenhänge zwischen Strahlung, Lufttemperatur und Abflußmenge. Darüberhinaus können sogenannte aperiodische Ereignisse (z.B. Wassertaschenausbrüche) durch die gemeinsame Darstellung dieser Parameter besser erkannt werden. Im Dezember beispielsweise verläuft der Abfluß zeitweise invers zum Verlauf der Globalstrahlung und der Lufttemperatur (s. Abb. 66). Dabei ist zu unterscheiden zwischen einem phasenverschobenen Verlauf und deutlich aperiodischen Schwankungen. Im erstgenannten Fall kann die starke Zeitverzögerung im Abfluß durch Pufferfunktionen der winterlichen Schneedecke und/oder einem noch relativ schlecht ausgebildeten Drainagesystem des Gletschers verursacht werden.

Bei plötzlich eintretenden und kurzfristig stark ansteigenden Abflußwerten, wie sie am 25. Dezember mit Spitzenwerten von > 1,3 m^3/s aufgetreten sind (s. Abb. 66), handelt es sich meist um abrupte Entleerungen aufgestauter Schmelzwasserreservoirs des Gletschers (z.B. Wassertaschenausbrüche, Entleerungen des Schmelzwassersees etc.). Diese als aperiodisch einzustufenden Ereignisse sind nicht mit dem Witterungverlauf in Verbindung zu bringen.

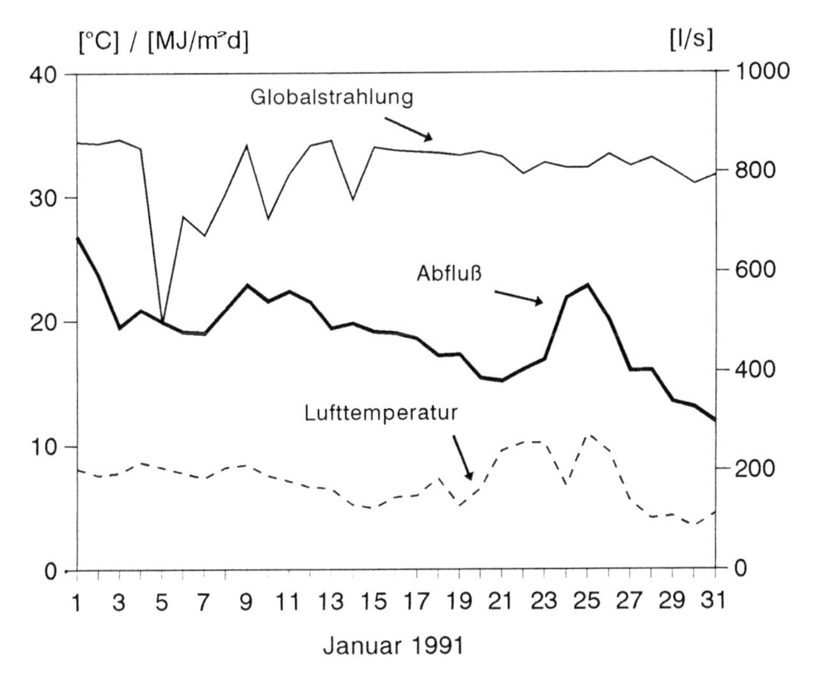

Abb. 67: Tagesmittel von Abfluß, Globalstrahlung und Lufttemperatur; Station Eisbein in 4150 m ü.M. (Januar 1991)

Abflußschwankungen des Agua Negra, die scheinbar nicht unmittelbar durch die Einstrahlung oder den advektiven Wärmefluß gesteuert werden, können deshalb durch solche Prozesse überlagert sein und repräsentieren nicht unbedingt identische Wetterbedingungen im gesamten Einzugsgebiet, insbesondere deshalb, weil die Pegelstation rund 10,5 km flußabwärts gelegen ist. So gab es auch Tage, an denen im oberen Einzugsgebiet nahe des Gletschers nur geringe Wolkenbedeckung vorherrschte, aber an der Meßstation selbst relativ niedrige Strahlungswerte und Lufttemperaturen gemessen wurden. Neben der Gletscherschmelze wird der Abfluß durch die Schmelzwässer der perennierenden Schneeflecken und durch die Permafrostschmelze erhöht und in seinem charakteristischen Verlauf verändert (vgl. Kap. 4.1.3.5). Nach der Schneeschmelze, wenn das Drainagesystem des Gletschers besser entwickelt ist, wird die Beziehung zwischen Globalstrahlung, Lufttemperatur und Abfluß wesentlich deutlicher. Starke Schwankungen der Einstrahlungsintensität oder der Lufttemperatur spiegeln sich in der Regel direkt im Abflußgang wider. Die am

19. Januar einsetzende Erwärmung, die einige Tage anhielt, bewirkt bei gleichbleibend hoher Globalstrahlung nach wenigen Tagen ein ebenso merkliches An- wie Absteigen der Abflußmenge. Dabei werden jedoch kurzfristige Temperaturschwankungen, wie der Abfall am 24. Januar, durch die konstant hohen Einstrahlungwerte kompensiert. An der Abflußwelle vom 23. bis 27. Januar ist auch die Pufferwirkung des Agua Negra Gletschers bzw. des gesamten Systems (Gletscher, perennierende Schneeflecken, Permafrostareale) deutlich zu erkennen. Obwohl die spürbare Erwärmung bereits am 20. Januar einsetzt, ist erst rund 4 Tage danach ein Ansteigen im Abflußgang zu sehen. Im Gegensatz dazu reagiert das System bei täglichen Variationen der Globalstrahlung sehr schnell. Da im Januar 1991 kein Niederschlag fiel, kam es auch zu keiner drastischen Veränderung der Albedo bzw. der gesamten Strahlungsbilanz. Dadurch werden selbst kleinere Variationen in der Globalstrahlung, wie beispielsweise zwischen dem 7. und 13. Januar, im Abflußgang sichtbar (s. Abb. 67). Komplexer wird die Situation nach Schneefällen und/oder hoher advektiver Wärme. Nur unter Berücksichtigung der Strahlungsbilanz sowie des latenten und fühlbaren Wärmestroms können die Schmelzwasserabflüsse gut modelliert werden (vgl. STÜVE 1988). Der Einfluß der räumlich-zeitlichen Variation des Strahlungs- und Energiehaushaltes[13] muß bei Abflußberechnungen und/oder Abflußsimulationen miteinbezogen werden. Der Abflußgang im Jahresverlauf kann deshalb allein anhand der Globalstrahlung nicht ausreichend erklärt werden.

4.3.1.4 Blockgletscherabfluß

In vielen Einzugsgebieten von Cuyo ist allein der Flächenanteil der aktiven Blockgletscher größer als der von Gletschern und perennierenden Schneeflecken. Schon relativ früh ist deshalb auf die bedeutende hydrologische Signifikanz der großen und vor allem zahlreichen cuyanischen Blockgletscher hingewiesen worden (CORTE 1976; BUK 1983; CORTE & BUK 1986). Jedoch fehlte es an Messungen zur quantitativen und qualitativen Differenzierung des Blockgletscherabflusses.
Im Rahmen dieser Studie wurden nun erstmals Abflußmessungen zwischen Januar und März 1990 und im Januar 1991 an einer faßbaren Quelle des Bockgletschers Dos Lenguas vorgenommen (s. Abb. 46 in Kap. 3.3.3).

Zum Vergleich sind in der Tabelle 12 einige der bisher bekannten Blockgletscher-Abflußmengen zusammengestellt. An der Quelle des Blockgletschers Dos Lenguas konnten im Durchschnitt Abflußmengen zwischen 5 und 8 l/s gemessen werden. Da jedoch neben der Hauptquelle mehrere nicht meßbare Quellen an der Stirn des Blockgletschers auftreten und ein beträchtlicher Anteil des Schmelzwassers im

[13] Eine entsprechende Instrumentierung im Einzugsgebiet war aus technischen Gründen nicht möglich

Schuttbett unterhalb des Blockgletschers versickert, muß von einer wesentlich größeren Abfußmenge ausgegangen werden.

Zur tageszeitlichen Differenzierung sind am 30. Januar 1991 im zweistündigen Meßintervall Abflußmengen, elektrische Leitfähigkeit und Wassertemperatur der Blockgletscherquelle erfaßt worden. Dabei konnten keine merklichen Tagesschwankungen in der Abflußmenge beobachtet werden. Auch das Quellwasser hatte eine konstante Temperatur von 3°C. Die elektrische Leitfähigkeit schwankte während des Meßzeitraums (10 bis 18 Uhr; Meßintervall 1 Stunde) nur zwischen 317 und 325 µS/cm.

Tab. 12: Abflußmengen einiger Blockgletscher aus verschiedenen Gebirgsregionen

Region	Name des Blockgletschers	Länge [m]	Oberfläche [km²]	Abflußmenge [l/s]	Quelle
Schweizer Alpen	Gruben u.a.	≈1000		einige l 10-20	HAEBERLI (1985)
Kanadische Rocky Mountains	Hilda		1,5	90-270	GARDNER & BAJEWSKY (1987)
Yukon Territory, Alaska	East Slims River	≈1100	0,4	3,3 (Max.)	BLUMSTENGEL & HARRIS (1988)
Cuyanische Hochanden Argentinien	Agua Negra I (Dos Lenguas)	≈1200		5-8	SCHROTT (1991)

BLUMSTENGEL & HARRIS (1988) konnten Tagesschwankungen in der Leitfähigkeit zwischen 174 und 230 µS/cm ermitteln. Allerdings wurden auch bei diesen Messungen an einem Meßtag während 8 Stunden (10-19 Uhr) keine Schwankungen registriert. Eventuell auftretende saisonale Abflußspitzen, wie sie beispielsweise von BLUMSTENGEL & HARRIS (1988) während der Schneeschmelze gemessen wurden, konnten nicht beobachtet werden. Allerdings wurde im März ein starker Rückgang bemerkt, der im April zu einem völligen Versiegen der Quelle führte. Insgesamt war an der Blockgletscherstirn, während vier Monaten (Dezember - März) Quellwasser zu sehen.

Die Bedeutung des Blockgletscherabflusses am gesamten Abflußgeschehen im Agua Negra Einzugsgebiet wird im folgenden Kapitel erläutert.

4.3.1.5 Der Anteil von Schnee-, Gletscher- und Permafrostschmelze am Abfluß

Die kontinuierlichen Wasserstandsaufzeichnungen am Pegel Eisbein sowie punktuelle Abflußmessungen am Blockgletscher Dos Lenguas und am Gletscher Agua Negra, ermöglichen eine gewisse Differenzierung der jeweiligen Schmelzwasseranteile. Da das Untersuchungsgebiet erst gegen Ende der Schneeschmelze erreichbar war, konnte eine Schneedeckenaufnahme zur Bestimmung des Wasseräquivalents nicht mehr durchgeführt werden (vgl. Kap. 5). Aus den während fast 6 Monaten gewonnenen Abflußdaten kann ein Mindestabflußvolumen für die Ablationsperiode 1990/91 berechnet werden. Ausgehend vom mittleren Abfluß (MQ = 324 l/s) summiert sich das gesamte Abflußvolumen auf rund $5{\cdot}10^6$ m^3. Da der Einfluß der Schneeschmelze am Abfluß bis einschließlich Dezember wirksam war, kann aus den mittleren Abflüssen der Monate November (MQ = 188 l/s) und Dezember (MQ = 383 l/s) der Anteil der Schneeschmelze am gesamten Abflußvolumen abgeschätzt werden. Aus den oben angegebenen Werten berechnet sich demnach ein Abflußvolumen von ca. $1{,}5{\cdot}10^6$ m^3. Dies entspricht rund 30 % des gesamten Abflußvolumens während der Meßperiode von 6 Monaten. Korrekterweise muß jedoch von einem höheren Anteil der Schneeschmelze ausgegangen werden, da die Aufzeichnungen erst nach dem Auftauen des Pegelschwimmers, Anfang November, beginnen und der Abfluß sicherlich schon einige Wochen zuvor einsetzte.

Eine Vorstellung über den Anteil der Permafrostschmelze am Abfluß kann folgendes Gedankenexperiment geben: ausgehend von einem Mindestabfluß des aktiven Blockgletschers Dos Lenguas von 10 l/s errechnet sich auf der Grundlage der Gesamtfläche aller aktiven Blockgletscher im oberen Einzugsgebiet eine Abflußmenge von mindestens 50 l/s allein aus den Blockgletschern. Das heißt, ohne Einbeziehung der übrigen Permafrostgebiete würde der Schmelzwasseranteil in den Sommermonaten Januar, Februar und März 1991 (nach der Schneeschmelze) schon rund 13 % der durchschnittlichen Abflußmenge (MQ = 390 l/s) während dieser Zeit betragen. Allerdings muß hierbei noch von einem weitaus größeren Anteil der Permafrostschmelze ausgegangen werden, da große Areale des Einzugsgebietes von Hochgebirgspermafrost eingenommen werden (s. Kap. 3.4) und neben den aktiven Blockgletschern auch die zahlreichen inaktiven Blockgletscher sowie die übrigen Permafrostareale zur Erhöhung des Permafrostschmelzwassers beitragen können (vgl. hierzu Kap. 5). Parallel durchgeführte Abflußmessungen unweit der Gletscherzunge und am Ausgang des Teileinzugsgebietes I (Pegel Eisbein) bestätigen diesen Gedankengang durch entsprechende Abflußdifferenzen. So wurden beispielsweise unterhalb der Gletscherzunge am 29. Januar 1991 um 15 Uhr rund 240 l/s gemessen. Unter Berücksichtigung der Zeitverschiebung (Fließgeschwindigkeit 0,7 m/s, Entfernung bis zum Pegel Eisbein 9,5 km) dieser Abflußwelle ist knapp 4 Stunden später am Pegel eine Abflußzunahme um 110 l/s zu beobachten.

Ein Schmelzwasseranteil der Permafrostgebiete von ca. 30 % muß auf der Grundlage dieser Überlegungen und semiquantitativer Messungen als realistisch angesehen werden.

Eine grobe Abschätzung zur Gesamtbilanz sollen folgende Überschlagsrechnungen mit Hilfe von Wassersäulen liefern. Aus der gesamten Abflußsumme während der Meßperiode 1990/91 (MQ = 324 l/s) errechnet sich auf der Grundlage des 57 km^2 großen Einzugsgebietes eine Wassersäule von 89 mm ($\approx 5 \cdot 10^6$ m^3). Unter der Annahme, daß in den Monaten November und Dezember der Abfluß vorwiegend aus der Schneeschmelze stammt, kann aus den oben angegebenen mittleren Abflußwerten eine Wassersäule von 28 mm ($\approx 1{,}5 \cdot 10^6$ m^3) berechnet werden. Das heißt, der übrige Anteil von 61 mm ($3{,}5 \cdot 10^6$ m^3) muß sich aus dem Schmelzwasser der Gletscher und der Permafrostareale zusammensetzen. Nach diesen Berechnungen beträgt der Anteil der Gletscherschmelze am Abfluß rund 43 mm bzw. $2{,}5 \cdot 10^6$ m^3. Da, wie schon erwähnt wurde, in den Sommermonaten (Januar, Februar und März) rund 30 % des Schmelzwassers aus den Permafrostarealen kommt, entspricht dies einer Wassersäule von 18,3 mm bzw. einer Abflußmenge von $1{,}04 \cdot 10^6$ m^3.

Welches Potential diesen Speichern zukommt, soll im Kapitel 5 nochmals insbesondere im Vergleich mit dem Niederschlag diskutiert werden.
Bei den Berechnungen dürfen die verschiedenen Fehlerquellen, wie die begrenzte Meßgenauigkeit, aperiodischen Abflußschwankungen, Wasserverlust durch Versickerung etc. nicht unterschätzt werden (vgl. SCHUMM 1985). Die angebenen Werte können daher nur die Größenordnung der vermuteten jeweiligen Schmelzwasseranteile wiedergeben.

4.3.2 Die elektrische Leitfähigkeit der Schmelzwässer

Die relativ leicht durchzuführende Messung der elektrischen Leitfähigkeit (EL) ist eine summarische Größe der im Wasser gelösten Ionen.

Aufgrund der bestehenden Proportionalität der Gesamtionenkonzentration zur EL können die separat analysierten Ionenkonzentrationen der Wasserproben damit geeicht werden. Diese Eichung erfährt besondere Bedeutung bei der anschließenden Berechnung der Lösungsfrachten über die Abflußmenge (s. Kap. 4.3.3.1). Die mögliche Differenzierung nach der Herkunft der Schmelzwässer ist ein weiterer Vorteil dieses Parameters. So treten erwartungsgemäß im Schmelzwasser direkt an der Gletscherzunge sehr geringe Leitfähigkeitswerte von < 18 µS/cm auf. Nur rund 10 km flußabwärts erhöhte sich dieser Wert durch die einsetzende Mineralisation auf 200 bis 300 µS/cm. Bei den untersuchten Blockgletscherquellen schwankten die

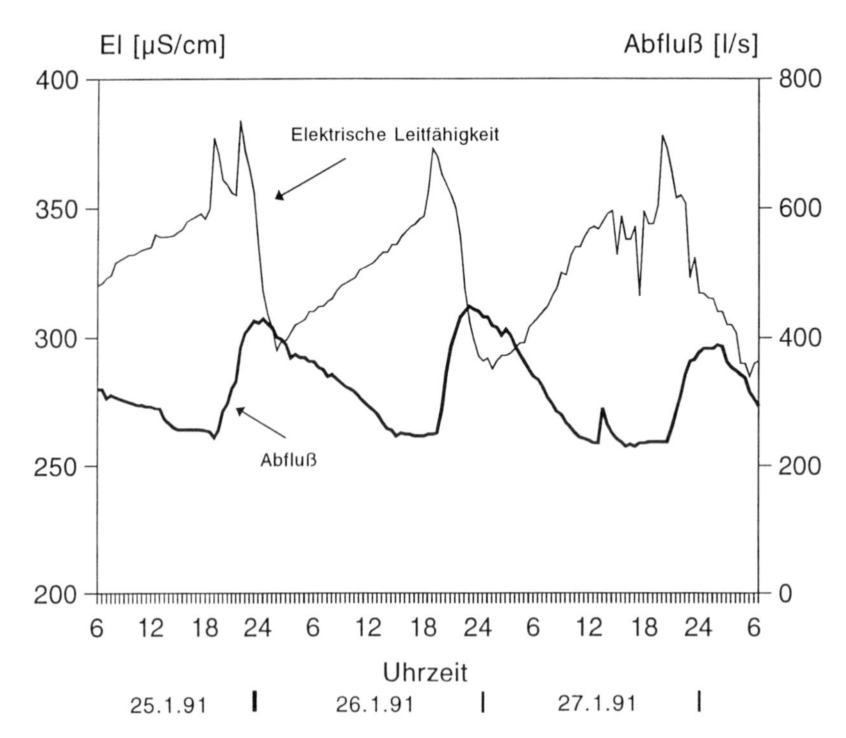

Abb. 68: Leitfähigkeitsverlauf und Abflußganglinie am Pegel Kolibri in 3150 m ü.M.

Werte, je nach Größe und Lage der Blockgletscher, zwischen 45 und 350 µS/cm. Allerdings unterliegt nach unseren Messungen (vgl. Kap. 4.3.1.4) die Leitfähigkeit der Blockgletscherquellen, im Gegensatz zum Gletscherbach, keinen Tagesschwankungen.
BLUMSTENGEL et al. (1988) geben für Blockgletscherquellen EL-Werte von durchschnittlich 200 µS/cm an. Das heißt, die EL-Werte der Blockgletscherquellen liegen merklich höher als die der Gletscherschmelzwässer. Die wechselnden Wassermengen der Schmelzwässer sowie zahlreiche kleinere Zuflüsse flußabwärts führen zu spezifischen Schwankungen in der Leitfähigkeit.

Wie erwartet ist ein inverser Verlauf von Leitfähigkeit und Abfluß zu erkennen (s. Abb. 68). Bei den ausgeprägten Tagesschwankungen beider Parameter kommt es zu 2-4 stündigen Phasenverschiebungen von Q_{max} und EL_{min} bzw. umgekehrt. Hervorgerufen wird dieser inverse Verlauf von Abflußmenge und EL insbesondere durch die tageszeitlich bedingte Zu- und Abnahme des relativ ionenarmen Schmelz

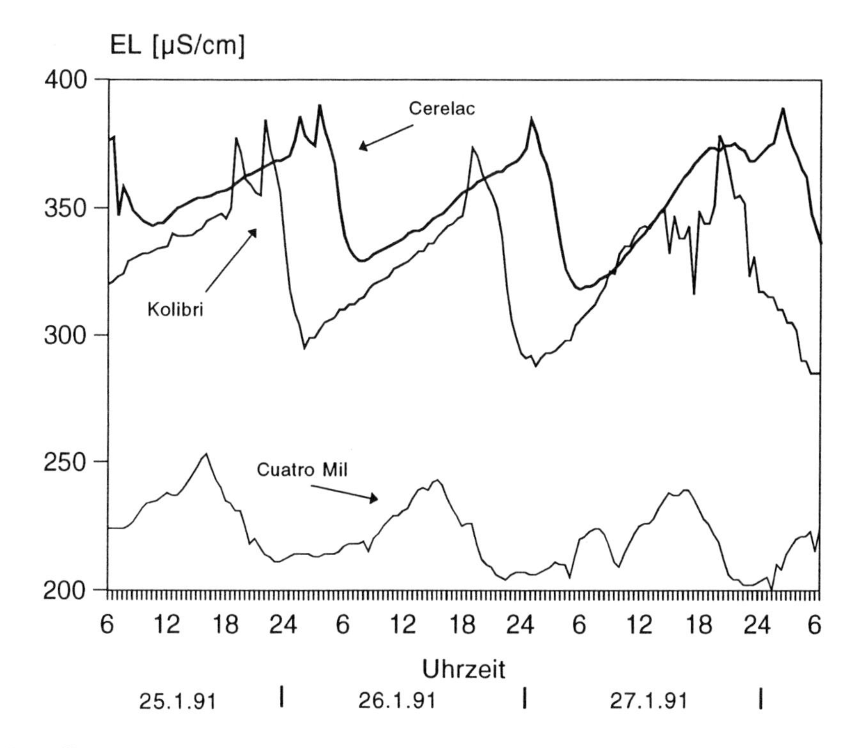

Abb. 69: Typischer Tagesgang der elektrischen Leitfähigkeit an den Pegeln Cuatro Mil, Kolibri und Cerelac

wassers. Bis auf wenige hoch mineralisierte Zuflüsse[14] liegen die Werte der kleineren Nebenbäche meist zwischen 100 und 200 µS/cm.

Außer der leichten Zunahme der EL flußabwärts ist der homogene Abschnitt zwischen den Stationen Kolibri und Cerelac auffallend. Zur Überprüfung der regulären Laufzeiten wurde deshalb ein Salztracerexperiment zwischen den Stationen Kolibri (3150 m ü.M.) und Cerelac (2650 m ü.M.) durchgeführt. Bei einer Lauflänge von 14,5 km und einer mittleren Fließgeschwindigkeit von 0,6-0,7 m/s ergibt sich eine Laufzeit von 6-7 Stunden, die sowohl durch den Tracer als auch durch entsprechende Phasenverschiebungen der EL-Werte bestätigt wird (s. Abb. 69). Dagegen führte der Tracerversuch zwischen den Stationen Cuatro Mil und Kolibri aufgrund der hohen Versickerung zu keinem Erfolg.

[14] unweit einer stillgelegten Erzmine wurden an einer Quelle 1825 µS/cm gemessen

4.3.3 Die fluvialen Transporte

Die Bestimmung der fluvialen Transporte in einem Hochenergiesystem ist gleichermaßen bedeutsam und schwierig. Kenntnisse über mögliche Transport- und Denudationsraten sowie transportierte Korngrößenspektren etc. tragen nicht nur zum Verständnis des Massen- bzw. Energietransfers bei, sondern liefern auch wichtige planerische Hinweise für wasserbauliche Maßnahmen.

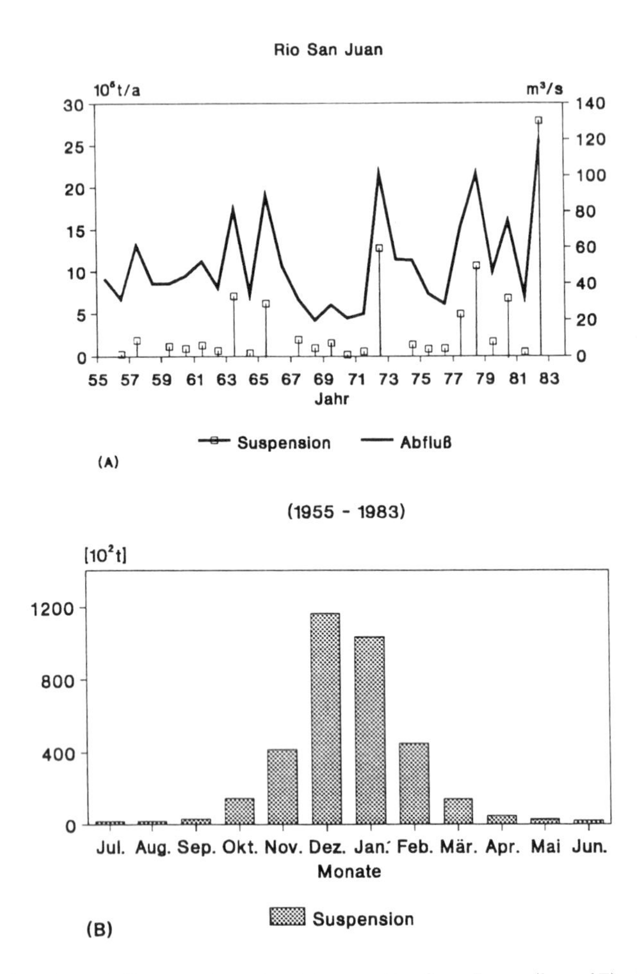

Abb. 70: Abfluß und Suspensionsfracht des Rio San Juan (km 47). Jahresmittelwerte (A) und gemittelte jahreszeitliche Schwankungen (B) (Datenquelle: AYEE 1981, INTA)

Grundsätzlich muß dabei unterschieden werden zwischen den Prozessen, die das Sedimentangebot eines fluvialen Systems beeinflussen bzw. bestimmen (Gestein, Klima etc.) und den Prozessen, die den fluvialen Transport (Turbulenz, Gerinnemorphometrie etc.) ermöglichen (vgl. HERRMANN 1977). So hängt beispielsweise die Lösungsfracht weit mehr vom möglichen Angebot (z.B. Gletscherwasser vs. Mineralquelle, s. Kap. 4.3.3.1) als vom Transportvermögen selbst ab. Die erheblichen meßtechnischen Schwierigkeiten sind sicherlich auch ein signifikanter Grund, weshalb aus dem semiariden Andenraum bislang kaum differenzierte Messungen zum Sedimenttransport vorliegen. Lediglich für den Rio Mendoza und Rio San Juan wird in regelmäßigen Abständen die Suspensionsfracht ermittelt. In Abbildung 70 sind die Jahresmittel von Abfluß und Suspensionsfracht für das 25.670 km² große Einzugsgebiet des Rio San Juan abgetragen. Es fällt auf, daß die Suspensionsfrachten, entsprechend den Abflußmengen, starken Schwankungen unterworfen sind. Die Monate der höchsten bzw. niedrigsten Abflüsse entsprechen somit auch denen der höchsten bzw. niedrigsten Suspensionsfrachten. Bei einer durchschnittlichen Suspensionsfracht von $3{,}9 \cdot 10^5$ t/a ergibt sich ein flächenbezogener Sedimentaustrag von etwa 151 t/km² a. Diese Zahlen können jedoch nur grobe Richtwerte darstellen, da uns keine weiteren Informationen über das Meßverfahren (Konzentrationsbestimmung, Meßintervalle etc.) vorliegen.
Im folgenden soll mittels unserer Meßreihen im Einzugsgebiet des Agua Negra auf die Lösungs-, Suspensions- und Geschiebefracht eingegangen werden. An allen vier Pegelstationen wurden während des Januars 1991 regelmäßig Wasserproben genommen. Gewöhnlich erfolgte die Probennahme um 7, 14 und 21 Uhr. Bei auffällig geringer oder hoher Sedimentkonzentration wurde zusätzlich, d.h. ereignisbezogen beprobt. Die 1-Liter Proben wurden jeweils per Hand im Stromstrich genommen. Zur Erfassung eines gesamten Tagesganges wurde vom 15. bis 16. Januar im dreistündlichen Intervall beprobt.

4.3.3.1 Lösungsfracht

Die chemischen Wasseranalysen zur Ionenkonzentration liefern nicht nur Informationen über die Herkunft der Schmelzwässer, sondern ermöglichen auch die Berechnung des gesamten Lösungsaustrages eines Einzugsgebietes. Anhand der Wasserproben werden für jede Station die Anionen- (HCO_3, NO_3, Cl, SO_4, PO_4) und Kationenkonzentrationen (Na, K, Ca, Mg) über Titration, Photometrie und Atom-Absorptions-Spektrometrie ermittelt. Die Analyse ergibt durchschnittliche Konzentrationen von 160-180 mg/l bei einer merklichen Zunahme flußabwärts (s. Abb. 71 u. 72). Den weitaus größten Anteil an der Gesamtkonzentration nehmen die Sulfat- und Hydrogenkarbonationen ein. Die ermittelten Ionenkonzentrationen und die kontinuierlich gemessene elektrische Leitfähigkeit ermöglicht die Kalkulation der Ionenkonzentrationen über den gesamten Meßzeitraum (s. Abb. 71).

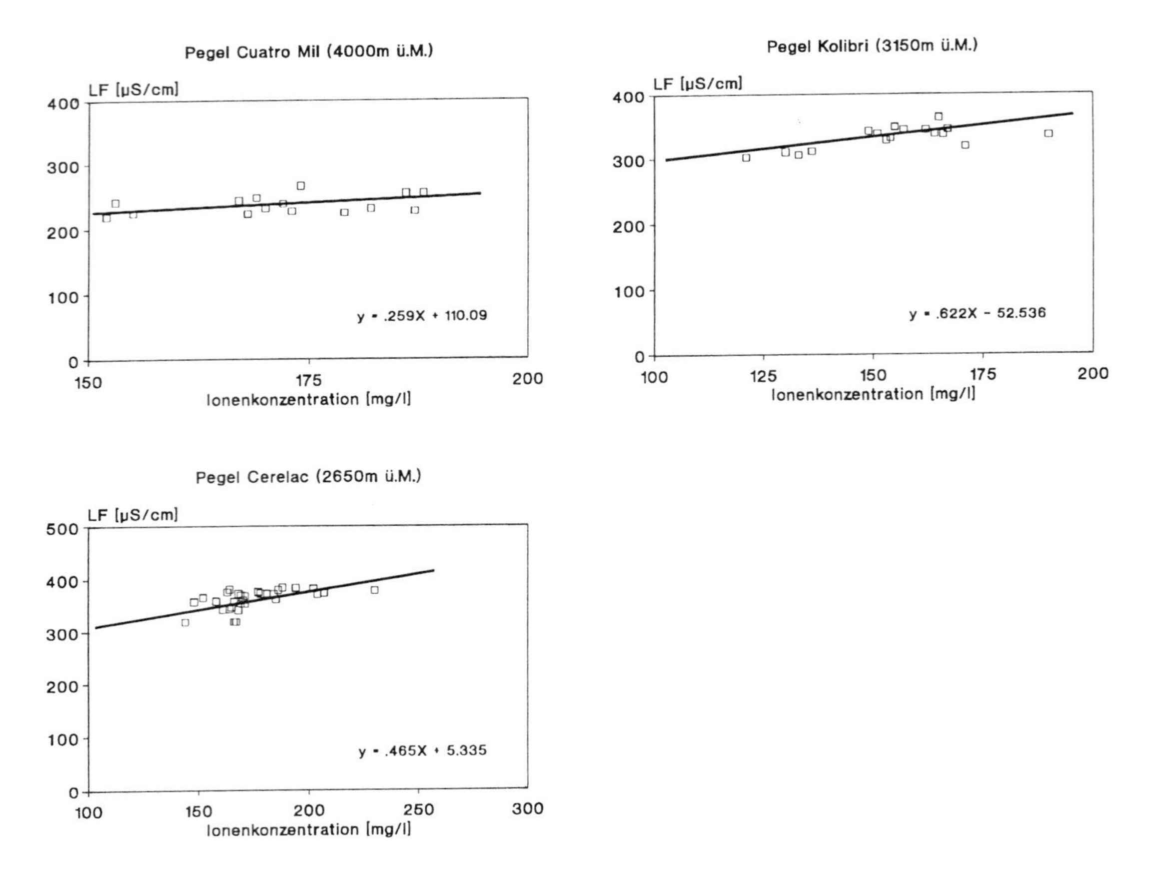

Abb.71: Regressionsgeraden zur Berechnung der Ionenkonzentrationen bzw. Lösungsfrachten an den jeweiligen Pegelstationen im Einzugsgebiet

Tab. 13: Durchschnittliche Ionenkonzentrationen an den Pegelstationen im Januar 1991

	Oberes EZG*		Unteres EZG*	
Ionen (mg/l)	Eis-bein	Cuatro Mil	Kolibri	Cerelac
Anionen	119,02	125,76	94,91	104,93
Kationen	41,45	44,63	61,44	71,27
Σ	160,47	170,39	156,35	176,20

* Einzugsgebiet

Dabei zeigt sich eine gewisse lineare Beziehung zwischen der Leitfähigkeit und der Ionenkonzentration. Mit Hilfe von Regressionsgleichungen können die Leitfähigkeitswerte in entsprechende Ionenkonzentrationen umgerechnet werden (s. Abb. 71). Das Verhältnis von Leitfähigkeit und Ionenkonzentration ermöglicht schließlich, unter Einbeziehung der Abflußwerte, die Lösungsfrachten an den jeweiligen Pegelstationen zu berechnen (s. Abb. 72).

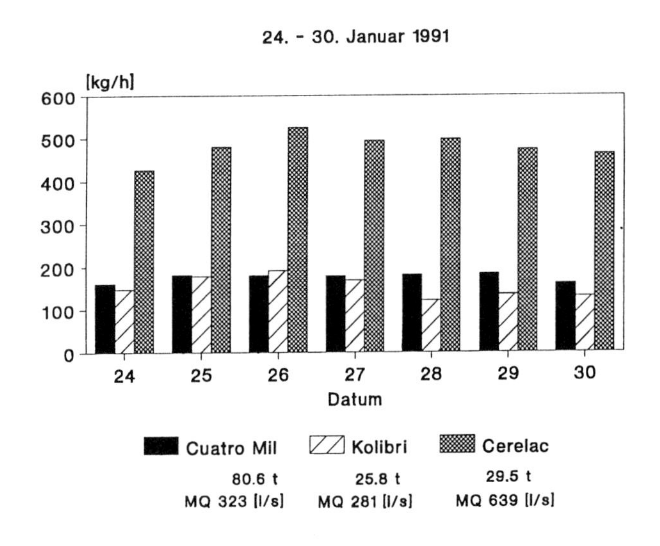

Abb. 72: Stundenmittel der Lösungsfrachten an den Stationen Cuatro Mil (4000 m ü.M.), Kolibri (3150 m ü.M.) und Cerelac (2650 m ü.M.)

Ein Vergleich der drei Stationen zeigt, daß in einer Woche bei durchschnittlichen Abflußverhältnissen zwischen 26 und 81 Tonnen in Lösung ausgetragen werden (s. Abb. 72). Bemerkenswert ist der zeitweilige Rückgang der Lösungsfracht von der oberen Station Cuatro Mil zur nächstgelegenen Station flußabwärts. Dies ist auf den schon erwähnten Verlust an Wasser zwischen beiden Stationen zurückzuführen.

Daß es sich bei den vier Stationen um zwei deutlich differenzierte Systeme innerhalb des Einzugsgebietes handelt, wird auch bei der Betrachtung der jeweiligen Ionenkonzentrationen deutlich (vgl. Kap. 4.3.1.2). Während sich das obere Einzugsgebiet (Station Eisbein und Station Cuatro Mil) vom unteren Einzugsgebiet (Station Kolibri und Station Cerelac) im Ionenverhältnis merklich unterscheidet, sind zwischen den Stationen Eisbein und Cuatro Mil bzw. Kolibri und Cerelac ähnliche Anionen- und Kationenkonzentrationen zu sehen (s. Tab. 13).

4.3.3.2 Suspensionsfracht

Ein wesentlicher Anteil des Sedimentaustrags erfolgt über die Suspensionsfracht. Darunter werden nichtgelöste, schwebend oder schwimmend im Wasser transportierte Feststoffe verstanden. Zur Erfassung der Suspensionsfracht sind die zuvor erwähnten Wasserproben (s. Kap 3.3.3) größtenteils direkt im Gelände mittels Unterdruckpumpe und einem 0,2 µm Membranfilter abfiltriert worden. Der dabei anfallende Sedimentrückstand wurde in Tüten eingeschweißt und später im Labor mit der Analysenwaage gravimetrisch bestimmt. Da weder kontinuierlich Proben genommen werden konnten noch eine Trübungssonde zur Verfügung stand (vgl. GURNELL 1987), wurde versucht anhand der zahlreichen Einzelmessungen eine Beziehung zwischen Abfluß und Sedimentkonzentration herzustellen (vgl. BARSCH et al. 1992a,1992b). Dabei ergeben sich einige Probleme, denn die potentielle Verfügbarkeit an Schwebfracht ist zweifelsfrei nicht direkt mit dem Abfluß gekoppelt. Zwar werden häufig gerade bei Hochwasser auch hohe Suspensionsfrachten gemessen, da eine erhöhte Turbulenz und Fließgeschwindigkeit mehr Sediment mobilisieren und transportieren kann, jedoch werden viele Sedimentquellen nicht allein durch den Abfluß im Hauptgerinnebett mobilisiert, sondern z.B. durch schmelzende Schneeflecken, die wiederum sedimentreiche Zuflüsse verursachen. Diese Schmelzprozesse führten im oberen Einzugsgebiet zu kurzfristigen, sehr hohen Sedimentkonzentrationen bei vergleichsweise geringem Abfluß. Einige dieser Ereignisse konnten beobachtet und auch beprobt werden.

Wenngleich die Sedimentkonzentrationen bei gleichen Abflüssen diesen natürlichen Schwankungen unterworfen sind, kann eine gewisse Beziehung zwischen Abfluß und Suspensionkonzentration erkannt werden. Da sich aber im Längsprofil nicht nur die Einzugsgebietsgröße, sondern auch die Sedimentquellen verändern, mußte für jede Pegelstation mittels einer Eichkurve die bestmögliche Annäherung von gemessenen Abflußmengen und Suspensionskonzentrationen ermittelt werden.

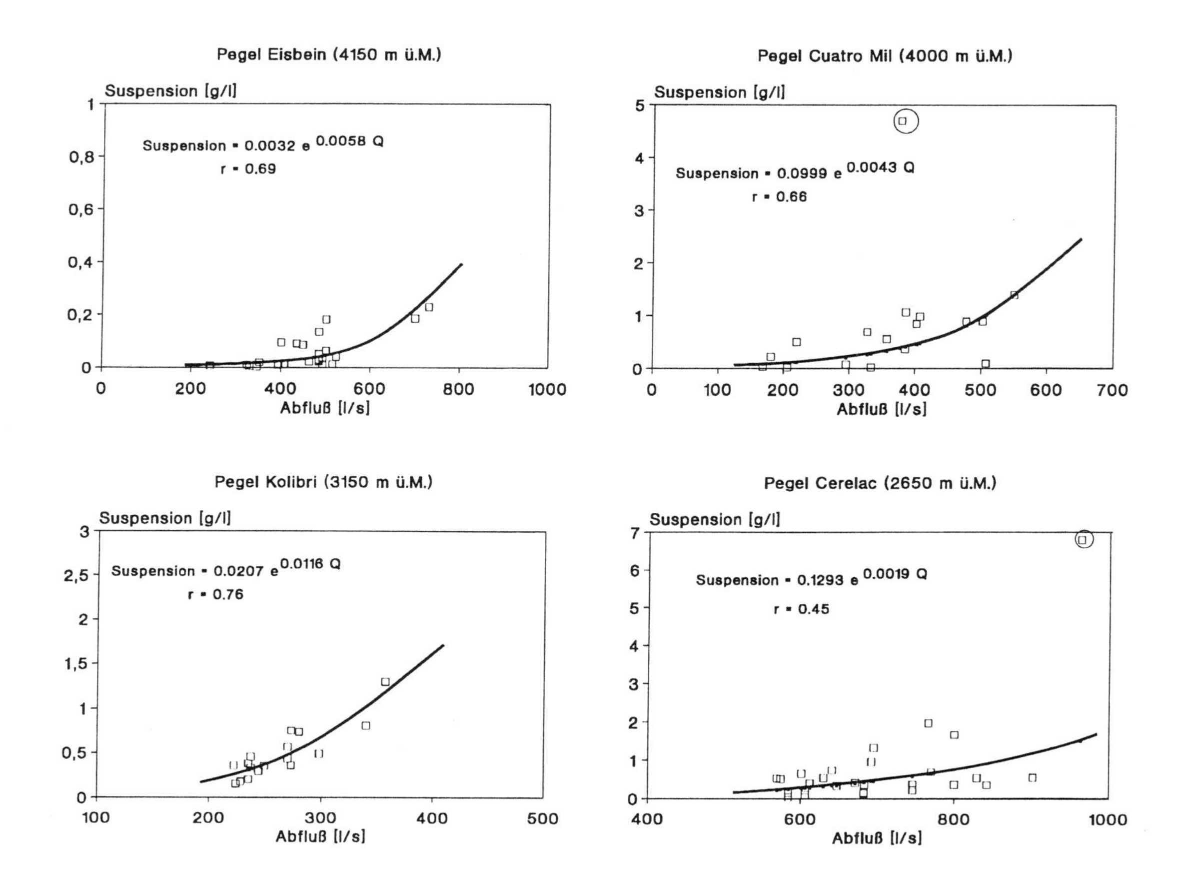

Abb. 73: Abfluß vs. Suspensionskonzentration und exponentielle Regressionskurven; Pegelstationen Eisbein, Cuatro Mil, Kolibri und Cerelac

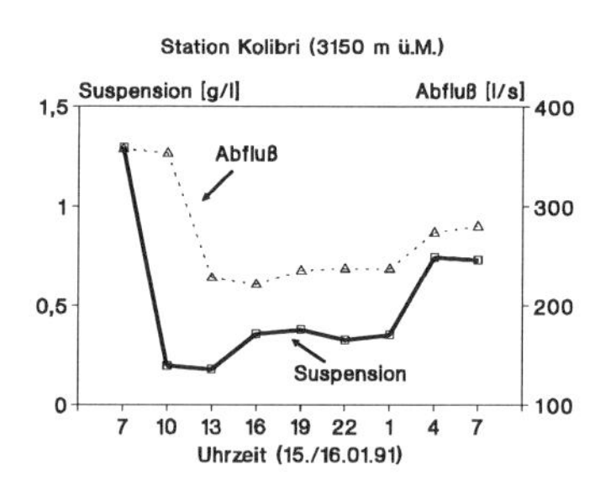

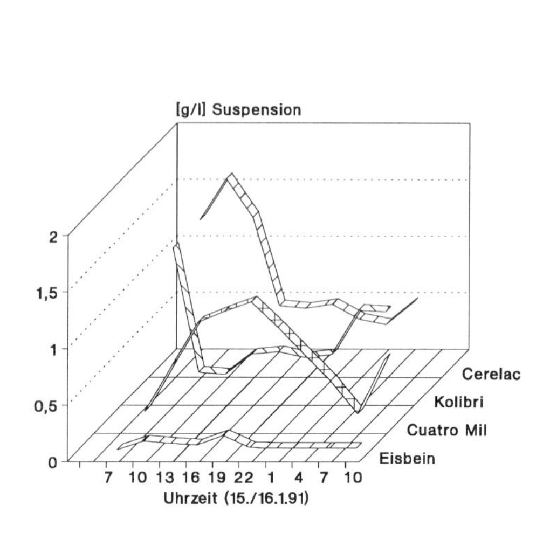

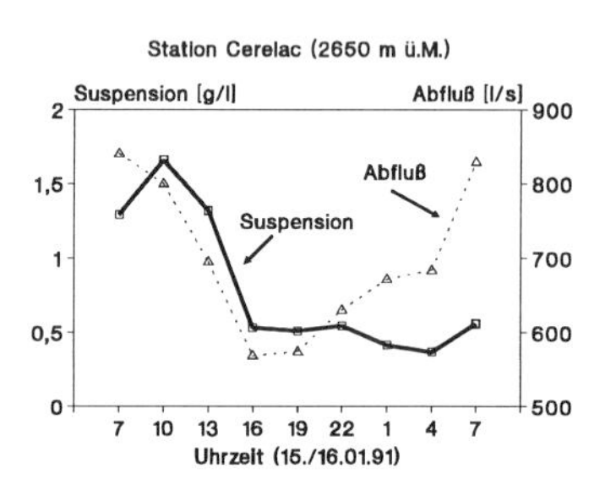

Abb. 74: Der Tagesgang der Suspensionskonzentration an den vier Stationen und der Verlauf von Abfluß und Suspension am Beispiel der Stationen Kolibri und Cerelac

Obwohl an allen vier Stationen mit einer Exponentialfunktion die besten Resultate erzielt werden, unterscheiden sich die Kurven bezüglich der Steigung und dem Bestimmtheitsmaß (s. Abb. 73).

An der Station Cerelac ist die Abfluß-Suspensions-Beziehung aufgrund von Hysterese-Effekten merklich geringer, weshalb die berechneten Suspensionsfrachten als Mindestfrachten anzusprechen sind. Erwartungsgemäß wurden, aufgrund der Einzugsgebietsfläche und des weit verbreiteten Permafrosteinflusses, die geringsten Suspensionsfrachten im obersten Teileinzugsgebiet (I) (s. Abb. 56 u. 76) an der Station Eisbein gemessen. Größere Sedimentherde werden hier vorwiegend während der Schneeschmelze oder bei vereinzelt auftretenden Murgängen mobilisiert (s. dazu Kap. 4.3.4). Deutlich höhere Konzentrationen sind an den übrigen Stationen gemessen worden. Dabei werden einige Extremwerte als sogenannte Ausreißer klassifiziert (s. Abb. 73; markierte Extremwerte) und nicht in die Berechnung miteinbezogen. Zur besseren Differenzierung der Abfluß-Suspensions-Beziehung wurde an allen vier Stationen zusätzlich ein Tagesgang mit einem 3-stündigem Meßintervall erfaßt. Sie sind in Abbildung 74 dargestellt.

Es ist ein deutlicher Zusammenhang zwischen Abflußmenge und Suspensionskonzentration zu erkennen, da während der Tagesgangbeprobung keine Besonderheiten oder Anomalien auftraten (z.B. plötzlicher Anstieg der Sedimentkonzentration oder des Abflusses durch einen Wassertaschenausbruch) (s. Abb. 74). Die Komplexität eines Einzugsgebietes von über 600 km² wird am Pegel Cerelac nochmals deutlich. Die räumlich und zeitlich differenzierte Mobilisation von Sedimentherden sowie Laufabschnitte mit Zwischendeposition von Sediment führen zu beträchtlichen Schwankungen in der Sedimentfracht (s. Abb. 75). Unter Berücksichtigung dieser Problematik ist es dennoch möglich, anhand der Abfluß-Suspension-Beziehung, zumindest eine durchschnittliche Mindestmenge an Suspensionsfracht zu ermitteln. Zur Kalkulation der Suspensionsfracht während eines bestimmten Zeitraumes, müssen die Abflußmengen mit den ermittelten Konzentrationen multipliziert werden (s. Abb. 73).

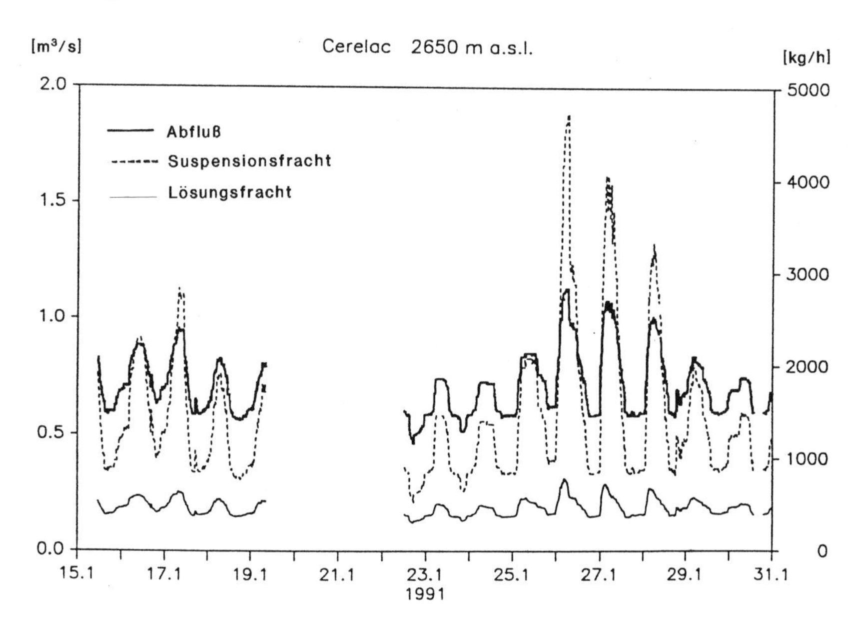

Abb. 75: Abfluß, Lösungs- und Suspensionstransportrate am Pegel Cerelac

An der Station Cerelac beträgt im Januar 1991 je nach Abflußmenge die Suspensionsfracht zwischen 0,14 und 1,3 kg/s bzw. 12,9 t/d und 58,7 t/d (s. Abb. 75). Bei

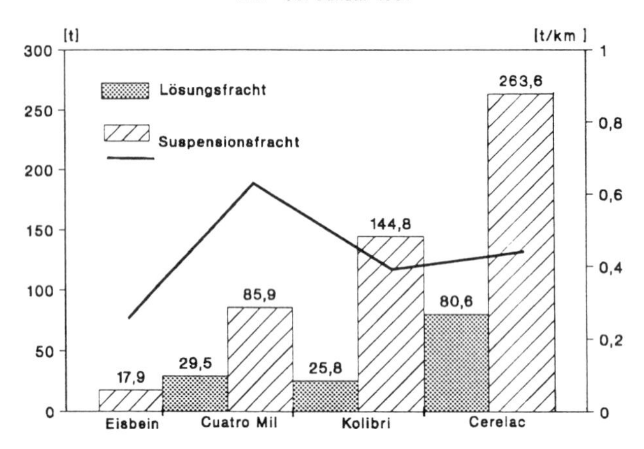

Abb. 76: Die Wochenbilanz der Lösungs- und Suspensionsfracht von den vier Stationen im Längsprofil des Agua Negra

Abflußmengen zwischen 0,5 und 1,2 m^3/s treten Schwankungen in der Suspensionsfrachtkonzentration von nahezu 200 kg/h auf. Ein merklicher Rückgang ist im oberen Einzugsgebiet festzustellen. Bei Maximalwerten von 0,35 kg/s bzw. 5,47 t/d werden im Januar 1991 Suspensionsfrachten von durchschnittlich 2,56 t/d transportiert. Eine Wochenbilanz (24. - 30. Januar) der vier Stationen zeigt die kontinuierliche Zunahme der Suspensionsfracht flußabwärts. Dies ist zunächst nicht überraschend bei der progressiv zunehmenden Fläche des erfaßten Einzugsgebietes. Allerdings nimmt der Abfluß von der höchstgelegenen Station Eisbein bis zur Station Kolibri ab, so daß von einer progressiven Zunahme der Suspensionskonzentration flußabwärts ausgegangen werden muß (vgl. Kap. 4.3.1.2). Aufgrund von Beobachtungen wird die Zunahme der Suspensionskonzentration zwischen den Stationen Cuatro Mil und Kolibri v.a. durch die erhöhte Verfügbarkeit an Feinmaterial verursacht. Zwischen den Stationen Kolibri und Cerelac erfolgt zwar eine Zunahme des Abflusses um fast das Dreifache, jedoch spiegelt sich dieser Anstieg nicht im selben Verhältnis bei der ausgetragenen Suspensionsfracht wider. Vermutlich findet in dem relativ flachen Abschnitt oberhalb des Pegels Cerelac eine Zwischendeposition statt. Bezieht man die ausgetragene Suspensionsfracht auf die Gebietsfläche, so ergibt sich ein recht ausgeglichenes Verhältnis (s. Abb. 76).

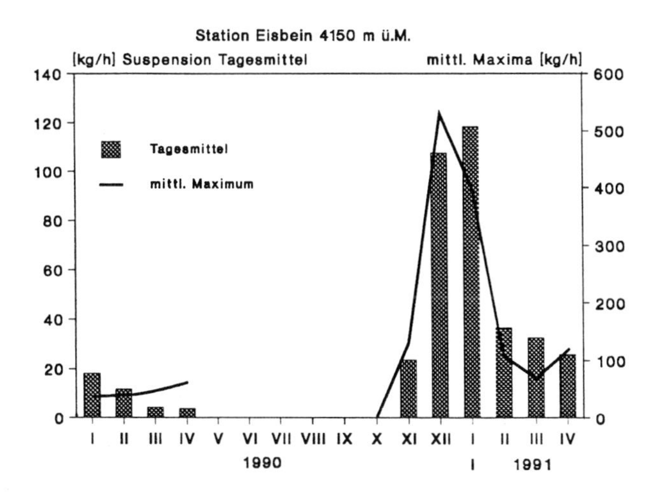

Abb. 77: Die Suspensionsfracht am Pegel Eisbein während der Ablationsperiode 1990/91; Tagesmittelwerte und mittlere Maxima der jeweiligen Monate in [kg/h]

An allen vier Stationen liegen die Werte der Suspensionsfracht über denen der Lösungsfracht (s. Abb. 76). Dieses Ergebnis steht in Übereinstimmung mit den Untersuchungen von BARSCH et al. (1992a) in Spitzbergen.

Die quasi kontinuierlichen Abflußwerte für den Pegel Eisbein sowie die Abfluß-Suspensions-Beziehung ermöglicht schließlich die Berechnung der Suspensionsfracht über eine Ablationsperiode hinweg. In Abbildung 78 sind die jeweiligen Tagesmittel von Abfluß und Suspension aufgetragen. Neben den saisonalen Schwankungen, die vor allem durch die Schneeschmelze verursacht werden, treten Tagesschwankungen der Suspensionfracht mit Amplituden bis zu 200 kg auf. Wechsel in der Sedimentkonzentration ohne merkliche Veränderungen im Abfluß wurden zwar des öfteren beobachtet, waren jedoch in den meisten Fällen nur von kurzer Dauer und konnten somit den Tagesgang nicht sonderlich beeinflussen (vgl. Kap. 4.3.4). Größere Abflußereignisse in Verbindung mit Hysteresen in der Sedimentkonzentration wurden vor allem durch Wassertaschenausbrüche verursacht. Sie führten im Einzugsgebiet zu einem schnellen und kräftigen Anstieg des Sedimentgehalts. Die exakte quantitative Erfassung dieser Ereignisse ist jedoch allein anhand der ermittelten Funktion und ohne kontinuierliche Messung des Sedimentgehaltes oder der Trübung unmöglich. Häufig geht sowohl der Anstieg als auch der Abfall der Sedimentkonzentration dem Maximum des Abflusses zeitlich voraus. GURNELL (1987) betont in diesem Zusammenhang, daß nach einem größeren Abflußereignis die Konzentration der Suspensionsfracht nahezu immer ein deutliches und schnelles Abklingen zeigt. Wenngleich die eingesetzte apparative Ausstattung eine kontinuierliche Erfassung der Sedimentkonzentration nicht zuließ, kann anhand der vorliegenden Abfluß-Suspensions-Beziehung ein Mindest- bzw. Maximalaustrag für das obere Einzugsgebiet berechnet werden.

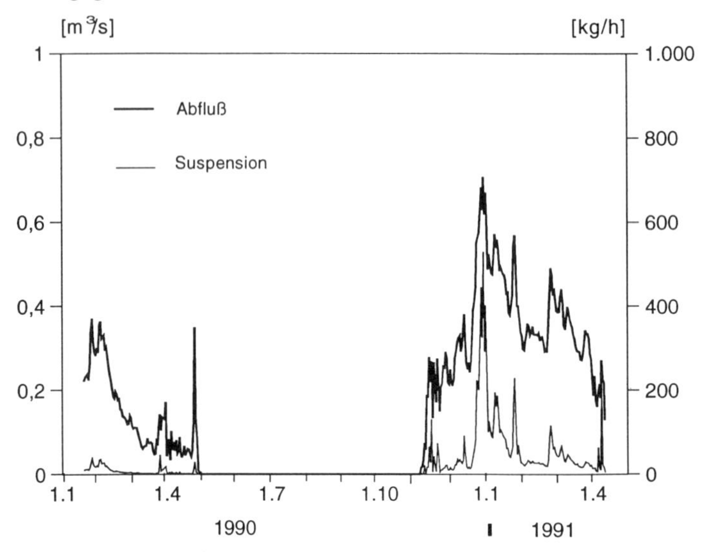

Abb. 78: Tagesmittel von Abfluß und Suspension am Pegel Eisbein (4150 m ü.M.)

In Abbildung 77 sind die Tagesmittel und mittleren Maxima-Werte der jeweiligen Monate abgetragen. Als Mindestaustrag wird dabei das Tagesmittel angesehen, da kurzfristige Spitzen (Meßintervall: 1 Stunde) in der Sedimentkonzentration nicht berücksichtigt werden und somit der Gesamtaustrag etwas höher ausgefallen sein dürfte.

Die gemittelten Maxima-Werte deuten an, welche Konzentrationen bei hohen Abflüssen erzielt werden können. Das absolute Maximum der Suspensionsfracht wird nach diesen Berechnungen am 27. Dezember mit 1,3 t/h erreicht. An dem Verlauf der Suspensionsfracht ist zu erkennen, daß der größte Teil der jährlichen Sedimentfracht in den Monaten Dezember und Januar erfolgt.
Da in Höhen von über 4000 m ü.M. Hochgebirgspermafrost auftritt und zudem die Auftauschicht erst ab Dezember eine entsprechende Mächtigkeit aufweist, ist davon auszugehen, daß bis Ende November nur wenig Sediment mobilisiert wird. Die in Abbildung 78 angegebenen Frachtmengen summieren sich zu einem Gesamtaustrag von 249 Tonnen bzw. 4,37 g/m² während der Ablationsperiode 1990/91. Dies

entspricht (bezogen auf Lockermaterial mit einem spezifischen Gewicht von $\delta = 1{,}7$ t/m^3) einem Abtrag von $2{,}57 \cdot 10^{-3}$ mm/a durch die Suspension.

4.3.3.3 Geschiebe-, Bettfracht

Ein weiterer Anteil am Feststofftransport erfolgt durch rollende und springende Steine am Gerinnebett. Die Bettfracht in einem Hochenergiesystem wird von einer Vielzahl von Faktoren wie Abflußmenge, Fließgeschwindigkeit, Turbulenz, Gerinnemorphometrie, Vegetation etc. beeinflußt. Da sowohl permanente Wechsel einzelner Parameter als auch Veränderungen des gesamten Bachbettverlaufs stattfinden, ist die Erfassung der Bettfracht sehr problematisch und mit vielen Fehlerquellen behaftet (GOMEZ 1987; ERGENZINGER & SCHMIDT 1990).

Hinzu kommen die technischen und logistischen Schwierigkeiten in Extremregionen (BARSCH et al. 1992a,1992b). Bei den Untersuchungen zur Bettfracht kamen deshalb zwei Methoden zum Einsatz, die auch im extremen Hochgebirge noch anzuwenden sind. Zum einen wurde versucht mittels Fangkörben ((Ausmaße: Breite 80 cm, Länge 50 cm, Tiefe 40 cm; Maschenweite: 1,5 cm) die Fracht aufzufangen, zum anderen sind an verschiedenen Laufabschnitten des Agua Negra im Querprofil des Bachbetts bemalte und vermessene Grölltracer mit Gewichten von 0.15 - 3.1 kg ausgelegt worden. Damit sollten Transportstrecken größerer Gerölle in Abhängigkeit von ihrer Größe, Form und ihres Gewichts bestimmt werden. Das Problem hierbei ist die teilweise geringe Wiederauffindrate (35 von 71) (vgl. GINTZ 1990; GINTZ & SCHMIDT 1991; BARSCH et al. 1992ab). Aufgrund der großen Entfernungen konnten die eingesetzten Meßkörbe nicht immer regelmäßig und ereignisbezogen entleert werden. Die angegebenen Mengen repräsentieren deshalb nur Mindestwerte. Dennoch zeigen diese ersten Messungen in den Hochanden einige interessante Trends:

1. Mit Hilfe der Sedimentkörbe, die an allen vier Stationen während des Januars 1991 installiert waren, konnte nur an den oberen Stationen Eisbein und Cuatro Mil eine Bettfracht nachgewiesen werden (vgl. Tab. 14). Der Transport an der Gerinnesohle ging an den Stationen Kolibri und Cerelac aufrund von Vegetation, nachlassender Turbulenz und abnehmenden Gefälle stark zurück.
2. An der Station Cuatro Mil werden, trotz geringerem Abfluß, stets höhere Bettfrachten gemessen als an der Station Eisbein (s. Tab. 14).
3. Bei der Fracht in den Fangkörben dominiert die Korngröße zwischen 2 und 6,3 cm.
4. An allen vier Stationen wird anhand der Gerölltracer ein Transport von Steinen (Blöcken) im Gerinnebett nachgewiesen. Durchschnittlich werden die Gerölltracer in drei Monaten 0,1-2 m weit transportiert. Die größten Distanzen werden an der Station Cuatro Mil mit 11 und 23 m erzielt.

Tab. 14: Gemessene Bettfracht mit Sedimentkörben an den Stationen Eisbein (4150 m ü.M.) und Cuatro Mil (4000 m ü.M.)

	Datum	Zeitraum in Std.	Korngröße [cm] >6,3	>2,0	>0,63	Gesamtfracht	Fracht/Std.
			Bettfracht[1] Pegel Eisbein				
	8.1. - 9.1.	20	-	3.75	4,0	7,75	0,387
	9.1. - 10.1.	30	-	11,00	6,5	17,50	0,590
	10.1. - 15.1.	114	1,10	15,90	9,0	26,00	0,228
	15.1. - 18.1.	71	0,48	0,92	0,3	1,70	0,024
Σ	8.1. - 18.1.	236	1,58	31,57	19,8	52,59	0,224
			Pegel Cuatro Mil				
	22.1. - 24.1.	45	9,27	12,7	1,9	23,9	0,53
	24.1. - 25.1.	33	4,50	22,5	22,5	49,5	1,50
	25.1. - 26.1.	21	2,75	26,5	12,0	41,3	1,96
	26.1. - 28.1.	48	6,25	33,0	12,5	51,8	1,08
Σ	22.1. - 28.1.	148	22,8	94,7	48,9	166,4	1,124

[1]Angaben in kg

An der Steinlinie unweit des Pegels Cuatro Mil wurde ein relativ großes und schweres Geröll (Nr. 22, siehe Tab. 15) 23 m weit transportiert, wogegen leichtere, kleinere Gerölle nur wenige Dezimeter vom Ausgangspunkt entfernt wiedergefunden wurden. Das überrascht zunächst, da die Geröllform ebenso wie das Gewicht einen signifikanten Einfluß auf die zurückgelegte Transportstrecke haben kann.

GINTZ & SCHMIDT (1991) und SCHMIDT & ERGENZINGER (1992) wiesen dies u.a. mit Hilfe von Eisen- und Magnettracern nach. Eine ganz entscheidende Rolle für das Ausmaß der Transportstrecke spielt auch die Auslageposition im Bachbett, da die Turbulenzen und Fließgeschwindigkeiten z.T. sehr stark variieren (vgl. Kap. 4.3.1., Abb. 58). Deshalb wurde beim Auslegen der Steine ein besonderes Augenmerk auf die Ausgangsposition gelegt. Im Falle des Steintracers Nr. 22 lag die Ausgangsposition in einem Abschnitt mit besonders hohen Fließgeschwindigkeiten (> 1 m/s). Wie eingangs dieses Kapitels schon erwähnt wurde, unterliegt der Transport von Geröllen im Bachbett, besonders in Wildbächen, einer Vielzahl unterschiedlicher Faktoren (z.B. Gewicht und Form der Steine, Fließgeschwindigkeit und Turbulenz, Gerinnemorphometrie etc.), die letztendlich wohl alle das Ausmaß des Transportes, wenn auch in unterschiedlichem Maße, beeinflussen.

Tab. 15: Ausgelegte und wiedergefundene Gerölltracer der Steinlinien an den Stationen Eisbein, Cuatro Mil und Kolibri

Steinreihe am Pegel Eisbein (4150 m ü.M.)
(ausgelegt am 24.01; Neigung 3-5%)

Nr.	*Größe [cm]* L · B · H	*Gewicht [g]*	*Transportstrecke [m]* bis 14.4.1991
5	10 · 6 · 4	400	0,5
13	8 · 6 · 2	250	0,4
19	11 · 6 · 6	725	0,2
23	13 · 9 · 7	1100	0,7
29	15 · 11 · 8	2925	0,8
11	12 · 5 · 7	425	0,5
7	7 · 6 · 6	375	0,2

Steinreihe am Pegel Cuatro Mil (4000 m ü.M.)
(ausgelegt am 22.1.1991; Neigung 4-6%)

Nr.	*Größe [cm]* L · B · H	*Gewicht [g]*	*Transportstrecke [m]* bis 14.4.1991
10	9 · 6 · 5	400	0,2
14	7 · 6 · 5	525	0,1
18	12 · 9 · 4	575	0,1
22	12 · 8 · 8	1150	23,0
24	12 · 8 · 6	1050	1,1
28	15 · 11 · 8	1650	11,0

Steinreihe I am Pegel Kolibri (3140 m ü.M.)
(ausgelegt am 1.1.1991; Neigung 2,5 %)

Nr.	*Größe [cm]* L · B · H	*Gewicht [g]*	*Transportstrecke [m]* bis 14.4.1991
3	15 · 10 · 7,5	1780	1,5
6	8 · 5 · 4	200	1,1
7	25 · 12 · 3	1680	1,2
8	13 · 5 · 3,5	410	1,5[2]
10[1]	10 · 5 · 3	260	0,4
12[1]	7 · 5 · 6	320	1,4
13[1]	8 · 7 · 9	280	0,2
15	9 · 7 · 6	820	1,1[2]
16	16 · 5 · 5	540	1,5
18[1]	12 · 9 · 3	470	0,1
22	25 · 9 · 5,5	1640	1,2
24	13 · 10 · 6	1000	0,6

[1] Steine wurden auf einer Sandbank ausgelegt
[2] bis 30.1.1991

Die Untersuchungen in den semiariden Hochanden geben daher erste Anhaltspunkte zu möglichen Transportmengen an der Gerinnesohle. Detailuntersuchungen, wie sie beispielsweise am Lainbach mit Magnettracern und gezieltem Monitoring vorgenommen wurden (vgl. SCHMIDT & ERGENZINGER 1992), waren im Rahmen dieser Arbeit nicht vorgesehen.

4.3.4 Sedimentquellen

Bei der Interpretation von ausgetragenen Sedimentmengen muß beachtet werden, daß der Sedimenttransport zum einen vom Materialangebot des Einzugsgebietes und zum anderen von der Transportkapazität des Gewässers bestimmt wird (HERRMANN 1977). Die Prozesse der Verwitterung, das heißt die Bereitstellung an Material, sowie der Sedimenttransport zum Vorfluter unterliegen dabei einer Vielzahl klimatischer, geomorphologischer, pedologischer und topographischer Einflußfaktoren. Das gemessene Sedimentkonzentrat kann deshalb als Summenparameter all dieser Einflußfaktoren angesehen werden. Im Gegensatz zu den Alpen ist der Austrag an Suspension bei relativ geringen Abflußmengen sehr groß. Eine wichtige Voraussetzung dieser hohen Transportraten ist die Verfügbarkeit an Feinmaterial. Diese wird durch die hohe Verwitterungsintensität des strahlungsreichen Tageszeitenklimas ermöglicht.

Während der Schneeschmelze wird sicher ein großer Anteil an Sediment mobilisiert. Häufig erfolgt der Transport in den Vorfluter aber auch über episodische, murgangähnliche Zuflüsse von perennierenden Schneeflecken. Dies wurde besonders nach Tagen mit hohem Strahlungsgenuß beobachtet, wenn das verstärkte Abschmelzen der perennierenden Schneeflecken einsetzte. Die episodischen Zuflüsse wiesen dabei stets eine sehr hohe Suspensionskonzentration auf (> 5 g/l). Ein Teil des in Suspension befindlichen Materials gelangt direkt in den Vorfluter; der übrige Anteil wird in flacheren Geländeabschnitten abgelagert. Dies führt zur Ausbildung von großen Schwemmfächern, deren Feinmaterial bei größeren Flutereignissen erneut mobilisiert wird (s. Abb. 48 in Kap. 3.3.4.3). Dabei kommt es im Vorfluter zu kurzfristig hohen Suspensionskonzentrationen bei relativ geringem Abfluß (z.T. unter 200 l/s). Der Eintrag an Sediment durch Gletschererosion ist dagegen vergleichsweise gering. Die Messungen an der Gletscherzunge ergaben Konzentrationen von 1-10 mg/l. Das heißt, der weitaus größte Anteil an Suspension ist im Gletschervorfeld zugeführt bzw. mobilisiert worden (vgl. Kap. 4.3.3.2).

4.3.5 Paläohydrologie des Agua Negra

Neben den aktuellen Messungen wurde versucht, anhand einer Auenkartierung und stratigraphischen Untersuchungen an Terrassen, Informationen zu vergangenen und größeren Ereignissen zu erhalten. Die in weiten Abschnitten vegetationsfreie, durchschnittlich 50 m breite Aue an den Stationen Kolibri und Cerelac deutet auf regelmäßige Überflutungen hin, die vermutlich während der Schneeschmelze nach besonders schneereichen Wintern aufgetreten sind (s. Abb. 55).

Daß bei diesen Ereignissen von Abflußmengen ausgegangen werden muß, die ein vielfaches der gegenwärtig gemessenen Werte betragen und somit auch ein enormes Potential bereitstellen, um beträchtliche Mengen an Sediment und größeren Geröllen zu transportieren, kann aus der geomorphologischen und stratigraphischen Ausprägung der einzelnen Terrassen geschlossen werden (vgl. BAKER et al. 1983; GRAF 1988). Auf den höher gelegenen Terrassenniveaus wurden beispielsweise Blöcke gefunden, deren Größen (Durchmesser: > 40 cm) auf Ereignisse einer weitaus stärkeren fluvialen Dynamik schließen lassen.

Auf verschiedenen Terrassenniveaus wurden deshalb Korngrößenanalysen durchgeführt, um einige Kriterien zur Differenzierung größerer und/oder vergangener Ereignissen zu erhalten. Dabei zeigte sich, daß die Gewichtsanteile der Korngößen > 6,3 cm mit der Entfernung zum rezenten Bachbettverlauf und von der Auen- zur Hochterrasse zunehmen (s. Abb. 79 u. 80). Es ist davon auszugehen, daß die Geschiebefracht nach schneereichen Wintern und plötzlich einsetzender Schneeschmelze erheblich zunimmt.

Die untersuchten Terrassenprofile zeigen Horizonte mit Mächtigkeiten zwischen 2 und 50 cm, welche mit Hilfe verschiedener Korngrößenspektren und organischen Einschlüssen differenziert werden. Ihre wechselnde Schichtung weist dabei auf eine häufige Gerinneverlegung hin. Über das Alter einiger organischer Proben können gegenwärtig noch keine Angaben gemacht werden.

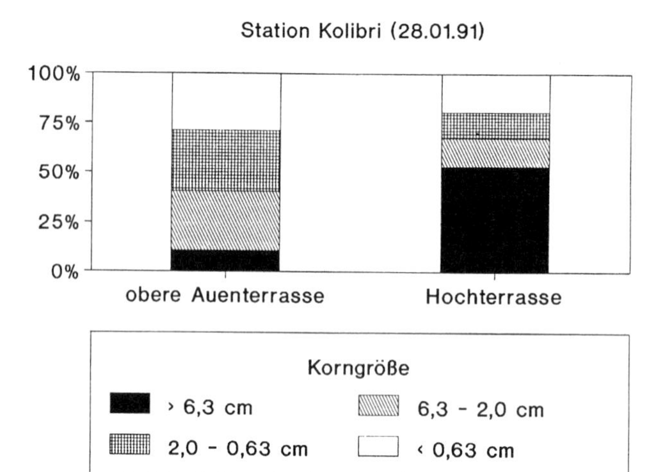

Abb. 79: Kompetenzbestimmung durch Korngrößenanalysen an einer oberen Auen- und Hochterrasse. Die Entfernungen zum rezenten Bachbett betragen 7,5 bzw. 8,3 m

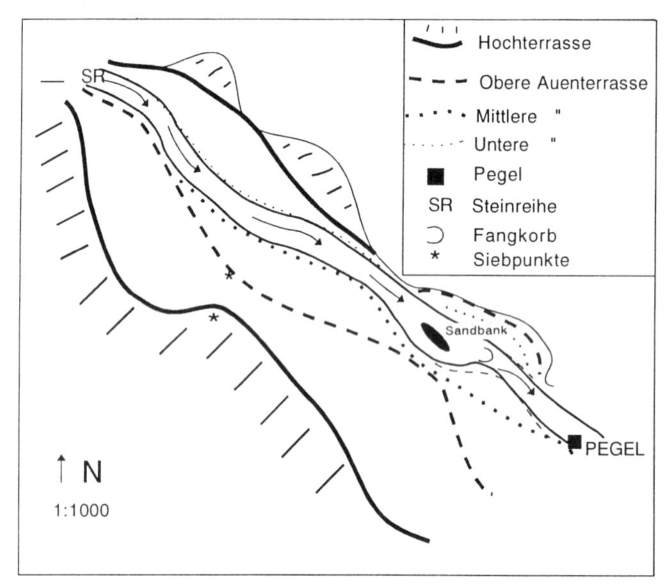

Abb. 80: Kartierung der Aue an der Station Kolibri (3150 m ü.M.)

4.4 Zusammenfassung

Mit Hilfe von vier hydrologischen Meßstationen, die in verschiedenen Laufabschnitten des Agua Negra installiert wurden, werden tägliche (Stationen I-IV) und jährliche Schwankungen (Station I) von Abfluß und Sedimenttransport untersucht. Das methodische Vorgehen und die dabei angestrebten Untersuchungsziele sind in Abbildung 81 nochmals zusammenfassend dargestellt. Die wichtigsten Resultate der hydrologischen Untersuchungen im Überblick:

- Das nival-glazial geprägte Abflußregime des Agua Negra zeigt am Pegel Eisbein (s. Abb. 74) eine typische Abfolge von Schnee-, Gletscher- und Permafrostschmelze. Im hydrologischen Jahr 1990/91 wurden die höchsten Tagesmittel im Dezember mit Q = 731 l/s registriert. Das höchste Monatsmittel fiel aufgrund der geringen winterlichen Schneedecke auf den Januar mit Q = 484 l/s. Die Abflußsumme während des Meßzeitraums (Nov. 90 - April 91) beträgt $5{,}07 \cdot 10^6$ m^3.
- Parallele Abflußmessungen an der Gletscherzunge sowie am 10,5 km entfernten Pegel Eisbein deuten auf einen beträchtlichen Schmelzwasseranteil der Permafrostregionen (ca. 30%).
- Mit Hilfe der elektrischen Leitfähigkeit kann die Herkunft der Schmelzwässer differenziert werden. An der Gletscherzunge entsprach die Leitfähigkeit einem Zehntel (20 µS/cm) der am Pegel (10,5 km flußabwärts) gemessenen Werte.
- Variationen in der Einstrahlungsintensität spiegeln sich bei einer entsprechenden Phasenverschiebung in der Regel direkt im Abfluß wider und steuern somit maßgeblich das Abflußgeschehen. Kurzfristige Kaltwettereinbrüche (1 Tag oder kürzer) haben keinen merklichen Einfluß auf das Abflußgeschehen und werden durch die hohe Globalstrahlung kompensiert.
- Während die Suspensionskonzentration flußabwärts stark ansteigt, nimmt der Abfluß, insbesondere wegen der hohen Versickerung, an einigen Abschnitten flußabwärts sogar ab.
- Im Gegensatz zu den Alpen ist der Austrag an Suspension bei relativ geringen Abflußmengen sehr groß. Eine wichtige Voraussetzung dieser hohen Transportraten ist die Verfügbarkeit an Feinmaterial. Dieses wird durch die hohe Verwitterungsintensität des strahlungsreichen Tageszeitenklimas ermöglicht.
- Bei mittleren Abflußwerten von 0,35 m^3/s und Spitzenabflüssen bis zu 1,5 m^3/s wurde ein Austrag an Suspension von 249 t für das Teileinzugsgebiet I berechnet, der einem mittleren Abtrag von 4,4 g/m^2 entspricht (s. Abb. 73).
- Im Längsprofil des Agua Negra sind während einer Woche Suspensionsfrachten zwischen 17,9 t im Oberlauf (57 km^2) und 263,6 t im Unterlauf (617 km^2) ermittelt worden. Beim fluvialen Transport dominiert eindeutig die Suspensionsfracht.

- Die Frachtanteile der Lösungsstoffe betragen nur rund 1/5 bis 1/3 der Suspensionsfracht. Im Vergleich dazu ist die Bettfracht sehr gering, jedoch deuten die vegetationsfreien Terrassenniveaus der Aue auf Überflutungsereignisse mit einem mindestens zehnfachen Abfluß.

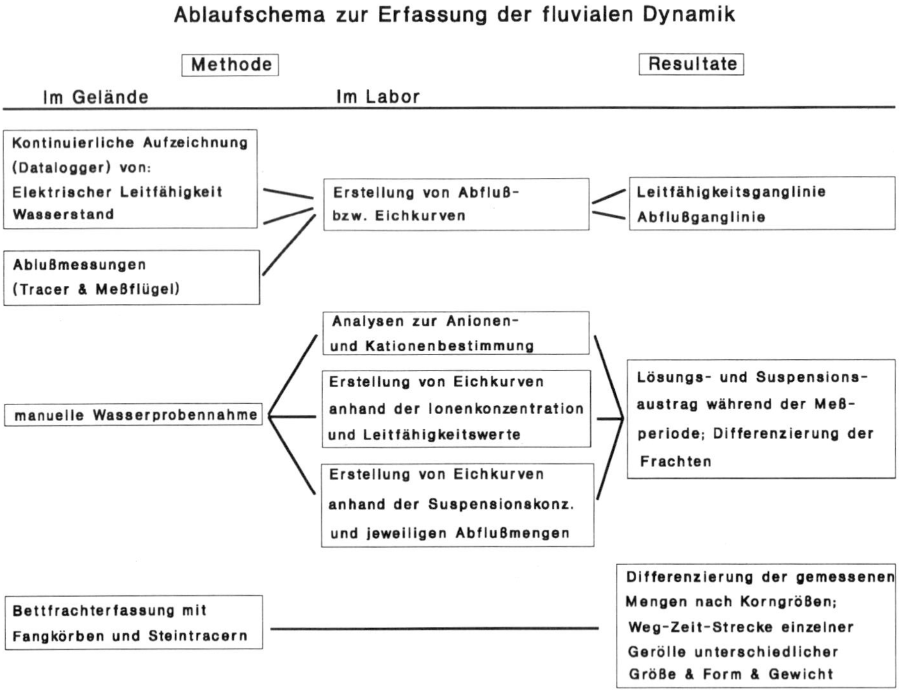

Ablaufschema zur Erfassung der fluvialen Dynamik

Methode		Resultate
Im Gelände	Im Labor	
Kontinuierliche Aufzeichnung (Datalogger) von: Elektrischer Leitfähigkeit Wasserstand	Erstellung von Abfluß- bzw. Eichkurven	Leitfähigkeitsganglinie Abflußganglinie
Abflußmessungen (Tracer & Meßflügel)		
manuelle Wasserprobennahme	Analysen zur Anionen- und Kationenbestimmung	Lösungs- und Suspensionsaustrag während der Meßperiode; Differenzierung der Frachten
	Erstellung von Eichkurven anhand der Ionenkonzentration und Leitfähigkeitswerte	
	Erstellung von Eichkurven anhand der Suspensionskonz. und jeweiligen Abflußmengen	
Bettfrachterfassung mit Fangkörben und Steintracern		Differenzierung der gemessenen Mengen nach Korngrößen; Weg-Zeit-Strecke einzelner Gerölle unterschiedlicher Größe & Form & Gewicht

Abb. 81: Ablaufschema zur Erfassung der fluvialen Dynamik (in Anlehnung an BARSCH et al. 1992a)

Daß es dabei zu deutlich höheren Geschiebefrachten kommt, beweisen die Terrassensedimente mit Geröllen von Durchmessern über 40 cm.

5. DAS NUTZUNGS- UND GEFAHRENPOTENTIAL

5.1 Das Strahlungspotential

Die Solarstrahlung ist nicht nur maßgeblich an geomorphologischen, hydrologischen und meteorologischen Prozessen beteiligt (vgl. Kap. 2, 3 und 4), sondern muß insbesondere in der subtropischen Andenregion von Cuyo auch unter dem Gesichtspunkt ihres wichtigen Nutzungspotentials betrachtet werden.
Nach den Messungen in der Provinz San Juan liegen im Jahresdurchschnitt die Werte in den Hochanden über 20 MJ/m² d, und selbst im Andenvorland von Cuyo werden nach den Angaben von ROSA et al. (1991) noch durchschnittliche Strahlungssummen zwischen 17,5 und 19,9 MJ/m² d erreicht. Dies entspricht einer jährlich eingestrahlten Energiemenge von rund 7300 MJ/m² a oder 2030 kWh/m² a. Diese Strahlungssumme liegt durchschnittlich 40 % über den Werten Mitteleuropas und selbst noch 10-15 % über denen, wie sie aus Südaustralien, Israel oder dem Südwesten der USA bekannt sind, in denen die Nutzung der Solarenergie bereits weit verbreitet ist.

Dieses Energiepotential könnte bei einer solartechnisch effizienten Ausnutzung Kosten minimieren und Energieressourcen schonen. Fallstudien an speziell konzipierten "Solarhäusern"[14] in Mendoza ergaben eine Energie-Kostenminimierung von 65 bis 85% gegenüber konventionellen Häusern und eine Energieeinsparung von umgerechnet fast 14000 KWh/Jahr und Haus. Ökonomischen Analysen zufolge wären die dafür nötigen Investitionskosten schon nach wenigen Jahren amortisiert (ROSA et al. 1991).

5.2 Permafrost als Wasserspeicher und -lieferant

In Übereinstimmung mit den Ausführungen der vorangegangenen Kapitel kann im Untersuchungsgebiet oberhalb 4000 m ü.M. gegenwärtig von einer großflächigen Permafrostverbreitung ausgegangen werden. Die Größenordnung des potentiellen Wasserreservoirs dieser begrenzten Region soll im folgenden abgeschätzt werden. Die Berechnungen stützen sich auf Flächenangaben zu den Höhenstufen, Blockgletschern und Gletschern (vgl. Kap. 3.4). Dabei muß berücksichtigt werden, daß die Angaben zur Mächtigkeit und zum Eisgehalt Schätzwerte sind und auf den in Kapitel 3.3.4.1 erwähnten Annahmen beruhen. Unter dem Aspekt einer Abschätzung derzeitiger Wasserreserven und deren Aufbrauch sollen die nachfolgenden Berechnungen dazu dienen, die ablaufenden Schmelzprozesse im Geosystem der cuyanischen Hochanden besser zu verstehen. Bei den bestehenden Fehlergrößen

[14] Austattung mit moderner Solartechnologie (optimale Wärmedämmung, Solarpaneelen zur Energiegewinnung etc.)

kann die Dichtedifferenz von Eis und Wasser (ca. 0,9:1) vernachlässigt werden (vgl. HAEBERLI 1975).

Auf der Grundlage des angenommenen Eisgehalts (60%) wird das Wasservolumen der aktiven Blockgletscher auf ca. $62 \cdot 10^6$ m^3 geschätzt (vgl. Kap. 3.3.3.1). Dem Wasservolumen der aktiven Blockgletscher steht ein nur geringfügig größeres Gletscherwasservolumen von umgerechnet $89 \cdot 10^6$ m^3 gegenüber (s. Tab. 16). Der Vergleich mit Angaben von HAEBERLI (1975, S. 153) aus den Schweizer Alpen zeigt, welche Bedeutung den Permafrostregionen der semiariden Andenregion sowohl bei der Wasserspeicherung als auch bei der Wasserabgabe beigemessen werden muß. Nehmen beispielsweise im Untersuchungsgebiet der semiariden Anden die aktiven Blockgletscher rund 70 % des Gletscherwasservolumens ein, so reduziert sich dieser Wert in einem eher gering vergletscherten Einzugsgebiet der Alpen auf rund 39 % (vgl. HAEBERLI 1975). Selbst in gering vergletscherten Gebieten der Alpen entspricht somit das Verhältnis von Gletscher- und Permafrostwasser-Volumina bei weitem nicht den Bedingungen, wie sie in den semiariden Anden anzutreffen sind.

Allein diese Überschlagsrechnung deutet an, daß unter Einbeziehung des gesamten Permafrostareals im Einzugsgebiet der Wasserspeicher des Permafrostes erheblich größer sein muß als das Wasservolumen der gegenwärtigen Gletscherflächen. Die Fläche des 57 km² großen oberen Agua Negra-Einzugsgebietes (vgl. Abb. 50 u. 55) differenziert sich in Gletscherareale (1,78 km²) und Areale mit diskontinuierlichem (46,2 km²) sowie kontinuierlichem Permafrost (9 km²). Die Mächtigkeitsangabe der Permafrostareale (s. Tab. 16) ist sicherlich einer der größten Unsicherheitsfaktoren, da hierzu noch keine Messungen vorliegen. Eine Orientierung geben jedoch die Untersuchungen von BARSCH (1971) und HAEBERLI (1975). HAEBERLI (1975) wies mit Hilfe der Refraktionsseismik in Schutthalden eine Mächtigkeit von bis zu 30 m nach. Wenn wir nun für den gesamten kontinuierlichen Permafrostbereich theoretisch eine gefrorene Schicht von 20-30 m bei einem Eisgehalt von 20 % annehmen, ergibt dies noch ein geschätztes Wasservolumen von ca. $36\text{-}54 \cdot 10^6$ m^3 (s. Tab. 16). Vergleicht man schließlich das Wasseräquivalent der durchschnittlichen Auftauschicht der aktiven Blockgletscher mit der Abflußsumme (Meßperiode: Nov. 90 - April 91) im oberen Einzugsgebiet, dann muß (selbst ohne Berücksichtigung der Verdunstung) der Schmelzwasseranteil der Permafrostareale als ein nicht unerheblicher Bestandteil des gesamten Abflußvolumens betrachtet werden. Dies konnte auch durch entsprechende Messungen bestätigt werden (vgl. Kap. 4.3.1 u. Kap. 4.3.1.5).

Der Vergleich abgeschätzter Niederschlagssummen (Jahresdurchschnitt) und Wasseräquivalente der Schneedecke zu Beginn der Schneeschmelze mit den Schmelzwasseranteilen der Permafrostareale (vgl. Kap. 4.3.1.5) soll die Bedeutung der Wasserspeicher nochmals veranschaulichen. Die Bilanzierung beruht weitgehend auf theoretischen Annahmen und soll lediglich die Größenordnung der einzelnen

Systemparameter widerspiegeln. Anhand der Literatur und bisher gemessener Niederschlagsdaten wird für das Meßjahr 1990/91 eine Niederschlagssumme von rund 200 mm (≈ $11{,}4 \cdot 10^6$ m^3) angenommen (vgl. MINETTI et al. 1986). Davon geht jedoch nur ein gewisser Teil in den Abfluß ein, da mit dem Niederschlag gleichzeitig die Verdunstung wirksam ist. Zunächst soll deshalb die z.T. abflußwirksame Schneedecke zu Beginn der Schneeschmelze abgeschätzt werden. Unter der Annahme, daß zu dieser Zeit rund 70 % des Einzugsgebietes unter einer durchschnittlich 20 cm mächtigen Schneedecke lag und die Dichte des Schnees 0,7 g/cm^3 beträgt, kann eine Wassersäule von 98 mm für das Gesamteinzugsgebiet (57 km^2) berechnet werden. Dies entspricht etwa einem Wasservolumina von $5{,}6 \cdot 10^6$ m^3. Substrahiert man von diesem Betrag den in Kapitel 4.3.1.5 angegebenen Anteil der erfaßten Schneeschmelze ($1{,}6 \cdot 10^6 m^3$ ≈ 28 mm), so verbleiben rund $4 \cdot 10^6$ m^3. Davon wird wiederum nur ein Teil abflußwirksam, da durch Rücklage, Versickerung und insbesondere Verdunstung bzw. Sublimation (hohe Strahlungsintensität) beträchtliche Mengen nicht zum Abfluß kommen.

Tab. 16: Geschätzte und berechnete* Wasservolumina im 57 km^2 großen oberen Agua Negra-Einzugsgebiet

	durchschnittliche Mächtigkeit [m]	Oberfläche [km^2]	Eisgehalt [%]	Wasservolumen [10^6 m^3]
aktive Blockgletscher	50	2,07	60	62
Auftauschicht der aktiven Blockgletscher	2,5	"	20[1]	1,03
Gletscher	50	1,78	100	89
kontinuierlicher Permafrost	20-30	9	20	36-54
diskontinuierlicher Permafrost	20-30	44[3]/11[4]	10	22-33
Abflußvolumen während der Ablationsperiode[2]	...	...	...	5,06*

1 Geschätzter Wert in Anlehnung an FURRER & FITZE (1970)

2 Nov 90 - April 1991 (einschl.)

3 abzüglich der Fläche der aktiven Blockgletscher

4 bei einer Annahme des Permafrostareals von ca. 25%

Aus diesen Abschätzungen läßt sich erkennen, daß der Schmelzwasseranteil der Permafrostareale ($1{,}04 \cdot 10^6\, m^3 \approx 18{,}3$ mm), unter Berücksichtigung aller Ungenauigkeiten, etwa 1/10 des angenommenen Jahresniederschlags betragen könnte. Gezielte Massenhaushaltsstudien an kleineren und weniger komplexen Einzugsgebieten über längere Zeiträume können hier genauere Aussagen ermöglichen (s. Kap. 5.5).

5.3 Gletscher- und Permafrostschmelze: Zukunftsperspektiven und Risikoabschätzung

Ist die Permafrostschmelze nur auf die Auftauschicht beschränkt und befindet sich diese in einem dynamischen Gleichgewicht von Auftauen und Gefrieren, kann von einem mehr oder weniger konstant bleibenden Wasserspeicher ausgegangen werden. Bedenklich oder gar gefährlich wird die Situation dann, wenn die Massenbilanz der Gletscher über mehrere Jahre hinweg negativ ist und zudem die Möglichkeit einer Verschiebung der Untergrenze des alpinen Permafrostes durch einen Anstieg der Permafrosttemperatur besteht. Die Änderung der Permafrosttemperatur wird dabei bestimmt durch die Einflüsse der Strahlungsintensität sowie Änderungen der Lufttemperatur und des Niederschlags.

HAEBERLI's Szenario geht, unter der Annahme eines generellen Temperaturanstieges um 3°C bis zur Mitte des 21. Jahrhunderts, von einem Anstieg der Permafrosttemperatur zwischen 1,5 und 4,5°C aus (HAEBERLI 1990a). Käme es tatsächlich zu einer solch starken Erwärmung, dann würden viele Permafrostareale unterhalb 3000 m ü.M. (in den Alpen) inaktiv werden und schließlich abschmelzen. Die Bohrlochtemperaturen im Permafrost am Blockgletscher Murtèl in den Schweizer Alpen lassen zwar noch keine alarmierenden Erwärmungstendenzen in der Permafrosttemperatur erkennen (vgl. HAEBERLI 1990a, S. 82), doch belegen die Flächen- und Längenverluste der schneller reagierenden Gletscher in den Alpen die gegenwärtig anhaltende Warmphase des 20. Jahrhunderts (vgl. MAISCH 1988; PATZELT & AELLEN 1990; HAEBERLI 1990a,1990b).

Auch in den cuyanischen Hochanden muß von einem gewissen Erwärmungstrend und/oder einer Niederschlagsabnahme ausgegangen werden. Einige Anzeichen hierfür geben die seit Jahren stark zurückschmelzenden Gletscher. Das beobachtete Nichtdurchfrieren der Auftauschicht könnte ein weiteres Indiz dafür sein (s. Kap. 3.3.2.5) (vgl. HAPPOLDT & SCHROTT 1992). Es ist anzunehmen, daß der globale Anstieg der Lufttemperatur und die beträchtlichen Flächenabnahmen der Gletscher seit dem letzten Hochstand um 1850 AD nicht ohne Wirkung auf die Permafrosttemperatur geblieben sind. Ob dieser Trend anhält, sich verstärkt oder plötzlich durch vermehrte Niederschläge in den Hochanden und/oder eine kurzfristige Temperaturerniedrigung gestoppt wird, kann anhand des nur lückenhaft vorhandenen Daten- und Beobachtungsmaterials noch nicht gesagt werden. Sicher ist jedoch, daß steigende Lufttemperaturen und/oder ein Rückgang der Niederschläge in den Hochkordilleren eine große Gefahr für die Andenregion von Cuyo bedeutet und erhebliche Probleme in der Wasserversorgung und im Paßverkehr nach sich ziehen würde.

Abb. 82: Die zerstörte Paßstraße auf 4400 m ü.M.

Das oben erwähnte Szenario, einer Temperaturerwärmung um ca. 3°C bis zur Mitte des 21. Jahrhunderts, könnte für die Andenregion eine Anhebung der gegenwärtigen Untergrenzen diskontinuierlichen Permafrostes um 200 bis 500 m bedeuten. Dies hätte zur Folge, daß das Eis vieler aktiven Blockgletscher und Permafrostareale abschmilzt. Der Verlust dieser Wasserspeicher und die mögliche Destabilisierung von ehemals gefrorenen Hängen werden ein ganzes Bündel von Gefahren aufwerfen. Rutschungen und Murgänge könnten die Paßstraßen unpassierbar machen, was zu erheblichen Einschränkungen beim Paßverkehr zwischen Argentinien und Chile führen würde.

Die zurückgehenden Abflußsummen hätten wohl einschneidende Konsequenzen für die gesamte Landwirtschaft und Industrie. Unter solchen Bedingungen wird das Wasser zum limitierenden Wirtschaftsfaktor erster Ordnung. Obwohl hierzu noch keine Untersuchungen vorliegen, deuten gegenwärtig stattfindende Schmelzprozesse auf diese Problematik hin. Auf 4400 m ü.M. war die Paßstraße beispielsweise durch einen der unzähligen Murgänge zerstört und unpassierbar (s. Abb. 82). Ob dieser Murgang durch schmelzenden Permafrost initiiert wurde oder ausschließlich ein Resultat einer abrupt stark einsetzenden Schneeschmelze und einer stark wasserdurchtränkten Auftauschicht darstellt, kann derzeit noch nicht beantwortet werden. Nur mit Hilfe langjähriger Beobachtungen wird es möglich sein, solche nicht direkt sichtbaren Zusammenhänge aufzudecken.

Ein weiteres Problem, das sich bereits heute abzeichnet, ist die Tendenz einer zunehmenden Grundwassernutzung bei gleichzeitigem Rückgang des Oberflächenwassers. Dies wurde schon während der Jahre 1959-1972 in Südcuyo erkannt (vgl. FREDERICK 1975). Nach einer Untersuchung von ORTIZ (1975) verringerte sich in den Jahren 1967/68-1972/73 das Grundwasseraquifer um rund $120 \cdot 10^6$ m^3/a. Mittlerweile hat sich die Situation dramatisch verschlechtert, nicht zuletzt wegen der starken Nutzung der Grundwasseraquifere bei gleichzeitig anwachsender Bewässerungsfläche und einem hohen und z.T ineffizienten Wasserverbrauch in Haushalt und Industrie von umgerechnet 600 l/Einwohner/Tag (BERTRANOU, LLOP & VAZQUES AVILA 1983).

5.4 Torrentielle Abflüsse

Besonders auffällig sind die nahezu jedes Jahr auftretenden Erosionsschäden kleineren oder größeren Ausmaßes, die durch torrentielle Abflüsse verursacht werden. Die generelle Wasserknappheit dieser semiariden bis ariden Region wird dadurch verschärft, daß die jährlichen Niederschlagssummen häufig nur auf wenige sommerliche Gewitterniederschläge konzentriert sind. Hinzu kommt, daß die intensive Solarstrahlung zu einer schnellen Austrocknung des Oberbodens führt, so daß die Infiltration weitgehend unterbunden und eine flächenhafte Abspülung wirksam wird. Kurzfristige Spitzenabflüsse und damit einhergehende stark ansteigende Sedimentkonzentrationen in den Vorflutern sind die Folge. Sie können im Extremfall schwerwiegende Schäden an Wasserkraftanlagen, Verkehrseinrichtungen, landwirtschaftlichen Nutzflächen und Siedlungen hervorrufen. Die in der Abbildung 83 zu sehenden Straßenschäden spielen hierbei eine untergeordnete Rolle.

Abb. 83: Straßenschäden, die durch sommerliche Starkregen verursacht wurden

5.5 Maßnahmen und Planungshinweise

Die Sicherung der Lebensgrundlagen in der Andenregion von Cuyo muß als vorrangiges Ziel angesehen werden. Ökologisch tragbare und ökonomisch sinnvolle Konzepte müssen deshalb entwickelt und vorangetrieben werden. Die Grundlagen hierfür können Untersuchungen liefern, die den Gefahren einer Wasserverknappung vorbeugen und eine effiziente Nutzung von Wasser (Oberflächen-, Grundwasser) und (Solar)Energie anstreben.

Zur Realisierung dieser Ziele und zum Abbau der gegenwärtigen Defizite in Cuyo sollen nur einige, besonders dringliche, Maßnahmen genannt werden:

- Ausbau des meteorologischen und hydrologischen Meßnetzes und Intensivierung von Studien, die zur Verbesserung der Klima- und Wasserhaushaltsdaten beitragen.

- Entwicklung geeigneter Klima- und Abflußmodelle zur frühzeitigen Abschätzung extremer Perioden oder Ereignissen.

- Ausbau des Gletscherinventars sowie Langzeit-Monitoring.

- Inventarisierung der Permafrostverbreitung und Einsatz von Langzeit-Meßnetzen zur frühzeitigen Erkennung von Trends und Veränderungen der Wasserspeicher.

- Reduzierung und Einsparung fossiler Brennstoffe durch konsequente Ausnutzung des Strahlungspotentials mit Hilfe von Solarenergie.

- Effizientere Wassernutzung in der Industrie - insbesondere durch den Einsatz geeigneter Bewässerungstechniken - sowie Wassereinsparungen im Haushalt (sinnvolle Garten-, Patio-[15] und Straßenbewässerung).

- Vorausschauende und umweltverträgliche Planung und Durchführung von Bauvorhaben.

Der letztgenannte Punkt gilt insbesondere für wasserbauliche Vorhaben. Die vorliegende Untersuchung zeigte beispielsweise, daß die Auffangstellen für die Bewässerungskanäle sehr genau ausgewählt werden müssen, da in den Unterläufen häufig große Wasserverluste durch Versickerung und Evaporation auftreten und dadurch Lokalitäten im Oberlauf deutlich höhere Abflußvolumina aufweisen können (vgl. Kap. 4.3.1.2). Entsprechend der Höhenlage des Einzugsgebietes (ab ca. 4000 m ü.M.) wird der Einfluß des Permafrostes deutlich größer, so daß an Paßstraßen erhebliche Stabilitätsprobleme durch Kriechbewegungen oder Hebungs- und Setzungsvorgänge - eine Folge der Gefrier- und Tauprozesse - auftreten.
Auch der deutlich geringere Anteil der Suspensionsfracht in den hochgelegenen Flußabschnitten muß im Zusammenhang mit dem dort weit verbreiteten Permafrost gesehen werden.

[15] span. Bezeichnung für (Innen-)Hof

6. ZUSAMMENFASSUNG UND AUSBLICK

In der semiariden Andenregion von Cuyo im Westen Argentiniens sind die wirtschaftlichen Möglichkeiten des Menschen eng mit der Menge und dem zeitlichen Verlauf des anfallenden Schmelzwassers verknüpft. Der Solarstrahlung als einer entscheidenden Steuerungsgröße im Energiehaushalt kommt bei den in den Hochregionen ablaufenden Schmelzprozessen eine zentrale Bedeutung zu. Die hohe Solarstrahlung und Aridität, spiegelt sich u.a. in der geringen Vergletscherung der cuyanischen Hochanden wider. Gleichzeitig muß, dies belegen zahlreiche Untersuchungen, oberhalb 4000 m Höhe mit diskontinuierlichem Permafrostvorkommen gerechnet werden (vgl. u.a. CORTE 1978,1986; GARLEFF & STINGL 1985,1991; BARSCH & KING 1989; HAPPOLDT & SCHROTT 1989). Wichtige Wasserspeicher sind deshalb neben den Gletschern die großflächig auftretenden Permafrostareale.

Die vorliegende Untersuchung soll deshalb vor allem einen Beitrag zur Klärung entscheidender Zusammenhänge zwischen Strahlungsintensität, Permafrostverbreitung und fluvialer Dynamik leisten. Im Mittelpunkt stehen dabei die zeitliche und räumliche Variation der Solarstrahlung, die ablaufenden aktuellen Prozesse in den auftauenden obersten Bodenschichten sowie die Erfassung von Abfluß und Sedimenttransport in einem semiariden subtropischen Hochgebirgsraum.
Das gewählte Untersuchungsgebiet des Agua Negra eignet sich hierzu in besonderer Weise, da es ein für die Region typisches Einzugsgebiet (kleine Gletscherflächen gegenüber großen Blockgletscherflächen) darstellt, relativ gut zu erreichen ist (Paßstraße: Chile - Argentinien) und eine ausgezeichnete Kartengrundlage zur Verfügung steht. Dies ermöglicht die Installation von Meßstationen (Pegel, Solarimeter, Luft- und Bodentemperatur-Meßstellen) in verschiedenen Höhenstufen zwischen 2650 m und 4720 m ü.M.

Die Niederschläge (Jahresniederschlag: 100-350 mm, vgl. MINETTI et al. 1986) sind oberhalb 4000 m Höhe vorwiegend auf die Wintermonate konzentriert und gehen als Schnee oder Graupel nieder. Sowohl die Dauer als auch die Mächtigkeit der Schneedecke ist im Vergleich zu den Alpen deutlich geringer. Dies führt in 4720 m ü.M. zu 314 Frostwechseln an der Bodenoberfläche (pro Jahr). Selbst in 10 cm werden noch 190 Frostwechsel registriert.

Ausgehend von einem digitalen Geländemodell wird für das obere Einzugsgebiet des Agua Negra (57 km²) mit Hilfe des Strahlungsmodells von FUNK & HOELZLE (1992) die potentielle Direktstrahlung berechnet und mit vor Ort gemessenen Daten überprüft. Reliefbedingt zeigt sich eine starke räumliche und zeitliche Variation der hohen Strahlungsintensitäten. Vergleicht man die auf der Basis des digitalen Geländemodells entwickelte Expositionskarte mit den berechneten Strahlungswerten des Einzugsgebietes, fällt auf, daß die Strahlungsgunst- bzw. Strahlungsungunstlagen nicht generell gleichzusetzen sind mit nord- bzw. südexponierten

Hängen. Starke Beschattungseffekte bewirken konsequenterweise Permafrostgunstlagen auch an nordexponierten Hängen. Hochgebirgspermafrost (z.B. in aktiven Blockgletschern) tritt deshalb im Untersuchungsgebiet auch in nördlich exponierten Lagen auf, ist jedoch immer an relativ strahlungarme Areale gebunden.
Die in 4150 m ü.M. gemessene Globalstrahlung (20,6 MJ/m² d im Jahresdurchschnitt) erreicht rund 40 % höhere Werte als in den Alpen (47° N) (vgl. OHMURA 1990; BERNATH 1991). Diese Dominanz der Globalstrahlung im Energiehaushalt macht sich vor allem in den obersten Bodenschichten bemerkbar. Aufgrund der meist fehlenden oder geringen Schneedecke besteht während 8 Monaten eine hohe Korrelation ($r \geq 0,7$) zwischen den Tagessummen der Globalstrahlung und den Tagesamplituden der Bodentemperaturen in 1 bzw. 10 cm Tiefe. Da niedrige oder gar sinkende Lufttemperaturen bei konstant hoher Globalstrahlung keineswegs auch tiefe Bodentemperaturen bewirken, kann gerade im diskontinuierlichen Permafrostbereich anhand der Strahlungsintensität das Auftreten von Hochgebirgspermafrost wesentlich besser erklärt werden.

Zur Erfassung der Permafrostverbreitung und Ermittlung von Auftaumächtigkeiten werden mehrere Prospektionsmethoden angewandt. Neben Bohrlochtemperatur-Messungen, refraktionsseismischen Sondierungen und direkten Aufschlüssen wird auch das Verbreitungsmuster der aktiven Blockgletscher kartiert. Im Bereich des diskontinuierlichen Permafrostes werden durch diese Untersuchungen Auftaumächtigkeiten zwischen 1,4 und 5 m ermittelt. Die mittleren Geschwindigkeiten der gefrorenen Schichten variieren zwischen 1970 und 3450 m/s.
Überraschend ist die Tatsache, daß die mit Temperaturfühlern (PT-100) bestückte Auftauschicht eines aktiven Blockgletschers in 4720 m Höhe auch während des Winters nicht komplett bis zur Permafrosttafel in 2,5 m Tiefe durchfriert.
Mit dem Auftreten der aktiven Blockgletscher ab 4000 m ü.M. kann die Untergrenze des diskontinuierlichen Hochgebirgspermafrostes recht genau festgelegt werden. Unterhalb 4000 m ü.M. tritt Permafrost nur noch sporadisch an geomorphologisch begünstigten, d.h. strahlungsarmen Arealen auf. Mit kontinuierlichem Permafrost muß oberhalb 5200 m gerechnet werden. Danach liegen rund 16 % des oberen Agua Negra-Einzugsgebietes im Bereich kontinuierlichen Permafrostes. In dieser Höhe ist die Auftaumächtigkeit auf wenige Zentimeter reduziert.

Das Abflußregime des Agua Negra ist nival-glazial geprägt und zeigt eine typische Abfolge von Schnee-, Gletscher- und Permafrostschmelze. Der mittlere Abfluß beträgt im hydrologischen Jahr 1990/91 324 l/s, wobei in schneereichen Jahren sicherlich weitaus höhere Werte erreicht werden. Tägliche Variationen in der Einstrahlungsintensität spiegeln sich mit einer entsprechenden Phasenverschiebung in der Regel direkt im Abfluß wider. Auffällig ist der Verlust an Wasser flußabwärts trotz zunehmender Einzugsgebietsgröße. Dies ist dadurch zu erklären, daß ein hoher Anteil des Schmelzwassers in den großflächigen Sanderarealen versickert und ein vergleichsweise geringer Anteil noch durch Evaporation "verlorengeht".

Im Längsprofil des Agua Negra sind während einer Woche im Januar 1991 regelmäßig Suspensionskonzentrationen gemessen worden. Dabei wurden Suspensionsfrachten zwischen 17,9 t (Oberlauf) und 263,6 t (Unterlauf) ermittelt. Bezogen auf die Einzugsgebietsfläche entspricht dies einem nahezu ausgeglichenen Austrag von 0,314 t/km² (Oberlauf) bzw. 0,424 t/km² (Unterlauf). Für das obere Einzugsgebiet (57 km²) wird mit einer Suspension-Abfluß-Beziehung der Gesamtaustrag für die Ablationsperiode 1990/91 berechnet. Das an Suspension ausgetragene Material summiert sich auf insgesamt 249 t bzw. 4,4 g/m². Eine wichtige Voraussetzung für diese - im Vergleich zu Gebirgsflüssen in den Alpen - großen Transportmengen wird in der Verfügbarkeit des Lockermaterials gesehen, die wiederum durch die hohe Verwitterungsintensität des strahlungsreichen Tageszeitenklimas ermöglicht wird. Abschätzungen zur Wandrückverwitterung, die mit Hilfe des Schuttvolumens zweier Blockgletscher vorgenommen wurden, unterstreichen diese Dynamik.

Die über die Ionenkonzentration ermittelte Lösungsfracht beträgt gegenüber der Suspensionsfracht nur rund 1/5 bis 1/3. Die Bettfracht, deren Nachweis mit Hilfe von Sedimentkörben erfolgte, ist bei gegenwärtigen Spitzenabflüssen von 1,5 m^3/s sehr gering. Jedoch deuten die vegetationsfreien Terrassenniveaus der Auen sowie Geröllgrößen von mehr als 40 cm auf jüngere Überflutungsereignisse einer weitaus größeren Dimension.

Das auffällig trockene Meßjahr 1990/91 führt dazu, daß bereits Ende November das Einzugsgebiet völlig schneefrei ist und eine verstärkte Permafrostschmelze einsetzen kann. Parallel durchgeführte Messungen an der Gletscherzunge und am Talausgang bestätigen den erheblichen Anteil des Permafrostschmelzwassers am Abfluß. Den genannten Abflußmessungen und Blockgletscher-Quellabflüssen zufolge muß nach der Schneeschmelze mit einem Anteil des Permafrostschmelzwassers von ca. 30 % gerechnet werden. Kalkulationen zum Wasservolumen der aktiven Blockgletscher unterstreichen die Bedeutung dieser Wasserspeicher. Unter Verwendung eines geschätzten Eisgehalts von 60% sowie einer durchschnittlichen Mächtigkeit von 50 m berechnet sich anhand der großen Flächenareale der aktiven Blockgletscher ein Wasservolumen von $62 \cdot 10^6$ m^3. Dies entspricht, selbst ohne Einbeziehung der übrigen Permafrostareale, rund 70% des geschätzten Gletscherwasservolumens. Ein Ergebnis, das als realistisch angesehen werden kann, da allein die Fläche der aktiven Blockgletscher größer ist als die gesamte Gletscherfläche.
Ist die Permafrostschmelze nur auf die Auftauschicht beschränkt und befindet sich diese in einem dynamischen Gleichgewicht von Auftauen und Gefrieren, kann von einem mehr oder weniger konstant bleibenden Wasserspeicher ausgegangen werden. Bedenklich oder gar gefährlich wird die Situation dann, wenn die Massenbilanz der Gletscher über mehrere Jahre hinweg negativ ist und zudem die Möglichkeit einer Verschiebung der Untergrenze des alpinen Permafrostes durch einen Anstieg der Permafrosttemperatur besteht. Die Änderung der Permafrosttemperatur wird dabei bestimmt durch die Einflüsse der Strahlungsintensität sowie Änderungen der Lufttemperatur und des Niederschlags.

Auch in den cuyanischen Hochanden muß von einem gewissen Erwärmungstrend und/oder einer Niederschlagsabnahme ausgegangen werden. Einige Anzeichen hierfür geben die seit Jahren stark zurückschmelzenden Gletscher. Das beobachtete Nichtdurchfrieren der Auftauschicht könnte ein weiteres Indiz dafür sein (vgl. HAPPOLDT & SCHROTT 1992). Es ist anzunehmen, daß der globale Anstieg der Lufttemperatur und die beträchtlichen Flächenabnahmen der Gletscher seit dem letzten Hochstand um 1850 AD nicht ohne Wirkung auf die Permafrosttemperatur geblieben sind. Ob dieser Trend anhält, sich verstärkt oder plötzlich durch vermehrte Niederschläge in den Hochanden und/oder eine kurzfristige Temperaturerniedrigung gestoppt wird, kann anhand des nur lückenhaft vorhandenen Daten- und Beobachtungsmaterials noch nicht gesagt werden. Sicher ist jedoch, daß steigende Lufttemperaturen und/oder ein Rückgang der Niederschläge in den Hochkordilleren eine große Gefahr für die Andenregion von Cuyo bedeutet und erhebliche Probleme in der Wasserversorgung und im Paßverkehr nach sich ziehen würde.

Ein Szenario mit einer Temperaturerwärmung um ca. 3°C bis zur Mitte des 21. Jahrhunderts würde für die Andenregion eine Anhebung der gegenwärtigen Untergrenzen diskontinuierlichen Permafrostes um 200 bis 500 m bedeuten. Dies hätte zur Folge, daß das Eis vieler Schneeflecke, Blockgletscher und Permafrostareale abschmilzt. Der Verlust dieser Wasserspeicher und die mögliche Destabilisierung von ehemals gefrorenen Hängen werden ein ganzes Bündel von Gefahren aufwerfen. Rutschungen und Murgänge könnten die Paßstraßen unpassierbar machen, was zu erheblichen Einschränkungen beim Paßverkehr zwischen Argentinien und Chile führen würde. Die zurückgehenden Abflußsummen hätten wohl einschneidende Konsequenzen für die gesamte Landwirtschaft und Industrie. Unter solchen Bedingungen wird das Wasser zum limitierenden Wirtschaftsfaktor erster Ordnung. Obwohl hierzu noch keine Untersuchungen vorliegen, deuten gegenwärtig stattfindende Schmelzprozesse auf diese Problematik hin. Auf 4400 m ü.M. war die Paßstraße beispielsweise durch einen der unzähligen Murgänge zerstört und unpassierbar. Ob dieser Murgang durch schmelzenden Permafrost initiiert wurde oder ausschließlich ein Resultat einer abrupt stark einsetzenden Schneeschmelze und einer stark wasserdurchtränkten Auftauschicht darstellt, kann derzeit noch nicht beantwortet werden. Nur mit Hilfe langjähriger Beobachtungen wird es möglich sein, solche nicht direkt sichtbaren Zusammenhänge aufzudecken.

Es bleibt abzuwarten, ob sich durch den gegenwärtigen Erwärmungstrend das zu beobachtende Zurückschmelzen der Gletscher in den cuyanischen Hochanden noch verstärkt und gegebenenfalls eine Verschiebung der Untergrenze von Hochgebirgspermafrost nach sich zieht. Es ist auch noch ungewiß, ob das im Beobachtungsjahr nicht stattgefundene Durchfrieren in der Auftauschicht eines aktiven Blockgletschers bereits auf ein allgemeines Anwachsen der Auftaumächtigkeiten hindeutet. Auf der Grundlage des angenommen Anteils des Permafrostschmelzwassers am Abfluß, müßte längerfristig mit einem spürbaren Abflußrückgang gerechnet werden. Gegenwärtig steht zweifelsfrei fest, daß die Region Cuyo über ein großes Strahlungspotential und (noch) über ein beachtliches Wasserpotential verfügt, dessen effiziente Nutzung angestrebt werden sollte.

Ein Langzeit-Beobachtungsnetz wäre dringend erforderlich, um frühzeitig Trends (Erwärmungs- und Abkühlungsphasen, Niederschlagszunahme bzw. -abnahme) und Veränderungen der Wasserspeicher zu erkennen. Für die in der Region Cuyo lebende Bevölkerung würde dies nicht nur von wirtschaftlichem Vorteil sein, sondern auch eine ökologisch tragbare Ressourcennutzung gewährleisten.

7. LITERATUR- UND QUELLENVERZEICHNIS

ABELE, G. (1981): Zonificación altitudinal morfológica e hídrica de la vertiente andina occidental en la región limítrofe chileno-peruana. - Revista de Geografía Norte Grande 8: 3-25.

ABELE, G. (1982): Geomorphologische und hygrische Höhenzonierung des Andenwestabfalls im peruanisch-chilenischen Grenzgebiet. - Erdkunde 36: 266-278.

ABELE, G. (1985): Oberflächenformen in der chilenischen und peruanischen Wüste unter dem Einfluß von Salzgehalt und Niederschlag. - Zentralblatt für Geologie und Paläontologie, Teil 1, 1984, 11/12: 1497-1509.

ABELE, G. (1989): The Interdependence of Elevation, Relief, and Climate on the Western Slope of the central Andes. - Zentralblatt für Geologie und Paläontologie, Teil 1, 1989, 5/6: 1127-1139.

ACEITUNO, P. (1988): On the functioning of the southern oscillation in the South American sector. Part I: surface climate. - Monthly Weather Review 116: 505-524.

AGUA Y ENERGIA ELECTRICA (1981): Estadística hidrológica hasta 1980. Tomo 1: Pluviometría. Ministerio de Obras y Servicios Públicos de la Nación. Buenos Aires.

AGUADO, C. (1983): Comparación del inventario de glaciares de la cuenca del Río de los Patos con otros inventarios de los Andes Centrales de Argentina con énfasis en glaciares de escombros. - Acta Primera Reunión Grupo Periglacial Argentino, Instituto Argentino de Nivología y Glaciología, Mendoza: 3-11.

ALBRECHT, F. (1965): Untersuchungen des Wärme- und Wasserhaushalts der südlichen Kontinente. - Berichte des Deutschen Wetterdienstes 14.

ALISSOW, B.P., DROSDOW. O.A., & RUBINSTEIN, E.S. (1956): Lehrbuch der Klimatologie. Berlin.

ANDERSON, D.M. & MORGENSTERN, N.R. (1973): Physics, chemistry and mechanics of frozen ground: a review. - Second International Conference on Permafrost, North American Distribution. National Academy of Sciences, Washington, D.C.: 71-101.

APARICIO, E.P. (1984): Geología de San Juan, Universidad Nacional de San Juan. Rep. Argentina.

ASCHWANDEN, H., WEINGARTNER, R. & LEIBUNDGUT, C. (1986): Zur regionalen Übertragung von Mittelwerten des Abflusses. Teil I: Raumtypisierung der Abflußregime der Schweiz. Teil II: Quantitative Abschätzung der mittleren Abflußverhältnisse. - Deutsche Gewässerkundliche Mitteilungen 30: 52-61, 93-99.

BAILEY, W.G, WEICK, E.J. & BOWERS, J.D. (1989): The radiation balance of Alpine Tundra, Plateau Mountain, Alberta, Canada. - Arctic and Alpine Research 21: 126-134.

BAKER, V.R. (1989): Magnitude and frequency of paleofloods. - BEVEN, K. & CARLING, P. (Hrsg.): Floods: Hydrological, sedimentological and geomorphological implications: 171-183.
BAKER, V.R., KOCHEL, C.R., PATTON, P.C. & PICKUP, G. (1983): Paleohydrologic analysis of Holocene flood slack-water sediments. - COLLINSON, D.J. & LEWIN, J. (Hrsg.): Modern and ancient fluvial systems. International association of Sedimentologists, Special publication 6: 229-239.
BARRY, R.G. (1981): Mountain weather and climate. London.
BARSCH, D. (1969): Studien und Messungen an Blockgletschern in Macun, Unterengadin. - KAISER, K. (Hrsg.): Glazialmorphologie. - Zeitschrift für Geomorphologie N.F., Supplementband 8: 11-30.
BARSCH, D. (1971): Rock glaciers and ice-cored moraines. - Geografiska Annaler 53a: 203-206.
BARSCH, D. (1973): Refraktionsseismische Bestimmung der Obergrenze des gefrorenen Schuttkörpers in verschiedenen Blockgletschern Graubündens, Schweizer Alpen. - Zeitschrift für Gletscherkunde und Glazialgeologie 9: 143-167.
BARSCH, D. (1977a): Eine Abschätzung von Schuttproduktion und Schuttransport im Bereich aktiver Blockgletscher der Schweizer Alpen. - Zeitschrift für Geomorphologie N.F., Supplementband 28: 148-160.
BARSCH, D. (1977b): Nature and importance of mass-wasting by rock glaciers in alpine permafrost environments. - Earth Surface Processes 2: 231-245.
BARSCH, D. (1977c): Alpiner Permafrost - ein Beitrag zur Verbreitung, zum Charakter und zur Ökologie am Beispiel der Schweizer Alpen. - POSER, H. (Hrsg.): Formen, Formengesellschaften und Untergrenzen in den heutigen periglazialen Höhenstufen der Hochgebirge Europas und Afrikas zwischen Arktis und Äquator. - Abhandlungen der Akademie der Wissenschaften in Göttingen, Math.-Phys. Kl. 3, 31: 118-141.
BARSCH, D. (1978): Active rock glaciers as indicators for discontinuous alpine permafrost - an example from the Swiss Alps. - Third International Conference on Permafrost, Proceedings 1: 348-353.
BARSCH, D. (1979): Shallow core drilling and bore-hole measurements in permafrost of an active rock glacier near the Grubengletscher, Wallis, Swiss Alps. - Arctic and Alpine Research 11: 215-228.
BARSCH, D. (1983): Blockgletscher-Studien: Zusammenfassung und offene Probleme. - Abhandlungen der Akademie der Wissenschaften in Göttingen, Math-Phys. Kl. 3, 35: 132-150.
BARSCH, D. (1986): Probleme der Abgrenzung der periglazialen Höhenstufen in semiariden Hochgebirgen am Beispiel der mendozinischen Anden (Argentinien). - Geoökodynamik 7: 215-228.
BARSCH, D. & HAPPOLDT, H. (1985): Blockgletscherbildung und holozäne Höhenstufengliederung in den mendozinischen Anden, Argentinien. - Zentralblatt für Geologie und Paläontologie, Teil 1, 1984, 11/12: 1625-1632.

BARSCH, D., GUDE, M., MÄUSBACHER, R., SCHUKRAFT, G. & SCHULTE, A.(1992a): Untersuchungen zur aktuellen fluvialen Dynamik im Bereich des Liefdefjorden in NW-Spitzbergen. - Stuttgarter Geographische Studien 117: 217-252.

BARSCH, D., HAPPOLDT, H., MÄUSBACHER, R., SCHROTT, L. & SCHUKRAFT, G. (1992b): Fluvial sediment transport in a semiarid mountain system, Agua Negra, Argentina - abstract. - Pre-Symposium Publication / Meeting and Workshop on Dynamics and Geomorphology of Mountain Rivers, Benediktbeuern.

BARSCH, D. HAPPOLDT, H., MÄUSBACHER, R., SCHROTT, L. & SCHUKRAFT, G. (im Druck): Discharge and fluvial sediment transport in a semiarid catchment, Agua Negra, San Juan, Argentina. - Lecture Notes in Earth Sciences (Springer), Heidelberg.

BARSCH, D. & HELL, G. (1975): Photogrammetrische Bewegungsmessungen am Blockgletscher Murtèl I, Oberengadin, Schweizer Alpen. - Zeitschrift für Gletscherkunde und Glazialgeologie 11: 11-142.

BARSCH, D. & KING L. (1989): Origin and geoelectrical resistivity of rockglaciers in semi-arid subtropical mountains (Andes of Mendoza, Argentina). - Zeitschrift für Geomorphologie N.F. 33: 151-163.

BARSCH, D. & ZICK, W. (1988): Das Verhalten der Blockgletscher als Permafrostkörper in der subnivalen Höhenstufe der Gebirge - 20 Jahre Blockgletschervermessung in Macun/Engadin. - BECKER, H. & HÜTTEROTH, W.-D. (Hrsg.): Tagungsberichte und wissenschaftliche Abhandlungen, 46. Deutscher Geographentag: 404-408. Wiesbaden.

BAUMGARTNER, A., REICHEL, E. & WEBER, G. (1983): Der Wasserhaushalt der Alpen. München.

BECKINSALE, R.P. (1973): River regimes. - CHORLEY, R.J. (Hrsg.): Introduction to physical hydrology: 176-192. Bungay.

BENTZ, A. (1961): Lehrbuch der angewandten Geologie, Bd. 1. Stuttgart.

BERNATH, A. (1991): Zum Wasserhaushalt im Einzugsgebiet der Rhone bis Gletsch. - Züricher Geographische Schriften 43.

BERTRANOU, A.L. (1975): The distribution of water in the acricultural sector of Mendoza, Argentina. Unpublished Ph.D. dissertation, University of California, Davies.

BERTRANOU, A.L., LLOP, A.L. & VAZQUES AVILA, A.J. (1983): Wateruse and reuse management in arid zones - the case of Mendoza, Argentina. - Water International 8: 2-12.

BISON INSTRUMENTS (1976): Handbook of engineering geophysics, Minneapolis, Minnesota, USA.

BLUMSTENGEL, W. & HARRIS, S.A. (1988): Observations on an active lobate rock glacier. Slims River Valley, St. Elias Range, Canada. - Fifth International Conference on Permafrost, Trondheim, Proceedings 1: 689-694.

BOWERS, J.D. & BAILEY, W.G. (1989): Summer energy balance regimes for Alpine Tundra, Plateau Mountain, Alberta, Canada. - Arctic and Alpine Research 21: 135-143.

BRACKEBUSCH, L. (1892): Die Kordillerenpässe zwischen der argentinischen Republik und Chile vom 22° bis 35° S. - Zeitschrift der Gesellschaft für Erdkunde zu Berlin 27: 249-348.
BRACKEBUSCH, L. (1893): Die Penitentesfelder der argentinischen Kordilleren. Globus 63.
BUK, E.M. (1984): Glaciares de escombros y su significación hidrológica. - Acta Primera Reunión Grupo Periglacial Argentino, Instituto Argentino de Nivología y Glaciología: 22-38.
CABRERA, G.A. (1984): Balances de masa de los glaciares del Cajón del Rubio, 1982/1984. - Programa Hidrológico International, Jornadas de Hidrología de Nieves y Hielos en América del Sur. Santiago de Chile.
CAPITANELLI, R.G. (1970): Geomorfología y clima de la provincia de Mendoza. - Boletín de la Sociedad Argentina de Botánica, Suplemento 13: 15-38.
CARLETTO, M.C., MINETTI, J.L. & BARBIERI, P.M. (1986): Distribuciones probabilísticas en los escurrimientos superficiales de los ríos andinos. XIV Reunión Científica de la Asociación Argentina de Geofísicos y Geodestas (AAGG). Mendoza (unveröffentlicht).
CEPPI, H. (Ed.) (1981): Atlas físico de la Republica Argentina, Vol.III. Atlas total de la República Argentina, Centro Editor América Latina. Buenos Aires.
CHENG, G. (1983): Vertical and horizontal zonation of high-altitude permafrost. - Fourth International Conference on Permafrost, Proceedings: 136-141.
CHORLEY, R.J. (1973)(Hrsg.): Introduction to physical hydrology. Bungay.
CLAPPERTON, C.M. (1983): The glaciation of the Andes. - Quaternary Science Review 2: 83-135.
CLARK, S.P. (1966): Thermal conductivity. Handbook of physical constants. Geological Society of America. Memoir 91: 461-482.
CLARK, M.J. (1988): Advances in periglacial geomorphology. Chinchester.
COLQUI, B.S. (1965): Repertorio actualizado sobre información recogida en glaciares argentinos. - Acta Geológica Lilloana 7: 63-78.
COLQUI, B.S. (1968): Aspectos glaciológicos de la Quebrada del Agua Negra. - Jornadas Geológicas, Argentinas, Actas 3: 79-84.
CORTE, A.E. (1962a): The frost behavior of soils. I: Vertical sorting. - Highway research board. Bulletin 317: 9-34.
CORTE, A.E. (1962b): The frost behavior of soils. II: Horizontal sorting. - Highway research board. Bulletin 331: 46-66.
CORTE, A.E. (1963a): Particle sorting by repeated freezing and thawing. - Science, 142: 3591.
CORTE, A.E. (1963b): Experiments on sorting processes and the Origin of patterned ground. - First International Conference on Permafrost, 1963, Lafayette: 130-135.
CORTE, A.E. (1969): Geocryology and engineering. - Geological Society of America. Reviews in Engineering Geology II: 119-185.
CORTE, A.E. (1976a): The hydrological significance of rock glaciers. - Journal of Glaciology 17: 157-158.
CORTE, A.E. (1976b): Rock glaciers. - Biuletyn peryglacjalny 26: 157-197.

CORTE, A.E. (1976c): Cateos de nieve y profundidad de congelamiento en cuevas, Cordillera de Mendoza a 3200 m. - Memoria anual III, IANIGLA (CONICET), Mendoza: 25-42.
CORTE, A.E. (1978): Rock glaciers as permafrost bodies with a debris cover as an active layer. - Third International Conference on Permafrost, NRC, Ottawa: 262-269.
CORTE, A.E. (1986): Delimitation of geocryogenic (periglacial) regions and associated geomorphic belts at 33° s.lat, Andes of Mendoza, Argentina. - Biuletyn periglacjalny, 31/86: 31-34.
CORTE, A.E. (1987): Central Andes rock glaciers: applied aspects. - GIARDINO, J.R., SHROEDER J.F. Jr. & VITEK, J.D. (Hrsg.): Rock glaciers: 289-304. Boston.
CORTE, A.E. & BUK, E.M. (1984): El marco criogénico para la hidrología cordillerana. Programa Hidrológico International, Jornadas de Hidrología de Nieves y Hielos en América del Sur. Santiago de Chile.
CORTE, A.E. & ESPIZUA, L. (1981): Inventario de glaciares de la cuenca del Río Mendoza. IANIGLA (CONICET), Mendoza.
COMPAGNUCCI, R.H. & VARGAS, W.M. (1983): Análisis espectral de las series de precipitación estival. - Meteorológica 14: 213-224.
DARWIN, C. (1899): Geologische Beobachtungen über Südamerika. Stuttgart.
DIRMHIRN, I. (1948): Tagesschwankungen der Bodentemperatur, Sonnenscheindauer und Bewölkung. Meteorologische Rundschau 1: 216-219.
DIRMHIRN, I. (1964): Das Strahlungsfeld im Lebensraum. Frankfurt/Main.
DYCK, S. & PESCHKE, G. (1989): Grundlagen der Hydrologie. Berlin.
DZHURIK, V. & LESCHIKOV, F.N. (1978): Experimental investigations of seismic properties of frozen soils. - Permafrost - USSR Contribution to the Second International Conference, Yakutsk, July 13-28, 1973. National Academy of sciences, Washington, D.C.: 485-488.
ENDLICHER, W. (1991): Klima, Wasserhaushalt, Vegetation. Grundlagen der Physischen Geographie II. Darmstadt.
EREÑO, C.E. & HOFFMANN, J.A.J. (1976): El régimen pluvial de la Cordillera Central. Departamento de Geografía. Buenos Aires.
ERGENZINGER, P. & SCHMIDT, K.-H. (1990): Stochastic elements of bedload transport in a steep pool mountain river. - IAHS-Publication 184, Hydrology of mountain Regions II: 39-46.
ESPIZUA, L.E. & AGUADO, C. (1984): Inventario de glaciares y morenas entre los 29° y 35° de lat. Sur - Argentina. - Programa Hidrológico Internacional, Jornadas de Hidrología de Nieves y Hielos en América del Sur. Santiago de Chile.
FENN, C.R. (1987): Electrical conductivity. - GURNELL, A.M. & CLARK, M.J. (Hrsg.): Glacio-fluvial sediment transfer: 377-414.
FORTAK, H. (1982): Meteorologie. Berlin.
FRANCOU, B. (1988): Eboulis stratifiés dans les Hautes Andes Centrales du Pérou. - Zeitschrift für Geomorphologie, N.F. 32: 47-76.

FRANCOU, B. (1990): Stratification mechanisms in slope deposits in high sub-equatorial mountains. - Permafrost and Periglacial Processes 1: 249-264.
FREDERICK, K.D. (1975): Water management and agricultural development: A case study of the Cuyo region of Argentina. Resources for the Future. Baltimore.
FRENCH, H.M. (1970): Soil temperatures in the active layer, Beafort Plain. - Arctic 23: 229-239.
FRENCH, H.M. (1976): The periglacial environment. London.
FUNK, M. (1985): Räumliche Verteilung der Massenbilanz auf dem Rhonegletscher und ihre Beziehung zu Klimaelementen. - Züricher Geographische Arbeiten 24.
FUNK, M. & HOELZLE, M. (1992): A model of potential direct solar radiation for investigating occurrences of mountain permafrost. - Permafrost and Periglacial Processes 3:139-143.
FURRER, G. & FITZE, P. (1970): Beitrag zum Permafrostproblem in den Alpen. - Naturforschende Gesellschaft in Zürich. Vierteljahresschrift 115: 353-368.
FURQUE, G. (1983): Descripción geológica de la hoja 19c, Ciénaga de Gualilán, Prov. de San Juan. - Servicio Geológico Nacional. Buenos Aires.
GARLEFF, K. (1975): Formungsregionen in Cuyo und Patagonien. - Zeitschrift für Geomorphologie, Supplementband 23: 137-145.
GARLEFF, K. (1977): Höhenstufen der argentinischen Anden in Cuyo, Patagonien und Feuerland. - Göttinger Geographische Abhandlungen 68.
GARLEFF, K. (1978): Formenschatz, Vegetation und Klima der Periglazialstufe in den argentinischen Anden südlich 30° s.Br. - Erdwissenschaftliche Forschung 11: 344-364.
GARLEFF, K. & STINGL, H. (1974): Flächenhafte Formung in Südamerika. - Abhandlungen der Akademie der Wissenschaften in Göttingen, Math.-Phys. Klasse, 3. Folge 29: 161-173.
GARLEFF, K. & STINGL, H. (1982): Jungquartäre Gletscher- und Klimaschwankungen in den argentinischen Anden. - Physische Geographie 5. Zürich.
GARLEFF, K. & STINGL, H. (1983): Hangformen und Hangformung in der periglazialen Höhenstufe der argentinischen Anden zwischen 27° und 55° südlicher Breite. - Abhandlungen der Akademie der Wissenschaften in Göttingen, Math.-Phys. Kl. 3, 35: 425-434.
GARLEFF, K. & STINGL, H. (1984): Neue Befunde zur jungquartären Vergletscherung in Cuyo und Patagonien. - Berliner Geographische Abhandlungen 36: 105-112.
GARLEFF, K. & STINGL, H: (Hrsg.)(1985a): Geomorphologie und Paläoökologie des jüngeren Quartär. - 1. Bamberger Südamerika-Symposium, Stuttgart.
GARLEFF, K. & STINGL, H. (1985b): Höhenstufen und ihre raumzeitlichen Veränderungen in den argentinischen Anden. - Zentralblatt für Geologie und Paläontologie. Teil 1, 1984, 11/12: 1701-1707.
GARLEFF, K. & STINGL, H. (1985c): Jungquartäre Klimageschichte und ihre Indikatoren in Südamerika. - Zentralblatt für Geologie und Paläontologie. Teil 1, 1984, 11/12: 1769-1775.

GARLEFF, K. & STINGL, H (1988): Geomorphologische Untersuchungen in der nivalen und subnivalen Stufe der argentinischen Anden. - Ergebnisse und paläoklimatische Interpretation. - BECKER, H. & HÜTTEROTH, W.-D. (Hrsg.): Tagungsberichte und wissenschaftliche Abhandlungen, 46. Deutscher Geographentag: 419-425. Wiesbaden.

GARLEFF, K. & STINGL, H. (Hrsg.)(1991): Südamerika. Geomorphologie und Paläoökologie im jüngeren Quartär. - 2. Bamberger Südamerika-Symposium. Bamberg.

GEIGER, R. (1961): Das Klima der bodennahen Luftschicht. Braunschweig.

GEORGII, W. (1953): Messungen der Intensität der Sonnenstrahlung in Argentinien. Meteorologische Rundschau 6: 161-174.

GERTH, H. (1955): Geologie von Südamerika. 2. Band: Der geologische Bau der südamerikanischen Kordillere. Berlin.

GIARDINO, J.R., SHROEDER J.F. Jr. & VITEK, J.D. (Hrsg.)(1987): Rock glaciers. Boston.

GINTZ, D. & SCHMIDT, K.-H. (1991): Grobgeschiebetransport in einem Gebirgsbach als Funktion von Gerinnebettform und Geschiebemorphometrie. - Zeitschrift für Geomorphologie, Supplementband 89: 63-72.

GÖBEL, P. (1989): Untersuchungen an Kryoplanationsterrassen in der Gebirgstundra Nordnorwegens und Finnisch-Lapplands. - Frankfurter Geowissenschaftliche Arbeiten, Serie D 10: 119-130.

GOMEZ, B. (1987): Bedload. - GURNELL, A.M. & CLARK, M.G. (Hrsg.): Glacio-fluvial sediment transfer: 355-368.

GORBUNOV, A.P. (1983): Rock glaciers of the mountains of Middle Asia. - Fourth International Conference on Permafrost, Proceedings. National Academy Press, Washington D.C.: 359-362.

GRAF, K. (1986): Klima- und Vegetationsgeographie der Anden. Grundzüge Südamerikas und pollenanalytische Spezialuntersuchung Boliviens, 19. Zürich.

GRAF, W.L. (1988): Fluvial processes in dryland rivers. - Springer Series in Physical Environment. Berlin.

GRECO, S. & BRASCHI, S. (1986): Referencias sobre el periglacial (geocriogénico) Latinoamericano. - Acta Geocriogénica 4: 163-183.

GURNELL, A.M. (1987): Suspended sediment. - GURNELL, A.M. & CLARK, M.G. (Hrsg.): Glacio-fluvial sediment transfer: 305-345.

HÄCKEL, H. (1985): Meteorologie. Stuttgart.

HÄCKEL, H., HÄCKL, K. & KRAUS, H. (1970): Tagesgänge des Energiehaushaltes der Erdoberfläche auf der Alp Chukhung im Gebiet des Mount Everest. - Khumbu Himal 7: 71-134.

HAEBERLI, W. (1973): Die Basis-Temperatur der winterlichen Schneedecke als möglicher Indikator für die Verbreitung von Permafrost in den Alpen. - Zeitschrift für Gletscherkunde und Glazialgeologie 12: 223-251.

HAEBERLI, W. (1975): Untersuchungen zur Verbreitung von Permafrost zwischen Flüelapass und Piz Grialetsch (Graubünden). - Mitteilungen der Versuchsanstalt für Wasserbau, Hydrologie und Glaziologie, ETH Zürich 17.

HAEBERLI, W. (1983): Permafrost-glacier relationships in the Swiss Alps - today and in the past. - Fourth International Conference on Permafrost, Proceedings: 415-420.
HAEBERLI, W. (1985): Creep of mountain permafrost: internal structure and flow of alpine rock glaciers. - Mitteilungen der Versuchsanstalt für Wasserbau, Hydrologie und Glaziologie, ETH Zürich 77.
HAEBERLI, W. (1990a): Permafrost. Internationale Fachtagung über Schnee Eis und Wasser der Alpen in einer wärmeren Atmosphäre. - Mitteilungen der Versuchsanstalt für Wasserbau, Hydrologie und Glaziologie, ETH Zürich Nr. 108: 71-88.
HAEBERLI, W. (1990b): Glacier and permafrost signals of the 20th-century warming. - Annals of Glaciology 14: 99-101.
HAEBERLI, W. (1990c): Pilot analyses of permafrost cores from the active rock glacier Murtèl I Piz Corvatsch, Eastern Swiss Alps. A workshop report. - Versuchsanstalt für Wasserbau, Hydrologie und Glaziologie, ETH Zürich, Arbeitsheft 9.
HAEBERLI, W., HOELZLE, M., KELLER, F., VONDER MÜHLL, D., & WAGNER, S. (1991): Permafrost research in the Upper Engadin, Grisons (Switzerland). - HAEBERLI, W. (Hrsg.): Permafrost research sites in the Alps: 42-64. Zürich.
HAEBERLI, W., HUDER, J., KEUSEN, H.-R., PIKA, J. & RÖTHLISBERGER, H. (1988): Core drilling through rock glacier permafrost. - Fifth International Conference on Permafrost. Trondheim, Norway, August 1988. Proceedings 2: 937-942.
HAEBERLI, W. & PATZELT, G. (1982): Permafrostkartierung im Gebiet der Hochebenenkar-Blockgletscher, Obergurgl, Ötztaler Alpen. - Zeitschrift für Gletscherkunde und Glazialgeologie 18: 127-150.
HAEBERLI, W., RICKENMANN, D., ZIMMERMANN, M. & RÖSLI, U. (1990): Investigation of 1987 debris flows in the Swiss Alps: general concept and geophysical soundings. - IAHS Publication 194: 303-310.
HAPPOLDT, H. (in Vorb.): Untersuchungen zur Hochgebirgsgeomorphologie in den mendozinischen Anden (Argentinien) im Gebiet eines 'surging glaciers', des Unteren Horcones Gletschers, Aconcagua Südwand. Dissertation Universität Heidelberg.
HAPPOLDT, H. & SCHROTT, L. (1989): Globalstrahlung und Bodentemperaturen in der periglazialen Höhenstufe am Aconcagua, argentinische Hochanden. - HÜSER, K., KLEBER, A. & STINGL, H. (Hrsg.): Beiträge zur Geomorphologie: Quartärgeomorphologie Relief und Tektonik. Bayreuther Geowissenschaftliche Arbeiten 14: 35-45.
HAPPOLDT, H. & SCHROTT, L. (1992): A note on ground thermal regime and global solar radiation at 4720 m a.s.l., high Andes of Argentina. - Permafrost and Periglacial Processes 3: 241-246.
HARRIS, C. & COOK, J. (1986): The detection of high altitude permafrost in Jotunheimen, Norway using seismic refraction techniques: an assessment. - Arctic and Alpine Research 18: 19-26

HARRIS, S.A. (1986): The permafrost environment. London.
HARRIS, S.A. (1988): The alpine periglacial zone. - CLARK, M.J. (Hrsg.): Advances in periglacial geomorphology: 369-413.
HARRIS, S.A., FRENCH, H.M., HEGINBOTTOM, J.A. JOHNSTON, G.H., LADANYI, B., SEGO, D.C. & VAN EVERDINGEN, R.O. (1988): Glossary of permafrost and related ground-ice terms. - Technical Memorandum No. 142. Ottawa.
HASTENRATH, S.L. (1971): On the Pleistocene snowline depression in the arid regions of South American Andes. - Journal of Glaciology 10, 59: 255-267.
HERRMANN, R. (1977): Einführung in die Hydrologie. Stuttgart.
HEUSSER, C.J. (1989): Polar perspective of late-Quarternary climates in the southern hemisphere. - Quaternary Research 32: 290-315.
HOELZLE, M. (1992): Permafrost occurence from BTS-measurements and climatic parameters in the Eastern Swiss Alps. - Permafrost and Periglacial Processes 3:143-149.
HÖLLERMANN, P. (1983): Blockgletscher als Mesoformen der Periglazialstufe. - Bonner Geographische Abhandlungen 67.
HORTON, R.E. (1932): Drainage basin characteristics. - Transactions of the American Geophysical Union 13: 350-361.
HORTON, R.E. (1945): Erosional development of streams and their drainage basins: hydrophysical approach to quantitative morphology. - Bulletin of the Geological Society of America 56: 275-370.
HOYNINGEN-HUENE, J. (1970): Der Probennahmefehler bei der Verarbeitung von Bodentemperaturmessungen, seine Ursachen und sein Zusammenhang mit Wärmehaushaltsgrößen. - Meteorologische Rundschau 23: 77-80.
IVES, J. (1973): Permafrost and its relationship to other environmental parameters in a midlatitude, high-altitude setting, Front-Range, Colorado, Rocky Mountains. - Second International Conference on Permafrost, National Academy of Sciences, Washington D.C.: 121-126.
INSTITUTO DE INVESTIGATIONES HIDRAULICAS I.D.I.H. (1989): Unidad de información hidrometeorológica. - Universidad Nacional de San Juan.
JACOB, M. (1992): Blockgletscher im Khumbu Himalaya, Nepal. - Diplomarbeit Universität Heidelberg.
JUDGE, A. (1973): The prediction of permafrost thikness. - Canadian Geotechnical Journal 10: 1-11.
JUNKER, M. (1991): Untersuchung zum raum-zeitlichen Abflußverhalten der nord-cuyanischen Gebirgsflüsse und einiger ihrer Teileinzugsgebiete. - Diplomarbeit Universität Heidelberg.
KARRASCH, H. (1984): Hangglättung und Kryoplanation an Beispielen aus den Alpen und den Kanadischen Rocky Mountains. - POSER, H. (Hrsg.): Geomorphologische Prozesse und Prozeßkombinationen in der Gegenwart unter verschiedenen Klimabedingungen: 287-300.
KEIDEL, H. (1910): Über den Büßerschnee in den argentinischen Anden. - Zeitschrift für Gletscherkunde 4: 31-66, 96-137, 177-193.

KELLER, F. (1992): Automated mapping of mountain permafrost using the programm PERMAKART within the geographical information system ARC/INFO. - Permafrost and Perglacial Processes 3: 133-139.
KELLER, R. (1961): Gewässer und Wasserhaushalt des Festlandes. Eine Einführung in die Hydrogeographie. Berlin.
KELLER, R. (1980): Hydrologie. - Erträge der Forschung 143. Darmstadt.
KERSCHNER, H. (1985): Quantitative paleoclimatic inferences from lateglacial snowline, timberline and rock glacier data, Tyrolean Alps, Austria. - Zeitschrift für Gletscherkunde und Glazialgeologie 21: 363-369.
KERSTEN, M.S. (1949): Thermal properties of soils. - University of Minnesota, Bull. 28.
KESSLER, A. (1985): Zur Rekonstruktion von spätglazialem Klima und Wasserhaushalt auf dem peruanisch-bolivianischen Altiplano. - Zeitschrift für Gletscherkunde und Glazialgeologie 21: 107-114.
KING, L. (1984): Permafrost in Skandinavien. - Heidelberger Geographische Arbeiten 76.
KING, L. (1990): Soil and rock temperatures in discontinuous permafrost: Gornergrat and Unterrothorn, Wallis, Swiss Alps. - Permafrost and Periglacial Processes 1: 177-188.
KRAUS, H. (1971): Der Tagesgang des Energiehaushaltes in einem Hochgebirgstal. - Annalen der Meteorologie, N.F. 5: 103-106.
KRAUS, H. (1987): Specific surface climate. - HELLWEGE, K.-H. & MADELUNG, O. (Hrsg.): Landolt-Börnstein: Zahlenwerte und Funktionen aus Naturwissenschaften und Technik, Bd. 4 (c), Klimatologie. Teil 1: 29-92.
KREUTZ, W. (1943): Der Jahresgang der Temperatur in verschiedenen Böden unter gleichen Witterungsverhältnissen. - Zeitschrift für Angewandte Meteorologie 60: 65-76.
KUHN, M. (1990): Energieaustausch Atmosphäre - Schnee und Eis. Internationale Fachtagung über Schnee Eis und Wasser der Alpen in einer wärmeren Atmosphäre. - Mitteilungen der Versuchsanstalt für Wasserbau, Hydrologie und Glaziologie, ETH Zürich 108: 21-32.
LAUTENSACH, H. & BÖGEL, R. (1956): Der Jahresgang des mittleren geographischen Höhengradienten der Lufttemperatur in verschiedenen Klimagebieten der Erde. - Erdkunde 10: 270-282.
LEIVA, J.C., CABRERA, G. & LENZANO, L.E. (1986): Glacier mass balances in the Cajón del Rubio, Andes Centrales Argentinos. - Cold Regions Science and Technology 13: 83-90.
LINKE, F. (1924): Ergebnisse von Messungen der Sonnenstrahlung und Lufttrübung über dem Atlantischen Ozean und in Argentinien. - Meteorologische Zeitschrift 41: 42.
LLIBOUTRY, L. (1954): The origin of penitents. - Journal of Glaciology 2: 331-338.
LLIBOUTRY, L. (1956): Nieves y Glaciares de Chile. Santiago.
MACKAY, R.J.C. (1984): The frost heave of stones in the active layer above permafrost with downward and upward freezing. - Arctic and Alpine Research 16: 439-446.

MAISCH, M. (1988): Die Veränderungen der Gletscherflächen und Schneegrenzen seit dem Hochstand von 1850 im Kanton Graubünden (Schweiz). - Annales de Geomorphologie, Supplement 70: 113-150.
MALBERG, H. (1985): Meteorologie und Klimatologie. Berlin.
MÄUSBACHER, R. (1981): Oberflächennahe Bodentemperaturmessungen in Obloyah Bay, N-Ellesmere Island, N.W.T. Kanada. - Heidelberger Geographische Arbeiten 69: 487-506.
MÄUSBACHER, R. (1981): Geomorphologische Kartierung im Obloyah-Tal, N-Ellesmere Island, N.W.T. Kanada. - Heidelberger Geographische Arbeiten 69: 487-506.
MAIZELS, J. K. (1983): Proglacial channel systems: channel and thresholds for change over long, intermediate and short timescales. - COLLINSON, D.J. & LEWIN, J. (Hrsg.): Modern and ancient fluvial systems, International association of Sedimentologists, Special publication 6: 251-266.
MARKGRAF, V. (1991): Late Pleistocene environmental and climatic evolution in southern South America. - GARLEFF, K. & STINGL, H. (Hrsg.): Südamerika - Geomorphologie und Paläoökologie im jüngeren Quartär. Bamberger Geographische Schriften 11: 271-283.
MAYER, H. & WALK, O. (1973): Bodentemperaturen und Bodenwärmestrom in der Trockenzeit. - Meteorologische Rundschau 26: 23-29.
MENEGAZZO de GARCIA, M.I., MINETTI, J.L., CARLETTO, M.C. & BARBIERI, P.M. (1983): Estadísticos de escurrimientos superficiales de ríos andinos. - Informe Técnico 4. CIRSAJ, CONICET. Rep. Argentina.
MENEGAZZO de GARCIA, M.I., MINETTI, J.L., CARLETTO, M.C. & BARBIERI, P.M. (1985): Régimen de variabilidad estacional y aperídico de los escurrimientos superficiales de ríos andinos. - Rev. Geofísica 41: 159-176.
MERCER, J. (1984): Late cainozoic glacial variations in South America south of the equator. - VOGEL, J.C. (ed.): Late Cainozoic paleoenvironments of the southern hemisphere: 45-58. Rotterdam.
MINETTI, J.L. (1984): Régimen de frecuencia de precipitación sólida en la República Argentina y Antártida. - Revista Geofísica 21: 75-84.
MINETTI, J.L. (1985): Precipitación y escurrimientos superficiales de ríos andinos. - Geoacta 13: 167-179.
MINETTI, J.L., BARBIERI, P.M., CARLETTO, M.C., POBLETE, A.G. & SIERRA, E.M. (1986): El régimen de precipitación de la provincia de San Juan. - Informe técnico 8. CIRSAJ-CONICET. San Juan.
MINETTI, J.L. & CARLETTO, M.C. (1990): Estructura espectral espacial de las precipitaciones en ambos lados de la cordillera de Los Andes, en Chile y Argentina. - Revista de Geofisica 46: 65-74.
MINETTI, J.L. & CORTE, A.E. (1984): Zonificación lati-altitudinal del clima en la zona andina y su relación con el límite inferior del hielo (LIHP) y del límite inferior geocriogénico (LIG). - Programa Hidrológico Internacional, Jornadas de Hidrologia de Nieves y Hielos en América del Sur. Santiago de Chile.

MINETTI, J.L., RADICELLA, S.M., MENEGAZZO DE GARCIA, M.I. & SAL PAZ, J.C. (1982): La actividad anticiclónica y las precipitaciones en Chile y en la zona cordillerana central andina. - Revista Geofísica 16: 145-157.

MINETTI, J.L. & RIVEROS, N.M. de (1988): Régimen termométrico de San Juan. - Informe técnico 9. CIRSAJ, CONICET. San Juan.

MINETTI, J.L. & SIERRA, E. M. (1989): The influence of general circulation patterns on humid and dry years in the Cuyo Andean Region of Argentina. - International Journal of Climatology 9: 55-68.

MOLINA, E.G. & LITTLE, A.V. (1981): Geoecology of the Andes. The natural science basis for research. - Mountain Research and Development 1: 115-144.

MÜLLER, H. (1984): Zum Strahlungshaushalt im Alpenraum. - Mitteilungen der Versuchsanstalt für Wasserbau, Hydrologie und Glaziologie, ETH Zürich 71.

NIPPES, K.-R. (1971): Erweiterte Abflußstatistik an Hand von Monatswerten aus dem Duerogebiet. - Beiträge zur Hydrologie 1: 23-32.

NORTE, F. (1988): Características del viento Zonda en la región de Cuyo. Tesis doctoral, Universidad de Buenos Aires.

OHMURA, A. (1981): Climate and energy balance on Arctic Tundra. Axel Heiberg Island, Canadian Arctic Archipelago, Spring and Summer 1969, 1970 and 1972. - Züricher Geographische Schriften 3.

OHMURA, A., MÜLLER, G., SCHROFF, K. & KONZELMANN, T. (1990): Radiation annual report, ETH No. 1 1987-1989. - Züricher Geographische Schriften 39.

OJEDA, R., ORTIZ, C., ARAYA, R. & ROJAS, M. (1989): Anuario Nivo-meteorológico 1989. Compania Minera El Indio. Departamento de caminos y nieve.

ORTIZ, M.A. (1975): Balances hidrológicos de la zona norte de la provincia de Mendoza. - CRAS, Mendoza.

PATERSON, W.S.B. (1981): The physics of glaciers. Oxford.

PATZELT, G. & AELLEN, M. (1990): Gletscher. Internationale Fachtagung über Schnee Eis und Wasser der Alpen in einer wärmeren Atmosphäre. - Mitteilungen der Versuchsanstalt für Wasserbau, Hydrologie und Glaziologie, ETH Zürich 108: 49-69.

PEÑA, H. & SALAZAR, C. (1984): Análisis de relaciones entre variables meteorológicas y la fusión de la nieve. Alta Cordillera de Santiago. - Jornadas de Hidrología de Nieve y Hielos en América del Sur, Santiago de Chile.

PEÑA, H., VIDAL, F. & SALAZAR, C. (1984): Balance radiativo del manto de nieve en la Alta Cordillera de Santiago. - Jornadas de Hidrología de Nieve y Hielos en América del Sur. Santiago de Chile.

PENMANN, H. (1948): Natural evaporation from open water, bare soil and grass. - Proceedings. Royal Society of London, Series A, 193: 120-145.

PITTOCK, A.R. (1980): Patterns of climatic variation in Argentina and Chile. - Monthly Weather Review 108: 1347-1361.

POBLETE, A.G. & MINETTI, J.L. (1989): Los mesoclimas de San Juan. Primera y segunda parte, San Juan (unveröffentlicht).

PRIETO, M. del R. (1985): Métodos para derivar información sobre precipitaciones nivales de fuentes históricas en la Cordillera de los Andes. - Zentralblatt für Geologie und Paläontologie, Teil I, 1984, 11/12: 1615-1624.
PROHASKA, F. (1976): The climate of Argentina, Paraguay & Uruguay. - SCHWERTFEGER, W. (Hrsg.): Climates of Central and South America: 13-112.
RAMOS, V. (1988): The tectonics of the central andes, 30° to 33° S latitude. - Geological Society of America, Special Paper 218.
RICKENMANN, D. (1990): Bedload transport capacity of slurry flows at steep slopes. - Mitteilungen der Versuchsanstalt für Wasserbau, Hydrologie und Glaziologie, ETH Zürich 103.
ROEDEL, W. (1992): Physik unserer Umwelt: Die Atmosphäre. Heidelberg
RÖTHLISBERGER, H. (1972): Seismic exploration in cold regions. - Cold regions science and monograph II-A2a. Hannover.
RÖTHLISBERGER, H. & LANG, H. (1987): Glacial hydrology. - GURNELL, A.M. & CLARK, M.J. (Hrsg.): Glacio-fluvial sediment transfer: 207-284.
ROSA, C. de, ESTEVES, A., BASSO, M., PATTINI, A. & RAVETTO, A. (1991): Solar housing potential in the climates of the Andean region in Argentina. - Energy sources 13: 19-38.
SAUBERER, F. & DIRMHIRN, I. (1958): Das Strahlungsklima. - STEINHAUSER, D., ECKEL. F. & LAUSCHER, W. (Hrsg.): Klimatographie von Österreich. Wien.
SCHÄDLER, B. (1991): Abfluß. Internationale Fachtagung über Schnee Eis und Wasser der Alpen in einer wärmeren Atmosphäre. - Mitteilungen. der Versuchsanstalt für Wasserbau, Hydrologie und Glaziologie, ETH Zürich 108: 109-125.
SCHEFFER, F. & SCHACHTSCHABEL, P. (1984): Lehrbuch der Bodenkunde. Stuttgart.
SCHMIDT, K.-H. (1984): Der Fluß und sein Einzugsgebiet; Hydrogeographische Forschungspraxis. - Wissenschaftliche Paperbacks. Wiesbaden.
SCHMIDT, K.-H. & ERGENZINGER, P. (1992): Bedload entrainment, travel lengths, step lengths, rest periods-studied with passive (iron, magnetic) and active (radio) tracer techniques. - Earth Surface Processes and Landforms 17: 147-165.
SCHOLL, K.- H. (1992): Geomorphologische Kartierung im Einzugsgebiet des oberen Agua Negra, cuyanische Hochkordillere, Argentinien. - Diplomarbeit Universität Heidelberg.
SCHUMM, S.A. (1985): Explanation and extrapolation in geomorphology: Seven reasons for geologic uncertainty. - Transactions Japanese Geomorphological Union 6: 1-18.
SCHREIBER, D. (1973): Entwurf einer Klimaeinteilung für landwirtschaftliche Belange. - Bochumer Geographische Arbeiten, Sonderreihe Band 3.
SCHRÖDTER, H. (1985): Verdunstung. Anwendungsorientierte Meßverfahren und Bestimmungsmethoden. Heidelberg.

SCHROTT, L. (1988): Messungen von Bodentemperaturen in der periglazialen Höhenstufe am Aconcagua, argentinische Hochkordillere. - Staatsexamensarbeit Universität Heidelberg.

SCHROTT, L. (1989): Radiación global y temperaturas del suelo en el nivel periglacial del macizo Aconcagua, Cordillera Principal, Argentina (abstract). - Paper presented at the First International Meeting on Geocryology of the Americas, ICGP/UNESCO, Project 297, 45. CRICYT, Mendoza, Argentina.

SCHROTT, L. (1991): Global solar radiation, soil temperature and permafrost in the central Andes, Argentina: a progress report. - Permafrost and Periglacial Processes 2: 59-66.

SCHWERDTFEGER, W. (1976) (Hrsg.): Climates of Central and South America. World Survey of Climatology 12. Amsterdam.

SERVICIO METEOROLOGICO NATIONAL (1981): Estadísticas climatológicas 1951-76. - Publicación B, Primera Edición, 35. Buenos Aires.

STAPPENBECK, R. (1910): La Precordillera de San Juan y Mendoza. - Anales del Ministerio de Agricultura Seccion Geología, Mineralogía y Minería, Tomo 4. Buenos Aires.

STAPPENBECK, R. (1911): Umrisse des geologischen Aufbaus der Vorkordillere zwischen den Flüssen Jachal und Mendoza. - Geologische und paläontologische Abhandlungen, N.F. 9: 1-143.

STINGL, H. & GARLEFF, K. (1978): Gletscherschwankungen in den subtropischen semiariden Hochanden Argentiniens. - Zeitschrift für Geomorphologie, Supplementband 30: 115-131.

STINGL, H. & GARLEFF, K. (1983): Beobachtungen zur Hang- und Wandentwicklung in der Periglazialstufe der subtropisch-semiariden Hochanden Argentiniens. - Abhandlungen der Akademie der Wissenschaften in Göttingen, Math.-Phys. Kl. 3, 35: 199-213.

STINGL, H. & GARLEFF, K. (1985a): Glacier variations and climate of the late quaternary in the subtropical and mid-latitude Andes of Argentina. - Zeitschrift für Gletscherkunde und Glazialgeologie 21: 225-228.

STINGL, H. & GARLEFF, K. (1985b): Spätglaziale und holozäne Gletscher- und Klimaschwankungen in den argentinischen Anden. - Zentralblatt für Geologie und Paläontologie, Teil I, 1984, 11/12: 1667-1677.

TATENHOVE, F. van & DIKAU, R. (1990): Past and present permafrost distribution in the Turtmanntal, Wallis, Swiss Alps. - Arctic and Alpine Research 22: 302-316.

TERZAGHI, K. (1952): Permafrost. - Journal of Boston Society of Civil Engineers 39.

THORNTHWAITE, C.W. (1948): An approach toward a rational classification of climate. - Geographical Review 38.

TROLL, C. (1942): Büßerschnee (Nieve de los penitentes) in den Hochgebirgen der Erde. - Petermanns Geographische Mitteilungen, Ergänzungsheft 240.

TROLL, C. (1944): Strukturböden, Solifluktion und Frostklimate der Erde. - Geologische Rundschau 35: 545-694.

TROMBOTTO, D. (1991): Untersuchungen zum periglazialen Formenschatz und zu periglazialen Sedimenten in der "Lagunita del Plata", Mendoza, Argentinien. - Heidelberger Geographische Arbeiten 90.

TURC, L. (1961): Evaluation des besoins en eau d'irrigation, évapotranspiration potentielle, formule simplifiée et mise à jour. - Ann. agron. 12: 13-49.

UHLIG, S. (1954): Berechnung der Verdunstung aus klimatologischen Daten. - Mitteilungen des Deutschen Wetterdienstes. Bad Kissingen.

UNIVERSIDAD NACIONAL DE SAN JUAN (1990): Atlas Socioeconómico de la Provincia de San Juan. San Juan.

VEIT, H. (1990): El Cuartenario en el Norte Chico: Perfil geomorfológico por el Valle de Elqui. - XII. Congr. nac. Geogr. y III. Jorn. Cart. Tématica, La Serena.

VEIT, H. (1991): Jungquartäre Relief- und Bodenentwicklung in der Hochkordillere im Einzugsgebiet des Río Elqui (Nordchile, 30° S). - Bamberger Geographische Schriften 11: 81-98.

VEIT, H. (im Druck): Upper Quartenary landscape evolution in the "North Chico" (Northern Chile) and its significance for the actual geoecological pattern. - Mountain Research and Development.

VONDER MÜHLL, D., & HAEBERLI, W. (1990): Thermal characteristics of the permafrost within an active rock glacier (Murtèl/Corvatsch, Grisons, Swiss Alps). - Journal of Glaciology 36: 151-158.

WAHRHAFTIG, C. & COX, A. (1959): Rock glaciers in the Alaska Range. - Geological Society of America, Bulletin 70: 383-436.

WASHBURN, A.L. (1979): Geocryology - a survey of periglacial processes and environments. London.

WEISCHET, W. (1970): Chile. Seine länderkundliche Individualität und Struktur. Darmstadt.

WEISCHET, W. (1983): Einführung in die allgemeine Klimatologie. Pysikalische und meteorologische Grundlagen. Stuttgart.

WILLIAMS, P.J. & SMITH, M.W. (1989): The frozen earth. Fundamentals of geocryology. Cambridge.

WINGENROTH, M. & SUAREZ, J. (1984): Flores de los Andes - Alta montaña de Mendoza. Mendoza.

WIRTSCHAFTSMINISTERIUM (1983): Wirtschaftsinformationen über Argentinien. Buenos Aires.

WOHLRAB, B., ERNSTBERGER, H., MEUSER, A. & SOKOLLEK, V. (1992): Landschaftswasserhaushalt. Hamburg.

ZEIL, W. (1986): Südamerika. Stuttgart.

ZELLER, J. & RÖTHLISBERGER, G. (1988): Unwetterschäden in der Schweiz im Jahre 1987. - Wasser-Energie-Luft 80: 29-43.

ZIMMERMANN, M. (1990): Periglaziale Murgänge. Internationale Fachtagung über Schnee Eis und Wasser der Alpen in einer wärmeren Atmosphäre. - Mitteilungen der Versuchsanstalt für Wasserbau, Hydrologie und Glaziologie, ETH Zürich 108: 89-107.

Karten

APARICIO, E.P. (1975): Mapa Geológico de San Juan. San Juan.

INSTITUTO GEOGRAFICO MILITAR (1984): Paso del Agua Negra, Hoja 3169-2. Provincia de San Juan. 1:100000. Buenos Aires.

INSTITUTO GEOGRAFICO MILITAR (1984): Guardia Vieja, Hoja 3169-8. Provincia de San Juan. 1:100000. Buenos Aires.

INSTITUTO GEOGRAFICO MILITAR (1984): Iglesia, Hoja 3169-9. Provincia de San Juan. 1:100000. Buenos Aires.

UNIVERSIDAD NACIONAL DE SAN JUAN (1988): Topographische Karte Agua Negra. 1:10000.

UNIVERSIDAD NACIONAL DE SAN JUAN (1988): Topographische Karte Arroyo de San Lorenzo. 1:10000.

Luftbilder

CENTRO DE FOTOGRAMETRIA SAN JUAN (1966): Paso del Agua Negra. 1:25.000.

CENTRO DE FOTOGRAMETRIA SAN JUAN (1980): Paso del Agua Negra. 1:50.000.

Unveröffentlichte Datenquellen

AYEE Agua y Energía Electrica. Estadística hasta 1990. Ministerio de Obras y Servicios Públicos de la Nación. Buenos Aires.

INTA Instituto Nacional de Tecnología Agropecuaria. Observatorio Agro-meteo-rológico. Pocito, San Juan.

DGDA Dirección General de Aguas. Ministerio de Obras Públicas. Departamento de Hidrología. La Laguna/Chile.

SUMMARY

In the semiarid Cuyo region of the Andes in the west of Argentina the economic possibilities of man are closely linked to the amount of melt water yielded in the course of the year. Solar radiation as a decisive regulation factor in the energy budget is of central importance for the melting processes occurring in the high mountain areas. High solar radiation and aridity are, inter alia, reflected by the small glaciation of the High Andes of Cuyo. Several studies show that at the same time above 4000 m a.s.l. discontinuous permafrost has to be reckoned with (e.g. CORTE 1978,1986; GARLEFF & STINGL 1985,1991; BARSCH & KING 1989; HAPPOLDT & SCHROTT 1989). Along with the glaciers the permafrost covering large areas is therefore an important water reservoir.

Thus, the present study is to contribute above all to the clarification of decisive links between radiation intensity, permafrost distribution and fluvial dynamics. In the centre of interest are the variation of solar radiation through time and space, the processes occurring in the active layers as well as the recording of discharge and sediment transport in a semiarid subtropical high mountain area.

The chosen study area of the Agua Negra suits this purpose particularly well because it represents a catchment area typical of the subtropical region with small glaciers and large rock glaciers, can be reached relatively well via the pass road linking Chile and Argentina and has excellent maps as an asset. Like this gauge stations measuring water levels, solar radiation, air and ground temperature can be installed in different belts between 2650 m and 4720 m a.s.l.

Precipitation (annual precipitation: 100-350 mm, c.f. MINETTI et al. 1986) above 4000 m mainly occurs during the winter months and shows as snow or "Graupel". In comparison to the Alps the snow layer is clearly less thick and its duration shorter. Thus, in 4720 m there are 314 frost cycles at the ground surface per year. Even in a depth of 10 cm still 190 frost cycles can be recorded.

By means of a model by FUNK & HOELZLE (1992) based on a digital elevation model (DEM) the potential direct solar radiation for the upper catchment of the Agua Negra (57 km^2) was calculated and compared with the data measured. What becomes evident is the strong variation of radiation intensities through time and space for reasons of relief. The comparison of the exposure map developed on the basis of the digital elevation model with the calculated radiation values for the catchment shows that areas with low and high radiation input cannot necessarily be equated with northernly and southernly exposed slopes. This is because of the influence of strong shading effects. In the study area high mountain permafrost (eg. in active rock glaciers) therefore also occurs in northernly exposed slopes but is always limited to areas with comparatively low radiation.

The global solar radiation measured in 4150 m (annual mean of 20.6 MJ/m^2) is about 40% higher than in the Alps (47°N) (vgl. OHMURA 1990; BERNATH 1991). This dominance of global solar radiation in the energy budget is above all reflected in the uppermost soil layers. Due to the mostly lacking or thin snow cover during 8 months of the year there is a good correlation (r = 0.7) between the diurnal sums of global solar radiation and the daily amplitudes of the ground temperature in a depth of 1 and 10 cm. Within areas of discontinuous permafrost low or even falling air temperatures combined with constantly high global solar radiation do not lead to low ground temperatures at all. Therefore here in particular the incidence of high mountain permafrost can be much more easily explained by means of the high solar radiation.

Various methods are applied to know more about permafrost distribution and thickness of the active layer: soil temperature measurements, seismic refraction soundings, direct exposures and mapping of the distribution of active rock glaciers. These methods show that within the area of discontinuous permafrost the active layer varies between 1.4 m and 5 m. The mean p-wave velocity of the frozen layers varies between 1970 m/s and 3450 m/s.

What is quite surprising is the fact that the active layer of an active rock glacier in 4720 m equipped with thermistors (PT-100) does not completely freeze down to the permafrost table in a depth of 2.5 m.

Active rock glaciers occurring from 4000 m upwards the lower limit of discontinuous high mountain permafrost can be determined with a high degree of exactness. Below 4000 m permafrost occurs only sporadically in areas with a favourable geomorphology, i.e. with low radiation. Above 5200 m continuous permafrost is to be expected. On this basis about 16% of the upper catchment of the Agua Negra lie within the area of continuous permafrost. At this altitude the active layer is reduced to a few centimetres.

The discharge of the Agua Negra shows a nival/glacial regime with a typical sequence of snow, glacier and permafrost melt. The mean discharge of the hydrological year 1990/91 is 324 l/s with probably much higher rates in years rich in snow. With the corresponding phase shift to be kept in mind there usually is a direct link between the diurnal variations in solar radiation intensity and the discharge rate. What is striking is the loss of water downstream in spite of the increase in the size of the basin. The explanation for this is that a high percentage of the melt water seeps into the broad gravel embankments and that furthermore some of it "gets lost" by evaporation.

During one week in January 1991 there have been regular measurements of concentrations of suspension in the longitudinal profile of the Agua Negra. Suspension loads between 17.9 t (upper course) and 263.6 t (lower course) have been recorded. Applied to the size of the catchment area this corresponds to a nearly consistent yield of 0.314 t/km^2 (upper course) and 0.424 t/km^2 (lower course). For the upper catchment (57 km^2) the total yield for the ablation period 1990/91 is calculated by means of a relation between suspension and discharge. The material contained in suspension totals 249 t, i.e. 4.4 g/m^2. An important precondition for these heavy loads - in comparison with mountain rivers in the Alps - is attributed to the availability of loose material. The latter is a consequence of the high intensity of weathering resulting from extreme radiation conditions. These dynamics are confirmed by estimations of the weathering of the rock that are carried out on the basis of the volume of debris of two rock glaciers.

The solution load calculated by means of the ion concentration amounts to only about one fifth to one third of the suspension load. With a peak discharge of 1.5 m^3/s in the year of measurements the bed load, recorded by means of sediment baskets, is very low. The barren terraces of the flood lands as well as the size of rock debris measuring more than 40 cm in diameter, however, point to recent flood events of a much larger scale.

In the strikingly dry year 1990/91 in which the measurements are carried out the catchment is completely without snow by the end of November, thus setting off a reinforced permafrost melt. Parallel measurements at the tongue of the glacier and at the valley mouth confirm that the permafrost melt water represents an important share of discharge. According to the said discharge measurements and the spring discharge of the rock glaciers the rate of the permafrost melt water after the snow melt must be reckoned to constitute about 30%. Calculations of the water volume of the active rock glaciers underline the importance of these water resources. On the base of an estimated ice content of 60% as well as an average thickness of 50 m the water volume of the large expanse of the active rock glaciers is calculated to be $62 \cdot 10^6$ m^3. Even without considering the other permafrost areas this corresponds to about 70% of the estimated water volume of the glacier, a result that can be taken as a realistic one because the surface of the active rock glaciers on its own is larger than the total surface of the glacier.

When the permafrost melt is limited to an active layer that represents a dynamic equilibrium between melting and freezing then a more or less constant water resource can be assumed. The situation becomes critical or even dangerous when the mass balance of the glaciers is negative throughout several years and there is the possibilty of the lower limit of the high mountain permafrost to shift due to a rise in permafrost temperature. The change in permafrost temperature depends on the intensity of radiation as well as on changes in air temperature and precipitation.

Probably the High Andes of Cuyo, too, are subject to a certain warming up and/or a reduction of precipitation. The heavy melting of the glaciers for several years now may be taken as one hint to this tendency. The fact observed that the active layer does not freeze completely could be taken as another one (HAPPOLDT & SCHROTT 1992). It can be assumed that the global rise in air temperature and the considerable reduction of the areas covered by glaciers since the last maximum at about 1850 AD have not been without effect on the permafrost temperature. Whether this is a tendency that will last, increase or suddenly be stopped by increased precipitation in the High Andes and/ or a sudden decrease in temperature cannot be told yet in view of the scarce data and observation material. What is certain, however, is that rising air temperatures and/ or a decrease in precipitation in the High Cordilleras constitute a great danger for the region of Cuyo with grave problems in the field of water supply as well as pass transit ensuing.

For the region of Cuyo a scenario with a rise in temperature by some 3°C by the half of the 21st century would mean a shift of the present lower limit of discontinuous permafrost by 200-500 m upwards. As a consequence the ice of many snow patches, rock glaciers and permafrost areas would melt. The loss of these water resources and the possibly ensuing destabilization of slopes that were frozen before will create a whole bundle of dangers. Slidings and mud flows could make the pass roads unpassable which would lead to considerable impediments to pass transit between Argentina and Chile. The decrease in the amount of discharge would have incisive consequences for the whole of agriculture and industry. Under such conditions water becomes a limitating economic factor of the first order. Although at present there are no studies available on this matter present melting processes point to this problem. At an altitude of 4000 m, for example, the pass road was destroyed by one of many mud flows and could not be passed. The question whether this mud flow was started by melting permafrost or solely resulted from an abrupt and very strong snow melt and an active layer heavily quenched with water cannot, as yet, be answered. Only by means of observation over several years will it be possible to find out about such interconnections that are not obvious at first sight.

It has to be seen whether the melting of the glaciers in the High Andes of Cuyo will become even stronger as a result of the present tendency of warming up with a shifting lower limit of high mountain permafrost as a consequence. Neither can be told with any degree of certainty whether the non-freezing of the active layer of an active rock glacier during the year of observation means a general increase in the active layer. On the basis of the estimated proportion of permafrost melt water in the discharge in the long run a noticeable discharge decrease would have to be taken into account. For the time being the region of Cuyo undoubtedly possesses a great potential of solar energy and (still) a considerable water potential the efficient use of which should be aimed for.

Long-term monitoring would be of prime importance for early recognition of certain tendencies (warming up and cooling periods, increase and decrease in precipitation) as well as changes in the water resources. For the population of the region of Cuyo this would not only represent an economic advantage but also enable a use of resources that is easy on the environment.

RESUMEN

En los Andes semiáridos de Cuyo, en el oeste de Argentina, los recursos económicos están estrechamente ligados a la cantidad de agua procedente de la fusión de nieve, de glaciares y de permafrost, así como a su variación a lo largo del año. Los procesos de fusión de la alta Cordillera están regulados fundamentalmente por la intensidad de la radiación solar, que es el factor dominante del balance energético. La alta radiación y la aridez se reflejan en la poca glaciación de los Andes cuyanos. Otra característica de la alta Cordillera es la existencia de permafrost discontinuo por encima de los 4000 m s.n.m., documentada en varios estudios (CORTE 1978, 1986; GARLEFF & STINGL 1985, 1991; BARSCH & KING 1989; HAPPOLDT & SCHROTT 1989). Habida cuenta de estos fenómenos, se puede considerar que las zonas de permafrost son cuerpos de agua casi tan importantes como los glaciares.

El objetivo de este trabajo es estudiar la relación entre la intensidad de la radiación, la distribución de permafrost y la dinámica hidrológica en el geosistema de los Andes. La investigación gira en torno a la radiación solar, su variación temporal y espacial, los procesos actuales en la capa activa y las mediciones de caudal y de sedimento en la alta montaña semiárida y subtropical. La zona de estudio -la cuenca del Agua Negra- resulta muy apropiada, por ser una cuenca representativa de esta región (glaciares pequeños en comparación con los glaciares de escombros grandes), con una excelente cartografía y accesos relativamente buenos, lo cual permitió instalar los instrumentos climatológicos e hidrológicos necesarios (limnígrafo, solarímetro, etc.) a distinta altura, es decir entre los 2650 m y los 4720 m s.n.m.

Por encima de 4000 m, las precipitaciones, cuyo promedio anual es de 100-350 mm (MINETTI et al. 1986), se producen en forma de nieve o Graupel, mayormente durante los meses de invierno. Tanto la permanencia como la profundidad de la capa de nieve son mucho menores en comparación con los Alpes. Por ello, a 4720 m de altitud, llegan a producirse 314 cambios de congelamiento y descongelamiento a lo largo del año. Incluso a 10 cm de profundidad se registran 190 cambios de congelamiento y descongelamiento.

Por medio del modelo de radiación de FUNK & HOELZLE (1992) y a partir de un modelo digital de terreno (DTM), se calcula la radiación solar potencial en la cuenca superior del Agua Negra, contrastando los resultados con datos empíricos. Se registran valores muy altos de radiación con una variación espacial y temporal considerable, condicionada por el relieve. Comparando el mapa de exposición de la cuenca -elaborado a partir del DTM- con los cálculos obtenidos sobre radiación, se puede constatar que, por regla general, la variación de los valores de radiación no depende directamente en que las zonas medidas estén expuestas al norte o al sur. Por ello se observa que los efectos de sombra intensiva producen zonas frías en pendientes expuestas al norte. En la zona de estudio se encuentra también Permafrost (glaciares de escombros activos) en pendientes expuestas al norte, aunque siempre en zonas con una radiación relativamente baja.

A 4150 m de altitud, los valores de radiación global superan en un 40% a los valores conocidos de los Alpes (11-12 MJ/m^2 anuales a 47° de latitud N; OHUMARA 1990; BERNATH 1991). Este predominio de la radiación global en el balance energético se da sobre todo en las capas de suelo poco profundas. La ausencia de nieve, o en algunos casos la poca profundidad y durabilidad de su capa, provocan a lo largo de 8 meses una correlación estrecha (r= 0,7) entre la radiación total diaria y la variación de la temperatura del suelo entre 1 y 10 cm. La baja temperatura del aire en combinación con valores altos de radiación constante no produce en ningún caso bajas temperaturas del suelo, de modo que la aparición y la extensión de permafrost se explica mucho mejor por la intensidad de la radiación solar.

Para llevar a cabo la prospección de las zonas con permafrost y medir la profundidad de la capa activa, se utilizaron varios métodos. Junto a la medición de la temperatura del suelo, la refracción sísmica e informaciones directas (hielo entre rocas), se realizó una cartografía de los glaciares de escombros activos. Los resultados de las investigaciones muestran que la capa activa alcanza entre 1,4 y 5 m de profundidad en la zona de permafrost discontinuo, es decir entre 4150 y 4900 m de altitud. Las velocidades sísmicas de las capas congeladas varían entre 1970 y 3450 m/s. Es interesante comprobar que la capa activa de un glaciar de escombros activo -donde instalamos sensores de temperatura- a 4720 m no llega a congelarse completamente durante el invierno, y no alcanza siquiera la tabla de permafrost a 2,5 m de profundidad. Debido a que los glaciares de escombros activos se hallan por encima de los 4000 m, podemos establecer con mucha precisión el límite inferior de permafrost discontinuo. Por debajo de 4000 m, sólo aparece permafrost esporádicamente, en zonas favorecidas por su geomorfología, es decir en zonas con poca radiación. El permafrost continuo se encuentra a partir de aproximadamente 5200 m. A esta altura la capa activa queda reducida a pocos centímetros. Según estas investigaciones, el 16% de la superficie de la cuenca superior está cubierta con permafrost continuo.

El régimen de escurrimiento del arroyo Agua Negra puede caracterizarse como nivo-glacial: a lo largo del año se observa fusión de nieve, de glaciares y de permafrost. La media anual de caudal fue del orden de 320 l/s durante el año hidrológico de 1990/1991, aunque estos valores llegan a superarse en años con fuertes nevadas. Las variaciones diarias en la intensidad de la radiación se reflejan con cierto desfase en la marcha diaria del escurrimiento. Es interesante el hecho de que el caudal disminuye notariamente en la cuenca inferior a medida que la superficie de la cuenca aumenta. Este fenómeno se debe a que gran parte del volumen del caudal desaparece en los arenales y otra parte se pierde por evaporación.

A lo largo de una semana, en el mes de enero de 1991, se midió la concentración de materiales en suspensión a lo largo del perfil longitudinal del Agua Negra. Por medio de los datos del caudal se calculó el transporte semanal total de material en suspensión. En el periodo 1990/1991 la cantidad de material en suspensión transportado desde la cuenca superior (52 km^2) fue de 249 toneladas, es decir 4,4 g/m^2. Esta importante cantidad de sedimento en suspensión se explica fundamentalmente por la existencia de material fino y suelto debido a la intensa meteorización en un clima extremo con niveles de radiación y de aridez muy altos. La estimación de la aplanación de las pendientes -mediante la medición del volumen de dos glaciares de escombros- muestra la intensidad de la meteorización. La cantidad de material en solución transportado -que se determinó por medio de la concentración de iones- corresponde a una quinta o tercera parte del material en suspensión transportado.

El material grueso transportado ($\geq$ 1.5 cm) se midió en los cestos de sedimento. A pesar de que el volumen del caudal no supera actualmente los 1,5 m^3/s, el transporte de material grueso es mucho menor comparado con el material en suspensión. No obstante, distintos niveles de terrazas formadas por bloques grandes ($\geq$ 40 cm) sin vegetación en las proximidades del arroyo Agua Negra, revelan la existencia de torrentes con un volumen entre 10 y 20 veces mayor que el actual.

En la zona de estudio, el año hidrológico 1990/1991 fue sumamente seco. Debido al hecho de que a finales de noviembre ya se había fundido toda la nieve de la cuenca, la fusión de permafrost se intensificó. Mediciones paralelas del caudal, realizadas un poco por debajo del glaciar y a la salida de la cuenca superior, confirman que la fusión de permafrost es responsable de una parte importante del volumen del caudal. Según estas mediciones y las mediciones en las fuentes de los glaciares de escombros activos, la fusión de permafrost aporta aproximadamente el 30% del caudal superficial durante la época estival. Los cálculos del volumen de agua de los glaciares de escombros activos ponen de manifiesto la importancia hidrológica de las zonas de permafrost. Estableciendo el promedio entre la superficie de los glaciares de escombros activos, un contenido de hielo de un 60% aproximadamente y una profundidad de 50 m, se ha calculado un volumen de agua de aproximadamente $62 \cdot 10^6$ m^3. Este volumen de agua -sin incluir las demás zonas de permafrost- corresponde al 70% del volumen estimado del glaciar Agua

Negra. El hecho de que la superficie de los glaciares de escombros activos supera la superficie de los glaciares corrobora los resultados obtenidos.

El volumen de agua se mantiene relativamente constante mientras la fusión de permafrost se limita a la capa activa y ésta permanece a su vez en un equilibrio dinámico de congelamiento y descongelamiento. No obstante, la situación podría volverse crítica si el balance de masa de los glaciares fuera negativo durante varios años seguidos. En tal caso, se produciría un desplazamiento del límite inferior de permafrost como consecuencia del aumento de la temperatura. Los cambios de temperatura del permafrost en la cordillera dependen directamente del influjo de la radiación solar y de las variaciones en la temperatura y en las precipitaciones.

La cordillera cuyana está experimentando importantes cambios -calentamiento climático y/o disminución de las precipitaciones-, que se muestran claramente en el fuerte retroceso de los glaciares desde hace varios años. Otro indicador de estos cambios podría ser el hecho de que un glaciar de escombros activo no llegó a congelarse completamente (HAPPOLDT & SCHROTT 1992). Se supone que el aumento global de la temperatura y la reducción considerable de la superfie de los glaciares en comparación con las máximas establecidas a mediados del siglo pasado (1850) influyeron en la temperatura del permafrost. Aún no disponemos de suficientes datos para determinar si estos cambios se mantendrán constantes, si se incrementarán o se verán interrumpidos bruscamente con el aumento de las precipitaciones en la alta cordillera y/o un periodo de temperaturas bajas. Sin embargo, no cabe la menor duda de que un aumento de la temperatura combinado con pocas precipitaciones puede acarrear consecuencias muy perjudiciales para el abastecimiento de agua y las vías de tránsito en los Andes en general.

Un escenario con un aumento de 3° de aquí a mediados del siglo XXI conllevaría un desplazamiento del límite inferior del permafrost entre 200 y 500 m, y en consecuencia la fusión de numerosos glaciares, glaciares de escombros y zonas con permafrost. La pérdida de este potencial de agua y la desestabilización de pendientes que permanecían congeladas puede acarrear una serie de riesgos: grandes coladas de barro que cortarían los caminos en los Andes y limitarían considerablemente el tráfico entre Argentina y Chile. La disminución del agua disponible tendría consecuencias negativas para toda la agricultura y la industria en Cuyo. Aunque todavía no existen estudios detallados sobre este tema, los procesos actuales anuncian ya esta problemática. El paso Agua Negra, por ejemplo, a 4400 m, permaneció cortado e intransitable durante varios años por una colada de barro. No se sabe exactamente si la colada de barro fue provocado por la fusión de permafrost o por la fusión de nieve combinada con una capa activa muy húmeda. Tan sólo mediante la observación continua se pueden explicar con más precisión los distintos procesos y la relación entre los mismos.

Habrá que esperar para ver si la situación sigue empeorando, si el calentamiento global y la notable disminución de los glaciares en la alta cordillera de Cuyo, pueden llegar a provocar el desplazamiento del límite inferior del permafrost. En lo que a estas observaciones se refiere, no se puede afirmar que el descongelamiento de la capa activa en el año observado signifique un crecimiento de la capa activa en general. Pero si la situación sigue mostrándose crítica a largo plazo, debe tenerse en cuenta que el caudal disminuiría considerablemente. Sin duda hay que aprovechar el enorme potencial de radiación solar y de agua de la región de Cuyo, que es aún enorme, de la forma más eficiente posible. Aun así, sería preciso llevar a cabo un monitoreos a largo plazo para develar lo antes posible los cambios en la temperatura, en las precipitaciones, en los cuerpos de hielo y en los acuíferos de agua. Los beneficios no sólo redundarían en favor de la región de Cuyo y de la actividad económica de sus habitantes, sino también del aprovechamiento ecológico de los recursos naturales.

RESUME

Le potentiel économique de la région des Andes semi-arides de Cuyo, à l'Quest de l'Argentine (30° S), est ètroitement lié à la quantité et à l'évolution saisonnière de l'eau des fontes provenant des hautes montagnes. Parallèlement aux glaciers, les régions de pergélisol couvrant de vastes domaines constittuent d'importants réservoirs d'eau. Etant donné que le rayonnement solaire exerce dans la géosystème des Hautes Andes semi-arides une influence particulièrement marquèe sur la structure fonctionnelle de divers éléments et processus (relief, roches, fonte de neiges, des glaciers et du pergélisol etc.), l'expansion du pergélisol aussi bien que la variation spatio-temporelle de la dynamique fluviale sont à inscrireen rapport avec cette impotante composante du budget énergétique.

Partant d'un modèle de rayonnement global (20,6 MJ/m^2 jour en moyenne annuelle) supérieures de 40% environ à celles des Alpes suisses. Pendant 8 mois, une forte corrélation ($r \geq 0,7$) lie les sommes journalières du rayonnement global et les amplitudes de la température du sol (1 et 10 cm). Du fait que pour un rayonnement global constant des températures de l'air peu élevées ou en baisse nimpliquent aucunement des températures de sol basses, il est possible de fournir par le biais de l'intensité du rayonnement une explication nettement plus satisfaisante des gisements de pergélisol des hautes montagens (par exemple glaciers rocheux actifs). Les mesures de températures par forage du sol associées aux sondes sismiques par réfaction permettent non seullement de prospecter les gisements de pergélisol mais également de déterminer les limites inférieures du pergélisol discontinu (4000 m) et continu (5200 m). Dans la région du pergélisol discontinu, on enregistre au moyen de ces méthodes une épaisseur des couches actives comprise entre 1,4 et 5 m. A 4720 m, la couche active d'un glacier rocheux actif munie de thermostors ne gèle pas entièrement jusqu'au plafond du pergélisol, situé à 2,5 m de profondeur, même pendant les mois d'hiver.

Le regime des écoulements moyens s'élèvent pour l'année hydrologique 1990/91 à 324 l/s. Les variations de l'intensité du rayonnement se reflètent en général directement dans les écoullements avec un certain décalage dans le temps. On remarque nettement la perte d'eau en aval des fleuves malgré l'ccroissement de l'étendue du bassin, essentiellement due à l'éecoulement de l'eau dans les regions pro-glaciaires et à l'évaporation. Des mesures effectuées parallèlement à la langue du glacier, aux sources du glacier rocheux et à la sortie de la vallée confirment la part considérable (30% env.) que représente l'eau des fontes du pergélisol dans les écoulements suivant la fonte des neiges. Les concentrations de suspension mesurées en profil longitudinal de l'Agua Negra pendant une semaine en janvier 1991 révèlent, compte tenu d'une relation entre les suspensions et les écoulements, de charges de suspension comprises entre 17,9 t dans le cours supérieur (57 km^2) et 263,6 t dans le cours inférieur (365 km^2). Pour la période d'ablation 1990/91, la somme totale des suspensions transportées dans le bassin supérieur se monte à 249 t soit 4,4 g/m^2. Une condition essentielle du transport de ces quantités considérables réside dans la disponibilité de la matière meuble, elle-même permise par l'importance de la altération des roches due au climat riche en rayonnement solaire et à une fréquence de gel-dégel quasi-'journalière. La charge de solution, qui a elle aussi été mesurée, ne représente que le 1/3 voire le 1/5 de la charge des suspensions. Quant à la charge du lit elle joue un rôle plutôt limité dans les cas d'écoulements maximaux actuels de 1,5 m^3/s mais elle gagne de l'importance après des hivers très neigeux.

ANHANG

Datensatz der gemessenen Parameter an den Stationen Eisbein (4150 m ü.M.) und El Paso (4720 m ü.M.) (Tagesmittel)

STATION EISBEIN (4150 m ü.M.)

Datum	Global-strahlung [MJ/m²]	Lufttemp. [°C]	Bodentemp. 0.01 m. [°C]	Abfluß [l/s]
20/01/90	33.981	8.54	14.17	221.901
21/01/90	33.964	10.58	14.28	230.367
23/01/90	33.832	11.38	15.11	237.718
24/01/90	31.001	11.93	16.82	223.773
25/01/90	23.735	11.05	13.13	260.623
26/01/90	29.595	13.52	16.26	337.063
27/01/90	20.392	13.30	14.92	369.162
28/01/90	26.069	13.04	14.79	312.945
29/01/90	32.888	12.36	15.78	289.875
30/01/90	31.200	13.28	16.84	281.065
31/01/90	16.022	12.30	12.44	297.469
01/02/90	28.750	13.21	16.40	288.471
02/02/90	32.326	12.03	16.80	354.687
03/02/90	23.288	9.61	11.59	362.739
04/02/90	21.319	8.03	9.82	322.968
05/02/90	19.730	8.62	8.56	327.675
06/02/90	21.137	7.81	9.36	330.973
07/02/90	29.694	10.53	12.44	294.189
08/02/90	30.803	11.17	13.82	300.716
10/02/90	25.390	8.96	11.13	255.889
11/02/90	26.566	6.92	10.48	238.238
12/02/90	28.022	7.13	11.44	221.377
13/02/90	26.069	7.15	11.16	204.790
14/02/90	26.648	9.09	12.22	184.909
15/02/90	30.356	9.73	13.65	180.508
16/02/90	25.175	10.17	11.45	196.371
17/02/90	29.843	10.03	12.31	190.984
18/02/90	29.528	9.69	11.84	176.047
19/02/90	29.065	11.32	13.38	178.077
20/02/90	21.666	10.45	11.84	154.835
21/02/90	29.661	10.25	12.23	153.690
22/02/90	29.512	9.12	10.93	138.948
23/02/90	29.412	9.03	10.83	136.567
24/02/90	28.618	9.67	11.74	133.085
25/02/90	28.287	9.81	11.83	127.587
26/02/90	28.982	8.31	10.68	119.878
27/02/90	27.393	10.14	11.26	120.529
28/02/90	28.668	9.04	10.34	139.517
01/03/90	28.403	10.02	11.76	133.240
02/03/90	28.304	10.72	11.88	114.570
03/03/90	28.254	11.72	11.80	109.301
04/03/90	28.006	11.88	11.80	111.061
05/03/90	27.939	10.72	11.23	111.032

06/03/90	27.972	11.38	10.76	110.788
07/03/90	27.840	12.73	11.91	98.150
09/03/90	27.294	15.34	13.42	78.518
10/03/90	26.367	16.75	14.05	66.319
11/03/90	17.330	15.87	13.71	61.931
12/03/90	19.663	12.27	11.13	65.066
13/03/90	21.120	11.49	10.42	67.628
14/03/90	25.457	11.29	11.09	68.425
15/03/90	26.102	10.58	9.45	85.332
16/03/90	25.308	9.88	8.40	75.137
17/03/90	20.955	9.00	6.61	74.353
18/03/90	25.721	9.94	8.17	76.768
19/03/90	25.556	9.57	8.06	73.861
20/03/90	18.372	7.99	5.83	57.099
21/03/90	16.469	7.22	5.34	48.626
22/03/90	20.723	8.70	5.35	49.401
23/03/90	24.414	9.34	7.54	83.911
24/03/90	10.279	7.17	1.56	69.475
25/03/90	24.281	9.42	5.81	115.126
26/03/90	24.215	9.98	6.64	142.570
27/03/90	23.917	9.45	5.44	104.243
28/03/90	24.513	6.13	6.07	135.299
30/03/90	23.371	-0.82	2.17	54.006
31/03/90	22.444	4.20	5.52	171.303
01/04/90	22.510	5.27	6.58	43.346
03/04/90	21.186	4.42	7.56	83.192
04/04/90	16.850	1.91	5.87	33.654
05/04/90	21.087	0.40	4.18	102.957
06/04/90	20.988	0.73	4.56	57.621
07/04/90	21.153	2.58	5.58	76.899
08/04/90	20.226	4.49	7.16	55.648
09/04/90	20.491	5.22	6.91	81.917
10/04/90	20.425	5.21	7.58	49.636
11/04/90	20.458	5.36	7.50	54.259
12/04/90	19.465	5.30	7.22	88.199
13/04/90	19.796	4.47	7.10	51.500
14/04/90	19.531	6.24	8.14	39.726
15/04/90	19.465	4.12	6.76	49.084
16/04/90	19.399	3.97	6.33	67.694
17/04/90	8.673	2.47	4.10	45.907
18/04/90	19.531	3.02	5.41	52.737
19/04/90	14.334	2.45	4.13	60.639
20/04/90	5.892	1.15	3.20	59.046
21/04/90	12.778	-0.45	1.59	49.654
22/04/90	19.862	-1.75	1.32	42.399
23/04/90	6.654	-2.49	-0.58	55.420
24/04/90	8.607	-3.24	-1.17	118.600
25/04/90	18.637	-5.45	-0.54	213.715
26/04/90	12.646	-7.30	-3.07	131.392

27/04/90	18.571	-6.04	-2.81	89.695
28/04/90	18.670	-6.02	-2.51	8.511
29/04/90	18.008	-2.63	-1.14	6.272
30/04/90	16.618	-3.41	-0.74	4.806
01/05/90	17.644	-3.89	-1.84	4.576
02/05/90	7.945	-2.72	-2.43	4.586
03/05/90	15.923	-1.28	0.25	4.501
04/05/90	12.612	-0.48	0.87	4.505
05/05/90	16.717	1.80	2.23	4.461
06/05/90	16.519	3.07	3.74	4.461
07/05/90	16.684	2.81	3.06	4.875
08/05/90	11.023	2.47	2.24	9.785
09/05/90	17.115	-1.60	2.28	23.433
10/05/90	16.419	-0.85	0.90	8.624
11/05/90	12.348	-1.01	-0.04	8.742
12/05/90	4.932	-1.68	-0.82	1.689
13/05/90	2.913	-3.60	-2.40	1.687
14/05/90	15.393	-3.99	-1.61	1.670
15/05/90	14.698	-1.21	-0.96	1.661
16/05/90	12.083	-4.55	-1.49	1.680
17/05/90	14.135	-0.35	-0.21	1.664
18/05/90	14.003	0.91	1.28	1.652
19/05/90	14.201	3.13	1.89	1.651
20/05/90	14.102	2.29	2.21	1.649
21/05/90	13.870	1.46	0.86	1.652
22/05/90	13.771	2.68	2.31	1.638
23/05/90	12.943	3.82	3.09	1.644
24/05/90	9.964	3.20	2.52	1.651
25/05/90	12.149	2.27	3.19	1.646
26/05/90	4.105	-1.88	-1.32	1.687
27/05/90	13.705	-2.76	-1.53	1.678
28/05/90	2.781	-5.98	-3.39	1.694
29/05/90	5.495	-10.75	-4.28	1.694
30/05/90	14.135	-12.51	-6.84	1.699
31/05/90	13.738	-7.27	-6.59	1.689
01/06/90	14.334	-3.10	-4.71	1.702
02/06/90	12.977	-2.13	-4.70	1.680
03/06/90	5.528	-3.85	-4.67	1.699
04/06/90	5.363	-7.72	-5.65	1.712
05/06/90	14.168	-7.92	-5.87	1.695
06/06/90	13.937	-5.13	-4.54	1.702
07/06/90	13.837	-4.83	-5.09	1.697
08/06/90	14.201	-2.86	-3.58	1.688
09/06/90	12.612	-1.24	-2.52	1.675
10/06/90	12.315	-2.81	-1.36	1.678
11/06/90	13.241	-4.52	-2.49	1.688
12/06/90	9.567	-7.27	-4.79	1.704
13/06/90	13.407	-1.67	-2.49	1.680
14/06/90	12.778	1.51	-0.31	1.668

15/06/90	12.612	0.38	-0.26	1.661
16/06/90	12.579	0.53	-0.60	1.676
17/06/90	12.844	1.16	-0.55	1.666
18/06/90	10.626	-0.52	-0.57	1.668
19/06/90	12.348	-1.44	-0.79	1.673
20/06/90	11.983	1.71	-0.60	1.658
21/06/90	12.414	3.05	1.25	1.658
22/06/90	6.389	0.22	0.09	1.680
23/06/90	5.164	-5.47	-3.04	1.694
24/06/90	12.877	-3.72	-4.39	1.702
25/06/90	12.215	-1.35	-3.26	1.687
26/06/90	12.778	-0.82	-2.59	1.680
27/06/90	12.513	0.43	-1.60	1.687
28/06/90	12.910	-0.22	-2.02	1.680
29/06/90	12.877	-2.05	-2.97	1.687
30/06/90	7.978	-1.98	-2.27	1.697
01/07/90	3.774	-4.24	-3.84	1.709
02/07/90	14.466	-1.34	-1.58	1.682
03/07/90	12.877	-0.71	-1.35	1.690
04/07/90	13.076	-0.59	-1.99	1.703
05/07/90	13.076	0.18	-1.69	1.673
06/07/90	13.076	0.15	-0.41	1.680
07/07/90	2.748	-5.57	-3.38	1.692
08/07/90	12.315	-9.50	-4.70	1.692
09/07/90	14.797	-8.66	-6.38	1.702
10/07/90	13.639	-5.87	-6.42	1.692
11/07/90	13.606	-3.75	-6.31	1.690
12/07/90	14.466	-3.35	-6.52	1.709
13/07/90	13.539	-3.54	-6.00	1.704
14/07/90	4.568	-7.80	-6.44	1.707
15/07/90	14.599	-9.05	-7.33	1.734
16/07/90	14.863	-9.49	-8.65	1.757
17/07/90	8.375	-11.40	-9.44	1.797
18/07/90	7.812	-10.09	-9.77	1.807
19/07/90	14.433	-9.30	-8.76	1.795
20/07/90	14.731	-10.92	-8.29	1.795
21/07/90	14.036	-4.70	-5.82	1.765
22/07/90	10.030	-5.46	-5.21	1.787
23/07/90	15.095	-3.77	-3.77	1.757
24/07/90	14.566	-3.05	-2.41	1.757
25/07/90	17.181	-2.07	-1.64	1.751
26/07/90	14.665	-3.95	-2.53	1.749
27/07/90	15.062	-2.34	-2.61	1.752
28/07/90	15.195	-2.56	-1.89	1.737
29/07/90	16.121	-2.87	-2.00	1.737
30/07/90	15.857	-1.03	-1.03	1.737
31/07/90	14.698	-0.92	-0.10	1.734
01/08/90	15.526	-1.25	-0.88	1.742
02/08/90	16.121	0.13	0.58	1.732

03/08/90	16.188	-0.92	0.33	1.729
04/08/90	15.062	0.81	0.65	1.722
05/08/90	16.850	2.80	2.43	1.712
06/08/90	16.155	1.67	1.82	1.719
07/08/90	17.015	1.00	2.45	1.722
08/08/90	16.287	4.33	3.83	1.705
09/08/90	16.883	2.61	2.85	1.712
10/08/90	17.280	2.37	2.27	1.712
11/08/90	16.750	3.09	4.16	1.705
12/08/90	11.255	0.65	2.16	1.712
13/08/90	14.499	-1.50	2.31	1.722
14/08/90	17.810	-4.35	-1.70	1.749
15/08/90	18.538	-5.92	-2.63	1.744
16/08/90	18.041	-5.23	-2.38	1.750
17/08/90	18.174	-4.15	-1.54	1.737
18/08/90	18.968	-7.75	-3.44	1.762
19/08/90	19.068	-7.15	-3.37	1.760
20/08/90	18.869	-5.67	-2.29	1.745
21/08/90	15.989	-2.33	-0.34	1.734
22/08/90	14.996	-6.35	-2.44	1.752
23/08/90	17.512	-1.89	-0.75	1.740
24/08/90	18.836	-1.69	-0.02	1.727
25/08/90	16.221	-0.67	1.18	1.715
26/08/90	15.029	-1.20	1.10	1.724
27/08/90	19.035	-0.87	1.90	1.717
28/08/90	17.181	1.47	3.09	1.712
29/08/90	19.200	1.53	3.25	1.705
30/08/90	3.708	-3.06	-1.58	1.749
31/08/90	14.599	-5.63	-2.49	1.746
01/09/90	15.459	-3.81	-2.30	1.744
02/09/90	10.163	-5.38	-2.46	1.746
03/09/90	11.421	-4.42	-2.34	1.754
04/09/90	15.691	-1.46	-2.07	1.739
05/09/90	10.063	-4.45	-2.00	1.746
06/09/90	18.571	-7.40	-3.29	1.746
07/09/90	22.974	-2.98	-4.18	1.759
08/09/90	22.014	1.82	-3.25	1.724
09/09/90	22.544	2.65	-3.08	1.724
10/09/90	24.331	0.40	-3.40	1.736
11/09/90	13.241	-3.99	-4.14	1.769
12/09/90	24.761	-1.72	-3.95	1.754
13/09/90	24.331	-3.93	-3.87	1.750
14/09/90	24.232	1.78	-0.17	1.725
15/09/90	24.265	1.87	2.51	1.709
16/09/90	20.392	-0.68	1.21	1.714
17/09/90	23.073	-3.83	1.13	1.727
18/09/90	7.415	-4.31	-2.29	1.759
19/09/90	3.476	-5.94	-2.67	1.751
20/09/90	20.888	-2.70	-2.59	1.749

21/09/90	26.715	-2.75	-2.00	1.751
22/09/90	26.317	-3.97	-2.63	1.759
23/09/90	26.185	-4.15	-2.68	1.754
24/09/90	27.410	0.04	0.32	1.702
25/09/90	26.218	-1.53	1.51	1.682
26/09/90	24.397	-0.02	1.13	1.677
27/09/90	10.792	-3.12	-0.46	1.692
28/09/90	27.641	-6.32	-0.88	1.644
29/09/90	26.450	-0.73	1.69	1.620
30/09/90	26.549	4.83	5.29	1.569
01/10/90	26.781	2.97	5.27	1.544
02/10/90	27.046	1.64	5.53	1.524
03/10/90	24.960	0.46	4.40	1.502
04/10/90	22.014	-1.25	3.10	1.482
05/10/90	11.652	-4.06	-0.87	1.502
06/10/90	19.630	-4.87	-1.17	1.515
07/10/90	28.138	-6.44	-0.66	1.527
08/10/90	27.410	-2.22	3.14	1.498
09/10/90	27.873	2.22	4.69	1.482
10/10/90	27.012	-1.55	2.81	1.493
06/11/90	26.946	-0.92	5.55	15.232
07/11/90	28.999	-2.41	6.24	18.415
08/11/90	32.292	-1.74	7.17	31.047
09/11/90	31.217	5.75	10.32	66.064
10/11/90	33.186	4.72	11.16	60.319
11/11/90	32.756	3.19	9.54	185.219
12/11/90	31.829	2.50	9.02	184.473
13/11/90	32.607	1.17	7.79	277.486
14/11/90	30.273	2.18	8.11	222.330
15/11/90	33.915	5.09	11.62	267.083
16/11/90	32.458	3.02	10.77	133.587
17/11/90	32.044	6.37	12.08	265.329
18/11/90	30.952	6.44	12.74	225.657
19/11/90	33.153	5.38	11.45	170.791
20/11/90	33.567	6.11	12.37	273.155
21/11/90	33.468	7.76	15.18	218.762
22/11/90	33.600	6.81	15.57	149.160
23/11/90	33.782	10.40	16.85	206.935
24/11/90	33.451	8.80	16.89	215.059
25/11/90	26.450	8.77	14.18	254.199
26/11/90	33.716	6.74	15.02	252.995
27/11/90	33.633	5.33	14.27	289.157
28/11/90	33.087	9.27	16.58	275.412
29/11/90	18.439	6.67	12.26	217.795
30/11/90	34.262	6.44	15.15	213.836
01/12/90	34.692	5.11	12.60	248.321
02/12/90	34.444	6.01	15.28	218.413
03/12/90	34.113	7.43	15.84	209.229
04/12/90	32.921	7.38	14.83	223.868

05/12/90	33.352	4.84	13.45	276.619
06/12/90	34.378	4.20	12.70	291.245
07/12/90	33.931	8.40	15.87	314.008
08/12/90	34.510	6.99	15.87	322.888
09/12/90	35.652	5.40	14.67	327.032
10/12/90	24.281	2.40	11.28	290.248
11/12/90	10.163	0.11	5.28	300.864
12/12/90	36.430	-1.69	7.12	297.637
13/12/90	35.123	1.98	10.92	379.901
14/12/90	31.812	5.57	13.10	313.260
15/12/90	34.179	9.10	15.48	262.193
16/12/90	31.250	9.59	15.32	248.781
17/12/90	34.858	8.84	16.47	264.330
18/12/90	34.262	9.64	17.77	241.898
19/12/90	34.047	11.12	18.22	265.505
21/12/90	27.807	8.58	15.04	390.712
22/12/90	34.097	8.28	16.46	410.467
23/12/90	34.990	8.93	17.43	441.323
24/12/90	31.332	6.60	15.27	551.761
25/12/90	31.961	11.08	17.95	564.907
26/12/90	31.366	12.26	19.33	574.656
27/12/90	34.146	10.49	19.82	618.795
28/12/90	24.083	5.44	14.27	683.834
29/12/90	31.498	10.54	15.91	628.110
30/12/90	22.064	10.13	15.59	708.447
31/12/90	29.214	9.05	16.44	618.090
01/01/91	34.411	8.14	17.14	670.228
02/01/91	34.279	7.56	15.48	592.579
03/01/91	34.560	7.76	16.73	487.937
04/01/91	33.948	8.60	17.40	521.180
05/01/91	19.697	8.20	14.05	497.716
06/01/91	28.419	7.70	15.63	477.631
07/01/91	26.864	7.33	14.06	475.273
08/01/91	30.273	8.17	15.95	522.612
09/01/91	34.163	8.42	17.08	572.175
10/01/91	28.188	7.56	16.46	539.461
11/01/91	31.746	7.14	16.88	559.033
12/01/91	34.113	6.63	16.97	537.322
13/01/91	34.510	6.54	16.28	484.085
14/01/91	29.760	5.24	14.79	494.803
16/01/91	33.964	4.90	14.84	477.127
17/01/91	33.732	5.82	14.40	474.501
18/01/91	33.650	5.90	14.91	464.727
19/01/91	33.501	7.26	15.31	430.357
20/01/91	33.302	5.10	13.33	432.698
21/01/91	33.600	6.50	14.45	385.625
22/01/91	33.236	9.58	15.99	379.260
23/01/91	31.829	10.24	17.48	402.511
24/01/91	32.690	10.18	18.23	422.182

25/01/91	32.359	6.74	16.56	545.196
26/01/91	32.309	10.99	17.91	569.316
27/01/91	33.401	9.48	16.44	501.657
28/01/91	32.458	5.49	14.27	400.595
29/01/91	33.104	4.08	12.93	400.898
31/01/91	32.177	4.28	13.40	338.368
01/02/91	30.985	3.41	12.61	327.947
02/02/91	31.763	4.53	13.43	297.206
03/02/91	32.160	5.26	13.39	294.751
04/02/91	31.846	5.76	14.08	317.211
05/02/91	32.177	3.81	12.92	334.215
06/02/91	25.010	3.93	11.47	357.449
07/02/91	19.217	2.61	8.51	349.872
08/02/91	29.197	4.89	12.34	329.152
09/02/91	25.291	7.04	13.73	336.758
10/02/91	31.332	6.82	14.47	350.133
11/02/91	31.084	5.12	13.50	331.051
12/02/91	31.101	5.66	13.91	330.788
13/02/91	30.141	0.59	11.51	331.481
14/02/91	30.339	0.58	10.97	329.030
15/02/91	30.389	5.08	12.41	334.916
16/02/91	31.647	4.68	13.09	316.525
17/02/91	29.942	4.59	12.85	324.756
18/02/91	29.859	4.77	12.63	325.787
19/02/91	29.545	4.61	12.12	312.325
20/02/91	29.495	5.03	12.64	292.432
21/02/91	29.429	6.24	13.44	295.484
22/02/91	28.717	4.38	12.14	289.252
23/02/91	27.112	9.60	15.56	349.746
24/02/91	24.364	11.76	16.64	414.523
25/02/91	27.410	11.71	18.24	491.335
26/02/91	28.287	9.92	16.53	475.266
27/02/91	27.575	9.07	16.12	432.448
28/02/91	27.906	7.63	14.82	437.112
01/03/91	25.755	6.04	12.16	410.474
02/03/91	27.906	6.60	13.34	389.361
03/03/91	14.897	4.44	9.54	384.489
04/03/91	25.258	3.44	10.77	386.582
05/03/91	27.443	7.10	12.84	424.981
06/03/91	26.930	5.87	11.34	440.470
07/03/91	24.629	5.08	11.07	409.318
08/03/91	24.960	6.11	12.12	353.782
09/03/91	26.864	6.15	12.81	343.849
10/03/91	26.615	7.17	13.94	373.226
11/03/91	26.930	6.15	12.39	398.626
12/03/91	26.864	5.12	10.47	387.066
13/03/91	26.797	2.85	10.04	367.937
14/03/91	21.583	-0.49	7.50	355.231
15/03/91	25.159	1.91	9.82	348.109

16/03/91	25.705	3.93	10.02	330.665
17/03/91	25.308	2.54	10.21	320.092
18/03/91	25.424	6.33	10.68	303.350
19/03/91	25.026	6.57	11.34	293.463
20/03/91	24.894	6.95	11.66	291.100
21/03/91	24.877	8.36	13.04	290.347
22/03/91	24.927	9.20	13.38	272.619
23/03/91	24.927	9.18	12.91	271.195
24/03/91	19.366	5.08	10.17	283.485
25/03/91	22.428	4.87	11.34	308.453
26/03/91	21.633	6.56	11.30	341.885
27/03/91	15.244	6.41	8.84	333.043
28/03/91	23.123	7.91	12.17	333.823
29/03/91	17.876	5.49	10.27	323.278
30/03/91	16.783	2.09	6.95	286.876
31/03/91	22.643	3.14	8.18	273.457
01/04/91	22.544	3.38	7.74	226.961
02/04/91	22.212	3.50	8.08	187.163
03/04/91	22.163	0.38	7.24	233.342
04/04/91	21.898	2.47	7.66	175.697
05/04/91	10.858	1.17	3.63	161.364
06/04/91	21.335	1.08	6.13	198.700
07/04/91	21.385	4.89	8.38	212.092
08/04/91	20.392	4.22	7.57	181.932
09/04/91	20.623	4.93	8.12	253.581
10/04/91	20.822	3.89	6.61	225.906
11/04/91	17.247	3.65	7.27	218.309
12/04/91	18.952	2.83	6.98	129.471

STATION EL PASO (4720 m ü.M.)

Datum	Global-strahlung	Lufttemp.	Bodentemp. 0.01 m.	Bodentemp. 0.10 m.	Bodentemp. 0.25 m.	Bodentemp. 0.50 m.	Bodentemp. 1.00 m.	Bodentemp. 2.50 m.
	[MJ/m²]	[°C]	[°C]	[°C]	[°C]	[°C]	[°C]	[°C]
11/12/89	37.811	4.03	12.61	10.16	.	7.26	.	.
12/12/89	37.197	4.91	13.84	10.90	.	7.69	.	.
13/12/89	37.980	4.78	14.62	11.36	.	7.87	.	.
14/12/89	37.560	4.57	14.02	11.45	.	8.00	.	.
15/12/89	37.788	4.93	14.64	11.74	.	8.19	.	.
16/12/89	30.136	-1.08	8.28	9.29	.	8.65	.	.
17/12/89	38.077	2.55	12.18	9.04	.	7.49	.	.
18/12/89	34.083	5.09	14.52	11.26	.	7.67	.	.
19/12/89	25.560	3.50	12.14	10.62	.	8.08	.	.
20/12/89	20.169	2.75	9.05	9.17	.	7.99	.	.
21/12/89	37.288	3.13	12.38	9.64	.	7.42	.	.
22/12/89	38.115	2.88	13.42	10.59	.	7.55	.	.
23/12/89	33.320	2.18	12.36	10.69	.	7.92	.	.
24/12/89	24.324	1.71	9.84	9.35	.	7.85	.	.
25/12/89	20.179	1.14	8.97	8.64	.	7.56	.	.
26/12/89	18.831	0.60	7.27	7.51	.	7.14	.	.
27/12/89	19.152	1.31	8.94	8.28	.	6.73	.	.
28/12/89	30.021	2.37	10.73	9.60	.	6.95	.	.
29/12/89	13.705	2.23	7.92	8.01	.	7.33	.	.
30/12/89	19.142	2.84	8.59	8.19	.	7.06	.	.
31/12/89	35.344	4.96	11.99	10.48	.	7.23	.	.
01/01/90	37.720	3.59	12.40	10.98	.	7.80	.	.
02/01/90	38.962	3.23	13.09	11.24	.	8.22	.	.
03/01/90	38.851	4.01	14.34	12.10	.	8.47	.	.
04/01/90	37.233	4.96	16.19	13.63	.	9.10	.	.
05/01/90	29.300	5.52	14.41	12.77	.	9.84	.	.
17/01/90	37.718	-1.78	7.10	7.12	8.38	9.09	7.01	.
19/01/90	37.139	2.27	9.71	8.86	7.76	7.18	6.27	.
21/01/90	36.704	2.89	10.48	9.49	7.83	7.00	5.90	.
22/01/90	33.718	3.08	10.53	9.72	8.14	7.04	5.86	.
23/01/90	36.999	2.89	10.13	9.45	8.13	7.09	5.77	.
24/01/90	35.158	3.75	13.57	11.09	8.17	7.05	5.80	.
25/01/90	28.620	4.49	12.18	10.98	8.94	7.41	5.86	.
26/01/90	33.225	5.34	13.30	11.65	9.32	7.69	5.96	.
27/01/90	20.659	4.82	10.67	11.00	9.54	8.03	6.08	.
28/01/90	27.040	4.43	9.96	9.83	8.79	7.93	6.30	.
29/01/90	35.613	4.12	11.19	10.23	8.58	7.69	6.36	.
30/01/90	34.032	5.23	12.93	11.32	9.13	7.75	6.31	.
31/01/90	18.476	4.67	10.12	10.51	9.67	8.16	6.31	.
01/02/90	31.308	4.89	13.29	11.77	9.22	8.08	6.49	.
02/02/90	33.365	2.81	11.27	10.82	9.41	8.21	6.58	.
03/02/90	19.278	1.24	7.86	8.92	8.88	8.13	6.64	.
04/02/90	20.112	1.39	7.67	8.30	7.89	7.58	6.57	.

05/02/90	20.879	1.09	6.28	7.65	7.07	7.11	6.33	.
06/02/90	22.416	0.47	7.39	7.61	6.58	6.54	6.13	.
07/02/90	33.269	2.77	7.96	7.94	6.26	6.22	5.91	.
08/02/90	32.512	2.55	8.80	8.61	6.97	6.17	5.77	.
10/02/90	27.340	0.93	8.09	8.45	7.45	6.45	5.59	.
11/02/90	29.505	-0.21	8.28	8.08	6.91	6.33	5.60	.
12/02/90	31.048	-0.10	9.80	8.76	7.04	6.21	5.61	.
13/02/90	27.779	0.13	8.00	8.25	7.26	6.34	5.45	.
14/02/90	31.787	0.41	8.05	7.90	6.85	6.25	5.49	.
15/02/90	31.441	0.78	7.98	7.67	6.44	6.02	5.57	.
16/02/90	30.269	0.82	8.00	7.88	6.81	5.96	5.34	.
17/02/90	31.086	0.75	8.69	7.97	6.66	5.96	5.37	.
18/02/90	33.207	1.31	8.80	8.11	6.68	5.87	5.27	.
19/02/90	25.924	0.95	6.44	7.38	6.79	5.87	5.24	.
20/02/90	24.519	0.54	6.76	6.90	6.22	5.69	5.12	.
21/02/90	32.882	0.37	7.43	7.05	6.00	5.48	5.19	.
22/02/90	31.933	-0.27	7.21	6.87	5.87	5.37	5.08	.
23/02/90	32.348	-0.56	6.26	6.34	5.84	5.27	4.98	.
24/02/90	30.777	0.15	8.39	7.44	5.75	5.11	4.85	.
25/02/90	31.742	0.95	9.54	8.31	6.22	5.15	4.78	.
26/02/90	27.115	0.48	7.85	8.10	6.65	5.48	4.75	.
27/02/90	28.955	1.04	7.66	7.96	6.54	5.58	4.72	.
28/02/90	32.010	-0.37	7.41	7.13	6.30	5.61	4.89	.
01/03/90	31.481	0.77	7.67	7.24	6.20	5.39	4.85	.
02/03/90	31.256	2.35	9.31	8.38	6.53	5.42	4.79	.
03/03/90	30.922	3.52	10.04	9.24	6.98	5.60	4.74	.
04/03/90	30.661	1.64	9.03	8.97	7.24	5.89	4.77	.
05/03/90	30.975	0.18	7.45	7.63	6.90	5.93	4.98	.
06/03/90	30.571	1.49	6.44	6.83	6.25	5.69	4.95	.
07/03/90	30.466	2.48	8.35	7.65	5.91	5.38	4.85	.
08/03/90	30.192	3.11	8.74	8.18	6.40	5.35	4.77	.
10/03/90	29.099	6.57	11.87	10.74	7.97	6.04	4.87	0.40
11/03/90	29.156	5.08	12.35	11.40	8.72	6.55	4.83	0.50
12/03/90	25.804	1.77	9.41	10.23	8.90	6.97	5.12	0.34
13/03/90	19.880	0.27	5.85	6.97	7.59	6.73	5.50	0.63
14/03/90	27.111	0.24	7.50	7.50	6.66	6.10	5.36	0.30
15/03/90	28.828	-0.25	5.54	6.13	6.10	5.77	5.37	0.28
16/03/90	28.490	-0.59	5.25	5.61	5.49	5.41	5.19	0.26
17/03/90	25.655	-1.25	4.33	4.92	4.98	5.00	5.04	0.23
18/03/90	28.172	-1.09	5.00	5.08	4.46	4.54	4.81	0.20
19/03/90	27.724	-0.68	5.37	5.27	4.50	4.32	4.57	0.22
20/03/90	21.726	-1.09	5.20	5.31	4.61	4.27	4.31	0.21
21/03/90	17.950	-2.32	3.17	4.15	4.44	4.18	4.17	-0.02
22/03/90	21.443	-2.73	0.98	2.66	3.59	3.89	4.16	0.09
23/03/90	26.592	-1.62	4.19	3.78	2.83	3.34	4.07	0.16
24/03/90	12.337	-4.05	-1.96	0.79	2.71	3.22	3.89	0.06
25/03/90	26.283	-2.09	2.32	1.99	1.88	2.62	3.70	0.09
26/03/90	26.097	-1.53	3.86	3.35	2.04	2.30	3.20	0.01
27/03/90	25.441	-1.62	3.38	3.55	2.58	2.41	2.97	0.13

28/03/90	25.608	-3.94	-0.69	1.22	2.31	2.58	3.05	0.15
29/03/90	9.307	-6.95	-5.38	-1.60	1.14	2.01	2.98	0.20
30/03/90	26.391	-4.95	-1.45	-0.95	0.33	1.14	2.54	-0.02
01/04/90	23.391	0.84	4.22	3.42	0.79	0.76	1.84	-0.11
02/04/90	22.989	1.19	4.26	3.83	1.89	1.13	1.71	-0.00
03/04/90	23.090	-0.13	4.15	4.24	2.49	1.55	1.76	-0.07
04/04/90	16.960	-2.73	1.16	2.61	2.49	1.81	1.88	-0.07
05/04/90	22.818	-4.14	0.29	1.42	1.52	1.62	2.10	-0.22
06/04/90	22.558	-3.07	1.06	1.62	1.13	1.21	1.95	-0.19
07/04/90	22.570	-2.32	1.60	2.05	1.24	1.10	1.71	-0.20
08/04/90	21.896	0.14	2.85	2.52	1.42	1.13	1.75	-0.18
09/04/90	21.884	2.31	5.18	4.53	2.14	1.22	1.59	-0.14
10/04/90	21.860	2.32	4.66	4.65	3.00	1.79	1.69	-0.22
11/04/90	21.742	2.07	4.90	4.87	3.27	2.13	1.76	-0.18
12/04/90	21.736	0.87	4.12	4.60	3.42	2.34	1.89	-0.15
13/04/90	21.322	-0.08	3.13	3.68	3.16	2.42	2.02	-0.20
14/04/90	21.228	1.60	4.79	4.62	3.13	2.25	2.08	-0.27
15/04/90	20.790	-0.33	3.91	4.19	3.21	2.35	2.12	-0.28
16/04/90	20.755	-1.22	1.93	3.04	2.72	2.23	2.06	-0.32
17/04/90	13.496	-2.17	1.08	2.12	2.07	1.78	2.09	-0.33
18/04/90	19.963	-1.57	0.38	1.17	1.26	1.32	2.03	-0.37
19/04/90	14.400	-2.28	-0.78	0.48	0.73	0.97	1.92	-0.41
20/04/90	4.877	-4.08	-2.86	-0.42	0.35	0.71	1.57	-0.43
21/04/90	10.995	-5.28	-4.40	-1.98	0.01	0.42	1.61	-0.43
22/04/90	17.959	-7.25	-3.11	-1.85	-0.60	0.15	1.27	-0.43
23/04/90	7.425	-7.55	-6.57	-3.89	-1.12	-0.00	1.31	-0.43
24/04/90	7.892	-8.32	-7.56	-4.95	-2.06	-0.17	0.93	-0.43
25/04/90	16.936	-10.86	-7.96	-5.59	-2.62	-0.59	0.81	-0.43
26/04/90	13.306	-12.32	-9.53	-7.50	-4.12	-1.23	0.73	-0.25
27/04/90	19.862	-10.13	-7.53	-6.74	-4.90	-1.94	0.54	0.03
28/04/90	19.478	-9.75	-6.68	-5.56	-4.46	-2.43	0.51	0.04
29/04/90	19.247	-6.20	-5.10	-4.65	-4.12	-2.66	0.36	0.03
30/04/90	18.290	-6.94	-4.26	-3.45	-3.24	-2.58	0.37	0.00
01/05/90	19.117	-7.18	-5.03	-3.90	-3.07	-2.44	0.34	-0.04
02/05/90	9.299	-6.80	-6.10	-4.68	-2.84	-2.47	0.34	-0.12
03/05/90	17.764	-6.40	-3.39	-3.72	-3.44	-2.72	0.17	-0.08
04/05/90	10.711	-5.34	-3.76	-2.74	-2.78	-2.64	-0.16	-0.12
05/05/90	18.124	-2.70	-1.68	-1.93	-2.58	-2.45	-0.04	-0.15
06/05/90	17.693	-1.29	0.63	-0.02	-1.56	-2.04	-0.09	-0.10
07/05/90	17.787	-1.29	-0.63	-0.48	-1.04	-1.64	0.02	-0.10
08/05/90	14.235	-0.53	-0.30	-0.00	-0.57	-1.44	0.02	-0.13
09/05/90	15.854	-6.53	-2.27	-0.66	-0.52	-1.21	0.02	-0.18
10/05/90	17.752	-5.43	-3.66	-2.42	-1.17	-1.23	0.40	-0.13
11/05/90	12.473	-5.11	-3.60	-2.30	-1.62	-1.48	0.23	-0.12
12/05/90	4.634	-6.47	-5.82	-3.54	-1.99	-1.78	0.11	-0.15
13/05/90	3.505	-8.27	-7.64	-5.33	-3.00	-2.14	-0.09	-0.15
14/05/90	18.236	-8.33	-6.58	-5.46	-4.08	-2.84	0.14	-0.13
15/05/90	17.036	-6.16	-5.98	-5.35	-4.32	-3.19	0.03	-0.11
16/05/90	15.559	-8.52	-5.64	-4.47	-3.61	-3.25	-0.08	-0.21

17/05/90	16.250	-2.94	-1.85	-2.84	-3.65	-3.35	-0.27	-0.16
18/05/90	15.836	1.08	1.14	-0.29	-2.32	-3.04	-0.35	-0.13
19/05/90	16.168	0.34	0.94	0.72	-1.03	-2.41	-0.49	-0.13
20/05/90	16.280	-1.80	-0.81	-0.16	-0.59	-1.84	-0.22	-0.14
21/05/90	15.760	-0.12	-0.33	-0.47	-0.93	-1.68	-0.33	-0.15
22/05/90	15.742	1.33	1.17	0.69	-0.73	-1.62	-0.15	-0.12
23/05/90	15.588	0.67	0.49	0.57	-0.33	-1.44	-0.12	-0.12
24/05/90	11.498	-1.48	-1.35	-0.20	-0.22	-1.21	-0.13	-0.17
25/05/90	12.621	-2.48	-0.25	-0.08	-0.54	-1.21	0.02	-0.18
26/05/90	5.220	-6.89	-6.16	-2.71	-0.73	-1.21	-0.04	-0.17
27/05/90	15.683	-6.83	-5.43	-4.19	-2.48	-1.66	0.27	-0.13
28/05/90	4.126	-10.39	-8.97	-5.98	-3.14	-2.25	0.09	-0.23
29/05/90	6.171	-15.29	-12.18	-8.47	-4.63	-3.04	0.12	-0.19
30/05/90	16.244	-17.23	-14.09	-11.39	-7.05	-3.99	-0.19	0.03
31/05/90	16.055	-11.40	-12.15	-11.01	-8.16	-5.22	-0.43	0.07
01/06/90	17.119	-8.39	-8.24	-8.01	-7.84	-5.82	-1.07	0.08
02/06/90	15.109	-6.96	-6.45	-6.04	-6.40	-5.68	-1.38	-0.01
03/06/90	6.390	-8.57	-8.95	-6.98	-5.98	-5.37	-1.78	0.00
04/06/90	6.727	-12.49	-10.85	-8.76	-6.77	-5.50	-1.86	0.01
05/06/90	15.665	-11.43	-12.64	-10.26	-7.70	-5.97	-1.80	0.00
06/06/90	15.056	-7.53	-9.27	-8.92	-8.20	-6.59	-1.91	-0.11
07/06/90	15.245	-6.80	-8.30	-7.79	-7.66	-6.77	-2.28	-0.00
08/06/90	15.038	-4.64	-5.11	-5.66	-6.88	-6.66	-2.59	-0.01
09/06/90	12.443	-4.07	-4.80	-4.78	-5.63	-6.09	-2.63	-0.01
10/06/90	14.548	-6.02	-3.83	-3.81	-4.98	-5.49	-2.50	-0.04
11/06/90	15.251	-7.53	-5.63	-4.46	-4.63	-5.01	-2.54	-0.03
12/06/90	9.435	-9.69	-7.34	-5.88	-5.27	-4.93	-2.23	-0.01
13/06/90	14.601	-5.01	-5.18	-4.97	-5.52	-5.16	-2.22	-0.07
14/06/90	14.394	-1.63	-1.50	-2.38	-4.42	-4.94	-2.24	-0.09
15/06/90	14.229	-0.86	-1.17	-1.41	-3.22	-4.34	-2.18	-0.12
16/06/90	14.187	-0.63	-0.88	-1.15	-2.55	-3.75	-2.06	-0.15
17/06/90	14.625	-2.23	-2.48	-1.32	-2.02	-3.24	-1.78	-0.23
18/06/90	12.514	-5.08	-3.77	-2.62	-2.48	-3.04	-1.53	-0.17
19/06/90	10.841	-5.72	-4.91	-3.19	-2.72	-3.15	-1.33	-0.19
20/06/90	13.833	-3.02	-3.35	-3.38	-3.53	-3.40	-1.32	-0.22
21/06/90	13.927	-1.24	-0.91	-1.40	-2.55	-3.41	-1.35	-0.27
22/06/90	6.680	-4.48	-4.04	-2.52	-2.06	-2.95	-1.34	-0.27
23/06/90	6.361	-9.99	-8.86	-5.58	-3.28	-3.02	-0.94	-0.25
24/06/90	14.134	-8.42	-10.33	-8.31	-5.26	-3.77	-1.03	-0.21
25/06/90	13.827	-3.84	-4.75	-5.02	-5.38	-4.55	-1.41	-0.17
26/06/90	14.394	-4.07	-3.70	-3.45	-4.43	-4.63	-1.73	-0.17
27/06/90	14.772	-4.37	-3.57	-2.98	-3.94	-4.37	-1.79	-0.23
28/06/90	14.784	-3.36	-3.17	-2.52	-3.53	-4.05	-1.83	-0.21
29/06/90	14.447	-3.79	-4.37	-3.40	-3.67	-3.84	-1.70	-0.20
30/06/90	8.305	-6.17	-6.14	-4.20	-3.82	-3.84	-1.80	-0.24
01/07/90	4.055	-9.21	-8.61	-5.89	-4.64	-4.03	-1.78	-0.16
02/07/90	12.621	-6.00	-5.68	-5.45	-5.28	-4.39	-1.50	-0.18
03/07/90	14.518	-3.10	-4.25	-4.11	-4.90	-4.58	-1.65	-0.17
04/07/90	14.548	-2.20	-2.96	-2.95	-4.21	-4.53	-1.83	-0.19

05/07/90	14.660	-1.03	-1.72	-1.88	-3.33	-4.17	-1.88	-0.30
06/07/90	14.832	-3.87	-2.61	-1.87	-2.84	-3.74	-1.75	-0.37
07/07/90	4.806	-9.88	-8.26	-4.95	-3.32	-3.58	-1.60	-0.34
08/07/90	13.147	-14.04	-10.68	-7.47	-5.27	-4.15	-1.58	-0.29
09/07/90	15.222	-11.36	-11.12	-9.42	-6.94	-5.12	-1.15	-0.39
10/07/90	14.790	-6.28	-5.94	-6.35	-7.31	-6.11	-2.05	-0.27
11/07/90	15.234	-4.83	-4.89	-4.40	-5.96	-6.16	-2.41	-0.23
12/07/90	15.718	-5.32	-6.59	-5.21	-5.27	-5.72	-2.49	-0.22
13/07/90	12.999	-8.29	-5.75	-4.79	-5.56	-5.60	-2.61	-0.24
14/07/90	5.107	-12.98	-11.25	-7.57	-5.57	-5.48	-2.59	-0.18
15/07/90	15.902	-14.36	-11.89	-9.54	-7.52	-6.01	-2.40	-0.26
16/07/90	15.848	-14.32	-12.99	-11.07	-8.33	-6.66	-2.25	-0.38
17/07/90	8.382	-16.63	-14.76	-12.40	-8.96	-7.19	-2.48	-0.41
18/07/90	8.737	-14.86	-14.25	-12.55	-9.90	-7.80	-2.76	-0.43
19/07/90	15.943	-13.09	-11.04	-10.54	-9.94	-8.32	-3.25	-0.40
20/07/90	16.960	-15.46	-13.52	-11.66	-9.53	-8.38	-3.61	-0.33
21/07/90	15.831	-7.82	-8.76	-9.35	-10.08	-8.84	-3.94	-0.43
22/07/90	13.909	-9.98	-9.14	-7.78	-8.31	-8.49	-4.16	-0.37
23/07/90	16.256	-8.03	-7.05	-7.11	-8.19	-7.90	-4.06	-0.40
24/07/90	16.197	-7.31	-5.66	-5.17	-6.77	-7.36	-3.95	-0.39
25/07/90	14.796	-6.61	-5.34	-4.97	-6.02	-6.74	-3.84	-0.38
26/07/90	16.853	-8.77	-7.40	-5.68	-5.70	-6.23	-3.62	-0.43
27/07/90	16.374	-4.42	-3.72	-4.29	-5.97	-6.15	-3.29	-0.38
28/07/90	16.298	-3.79	-3.78	-3.51	-4.75	-5.76	-3.22	-0.46
29/07/90	16.398	-3.22	-2.24	-2.44	-4.14	-5.30	-3.14	-0.42
30/07/90	16.522	-3.47	-2.35	-2.02	-3.41	-4.78	-2.98	-0.48
31/07/90	17.610	-5.17	-3.68	-2.73	-3.23	-4.39	-2.70	-0.46
01/08/90	16.144	-4.98	-3.85	-2.86	-3.49	-4.25	-2.58	-0.43
02/08/90	17.155	-4.27	-2.58	-2.20	-3.42	-4.19	-2.63	-0.41
03/08/90	17.031	-4.23	-2.10	-1.87	-3.05	-4.04	-2.33	-0.44
04/08/90	14.152	-3.10	-1.67	-1.15	-2.58	-3.84	-2.18	-0.48
05/08/90	17.226	-1.32	0.30	0.07	-1.88	-3.49	-2.19	-0.48
06/08/90	17.799	-2.67	-0.83	-0.49	-1.64	-3.00	-2.03	-0.48
07/08/90	18.307	-3.76	-1.54	-0.76	-1.64	-2.84	-1.67	-0.48
08/08/90	16.374	0.45	2.30	1.57	-1.32	-2.72	-1.65	-0.51
09/08/90	17.752	0.91	1.02	1.55	-0.54	-2.20	-1.24	-0.53
10/08/90	18.307	0.68	1.26	1.66	-0.23	-1.82	-1.11	-0.52
11/08/90	17.835	-1.13	1.44	2.01	-0.14	-1.60	-0.91	-0.55
12/08/90	18.201	-2.86	-0.51	0.65	-0.02	-1.47	-0.65	-0.54
13/08/90	17.102	-6.96	-3.69	-0.26	-0.16	-1.43	-0.68	-0.50
14/08/90	18.834	-9.19	-5.96	-3.15	-1.67	-1.84	-0.11	-0.50
15/08/90	19.182	-9.83	-6.66	-4.41	-2.93	-2.54	-0.13	-0.46
16/08/90	18.904	-6.60	-4.78	-3.91	-3.65	-3.29	-0.37	-0.47
17/08/90	19.206	-7.67	-5.18	-3.77	-3.38	-3.61	-0.70	-0.49
18/08/90	19.697	-9.77	-5.60	-4.17	-3.49	-3.75	-0.68	-0.50
19/08/90	19.608	-10.34	-6.19	-4.82	-3.97	-4.03	-0.84	-0.50
20/08/90	19.561	-7.50	-4.37	-3.79	-4.09	-4.36	-1.06	-0.53
21/08/90	19.596	-5.81	-1.89	-1.97	-3.30	-4.28	-1.66	-0.51
22/08/90	15.831	-5.86	-4.38	-3.22	-3.02	-3.89	-1.46	-0.56

23/08/90	18.296	-4.40	-2.11	-1.66	-2.66	-3.78	-1.68	-0.53
24/08/90	17.610	-5.43	-3.20	-2.20	-2.61	-3.55	-1.51	-0.53
25/08/90	17.858	-5.29	-1.85	-1.47	-2.40	-3.44	-1.52	-0.48
26/08/90	16.776	-6.16	-2.78	-1.80	-2.13	-3.25	-1.34	-0.51
27/08/90	20.501	-5.49	-1.13	-1.02	-2.25	-3.12	-1.41	-0.52
28/08/90	21.275	-3.13	0.42	0.23	-1.82	-3.03	-1.41	-0.52
29/08/90	16.575	-3.50	-0.76	0.39	-1.06	-2.61	-1.38	-0.56
30/08/90	5.391	-6.91	-6.18	-2.47	-1.15	-2.30	-1.33	-0.46
31/08/90	17.574	-10.39	-7.84	-4.21	-2.54	-2.74	-1.20	-0.48
01/09/90	15.482	-8.38	-5.90	-5.18	-3.92	-3.46	-1.03	-0.54
02/09/90	11.669	-9.18	-7.10	-5.28	-3.51	-3.89	-1.50	-0.53
03/09/90	12.798	-8.59	-7.84	-5.97	-4.26	-4.19	-1.57	-0.51
04/09/90	16.439	-5.73	-3.87	-3.66	-4.35	-4.55	-1.86	-0.55
05/09/90	11.769	-8.69	-6.75	-4.93	-3.68	-4.41	-2.13	-0.55
06/09/90	23.054	-10.79	-9.30	-6.92	-4.42	-4.43	-2.07	-0.55
07/09/90	23.953	-7.22	-8.62	-8.08	-5.13	-4.78	-1.99	-0.48
08/09/90	23.533	-3.85	-3.35	-4.12	-4.96	-5.10	-2.14	-0.52
09/09/90	24.928	-0.92	-1.90	-2.38	-4.33	-4.96	-2.33	-0.57
10/09/90	24.461	-4.70	-4.92	-3.17	-3.65	-4.62	-2.43	-0.55
11/09/90	11.350	-9.93	-8.58	-6.37	-4.51	-4.60	-2.43	-0.60
12/09/90	24.751	-7.44	-7.66	-6.97	-5.63	-5.00	-2.08	-0.53
13/09/90	24.461	-4.81	-2.89	-3.67	-5.32	-5.34	-2.10	-0.53
14/09/90	24.390	-1.88	-0.53	-0.46	-3.05	-4.92	-2.39	-0.61
15/09/90	24.337	-2.38	0.63	1.04	-1.85	-3.99	-2.25	-0.65
16/09/90	22.670	-4.53	-0.86	0.60	-1.28	-3.21	-2.06	-0.63
17/09/90	21.754	-9.41	-3.86	-1.31	-1.86	-2.99	-1.80	-0.62
18/09/90	10.528	-8.05	-6.81	-4.71	-2.93	-3.31	-1.39	-0.56
19/09/90	5.078	-9.72	-7.18	-5.96	-4.17	-3.97	-1.25	-0.61
20/09/90	19.241	-8.19	-6.93	-5.82	-4.71	-4.64	-1.64	-0.60
21/09/90	24.591	-8.98	-4.88	-3.97	-4.67	-4.94	-2.04	-0.60
22/09/90	26.270	-9.33	-4.33	-3.87	-4.39	-4.81	-1.85	-0.58
23/09/90	26.187	-5.33	-1.12	-1.92	-3.81	-4.87	-1.92	-0.64
24/09/90	27.588	-3.88	0.72	0.46	-2.14	-4.22	-2.25	-0.77
25/09/90	26.631	-5.88	1.31	1.34	-1.10	-3.30	-2.01	-0.74
26/09/90	21.086	-4.58	0.07	1.13	-0.31	-2.67	-1.65	-0.78
27/09/90	11.976	-8.04	-4.10	-0.58	-0.67	-2.21	-1.18	-0.70
28/09/90	28.374	-9.34	-2.91	-2.19	-2.11	-2.80	-1.19	-0.65
29/09/90	27.157	-0.93	3.91	1.73	-1.51	-2.95	-1.20	-0.68
30/09/90	27.571	2.81	7.42	5.10	0.15	-2.25	-0.88	-0.99
01/10/90	28.339	-0.84	3.78	3.85	0.95	-1.44	-1.11	-0.89
02/10/90	28.942	-2.32	3.31	3.28	1.12	-0.89	-0.52	-0.82
03/10/90	24.869	-3.73	2.45	2.69	0.99	-0.65	-0.30	-0.73
04/10/90	26.761	-5.94	-0.67	1.06	0.74	-0.49	-0.08	-0.72
05/10/90	9.943	-9.05	-5.89	-1.16	0.46	-0.47	0.37	-0.69
06/10/90	22.191	-9.89	-5.68	-2.83	-0.83	-1.04	-0.09	-0.73
07/10/90	29.616	-10.68	-3.64	-3.19	-1.86	-1.87	-0.24	-0.68
08/10/90	28.747	-5.35	1.87	-0.03	-1.73	-2.44	-0.18	-0.71
09/10/90	28.918	-1.23	3.73	2.62	-0.14	-1.89	-0.29	-0.81
10/10/90	26.619	-6.54	-0.05	1.12	0.33	-1.39	-0.58	-0.70

11/10/90	30.124	-8.91	-1.69	0.42	-0.00	-1.23	-0.50	-0.69
12/10/90	27.092	-4.53	0.51	0.26	-0.18	-1.41	-0.28	-0.72
13/10/90	29.663	-5.31	1.78	1.96	-0.18	-1.39	-0.10	-0.68
14/10/90	29.923	-4.43	2.29	2.08	0.07	-1.19	-0.01	-0.61
15/10/90	30.142	-2.89	4.31	3.12	0.35	-0.99	0.07	-0.61
16/10/90	25.880	-5.13	1.03	1.96	0.63	-0.83	-0.18	-0.75
17/10/90	28.564	-7.60	-0.84	0.84	0.48	-0.65	-0.12	-0.58
18/10/90	30.231	-4.78	2.42	1.96	0.21	-0.76	0.27	-0.66
19/10/90	30.112	-2.55	5.67	4.03	0.57	-0.74	0.15	-0.83
20/10/90	28.936	-2.71	4.95	4.66	1.10	-0.64	0.11	-0.97
21/10/90	29.279	-2.07	4.29	4.24	1.58	-0.44	0.28	-0.92
22/10/90	30.733	-2.82	4.35	3.98	1.82	-0.29	0.35	-0.87
23/10/90	30.887	-2.63	4.22	3.94	1.85	-0.20	0.41	-0.88
24/10/90	31.708	-1.27	5.38	4.54	2.18	-0.17	0.46	-0.83
25/10/90	31.442	-2.41	4.67	4.44	2.39	-0.05	0.41	-0.93
26/10/90	31.194	0.38	7.17	5.84	2.77	0.05	0.70	-0.98
27/10/90	31.212	-0.21	6.50	5.98	3.32	0.40	0.61	-1.12
21/12/90	29.991	4.10	11.32	12.76	11.10	7.83	6.03	-0.30
22/12/90	36.123	4.02	12.41	12.69	10.28	7.69	6.38	-0.34
23/12/90	37.145	4.67	13.85	13.46	10.75	7.69	6.39	-0.27
24/12/90	25.475	3.62	11.38	12.52	10.82	8.05	6.51	-0.33
25/12/90	34.639	7.47	15.25	14.25	11.12	7.94	6.59	-0.35
26/12/90	32.824	8.00	15.68	15.20	11.65	8.39	6.75	-0.36
27/12/90	35.181	7.15	16.52	16.03	12.09	8.93	7.30	-0.37
28/12/90	22.843	4.61	11.38	13.12	12.67	9.57	7.43	-0.37
29/12/90	35.073	7.46	12.46	12.65	10.90	8.96	7.81	-0.36
30/12/90	27.986	6.06	12.09	13.03	11.54	8.94	7.61	-0.39
31/12/90	30.452	4.34	11.18	11.96	10.99	8.79	7.63	-0.37
01/01/91	34.775	2.83	11.11	12.04	10.87	8.38	7.62	-0.35
02/01/91	35.289	3.21	10.74	11.51	10.32	8.31	7.48	-0.29
03/01/91	36.123	4.24	12.66	12.49	10.65	8.09	7.40	-0.20
04/01/91	36.072	5.20	13.72	13.42	10.95	8.16	7.45	-0.12
05/01/91	26.772	4.82	12.14	13.17	11.32	8.60	7.23	-0.16
06/01/91	26.753	3.32	10.43	12.10	11.04	8.78	7.52	-0.15
07/01/91	34.287	3.02	12.45	12.79	10.77	8.34	7.53	-0.11
08/01/91	31.921	2.82	11.90	12.94	10.85	8.37	7.63	-0.03
09/01/91	36.192	5.07	14.35	13.87	10.93	8.36	7.39	-0.01
10/01/91	33.967	5.42	15.73	15.32	11.84	8.82	7.64	0.05
11/01/91	35.285	4.63	14.78	15.21	12.35	9.40	7.62	0.07
12/01/91	32.645	3.14	11.87	13.62	12.11	9.61	8.00	0.19
13/01/91	31.714	1.96	10.32	12.01	11.79	9.27	8.20	0.25
14/01/91	30.380	1.11	9.60	11.04	10.81	8.74	8.23	0.43
16/01/91	35.812	1.63	10.31	10.76	10.10	7.88	7.92	0.30
17/01/91	35.248	1.48	9.95	10.74	10.17	7.84	7.77	0.36
18/01/91	35.532	0.50	9.19	10.32	10.25	7.68	7.53	0.35
19/01/91	35.354	3.11	11.23	11.35	9.63	7.53	7.44	0.37
20/01/91	35.342	0.18	8.24	9.96	9.81	7.51	7.10	0.44
21/01/91	35.224	2.02	9.81	10.12	9.53	7.27	7.26	0.47
22/01/91	34.553	5.10	12.06	11.77	9.66	7.25	7.00	0.55

23/01/91	27.081	4.83	11.80	12.16	10.43	7.54	6.76	0.52
24/01/91	34.349	5.41	13.58	13.38	10.61	7.87	6.89	0.53
25/01/91	34.327	6.90	14.16	13.97	11.09	8.25	7.10	0.52
26/01/91	34.132	6.55	14.06	14.48	11.97	8.68	7.23	0.60
27/01/91	35.402	4.19	11.97	13.07	11.62	8.93	7.35	0.56
28/01/91	34.321	0.61	8.90	11.08	10.97	8.78	7.58	0.53
29/01/91	35.368	-1.04	6.72	8.74	10.45	8.05	7.59	0.54
31/01/91	34.367	-0.80	7.24	8.91	9.33	7.12	7.08	0.48
01/02/91	28.472	-1.64	6.19	7.84	9.11	6.86	7.21	0.38
02/02/91	28.896	-0.79	6.86	7.75	8.00	6.28	6.73	0.36
03/02/91	33.897	0.44	7.83	8.19	7.79	5.78	6.54	0.37
04/02/91	33.306	1.63	9.36	9.43	8.60	5.77	6.32	0.43
05/02/91	33.349	2.38	11.10	10.71	8.86	6.09	6.34	0.52
06/02/91	24.359	0.74	8.99	10.35	9.71	6.58	6.21	0.61
07/02/91	18.235	-0.15	3.90	6.69	8.29	6.67	6.11	0.58
08/02/91	29.084	1.60	6.25	7.18	7.01	5.71	6.14	0.46
09/02/91	31.095	3.49	10.88	10.29	8.13	5.44	6.08	0.51
10/02/91	31.122	2.23	9.93	10.48	8.56	6.11	5.97	0.51
11/02/91	33.108	1.63	9.50	10.00	8.73	6.31	5.83	0.47
12/02/91	32.894	1.39	9.21	9.71	8.92	6.33	6.18	0.50
13/02/91	30.380	-1.34	8.14	9.20	9.09	6.39	6.08	0.48
14/02/91	32.823	-0.86	9.34	9.55	8.60	6.28	6.33	0.47
15/02/91	32.836	1.60	8.80	9.65	9.02	6.30	6.11	0.46
16/02/91	31.966	1.11	9.66	9.96	8.93	6.45	6.04	0.42
17/02/91	32.947	0.45	8.67	9.65	8.88	6.44	6.00	0.45
18/02/91	32.267	-0.27	7.48	8.61	8.53	6.27	6.11	0.39
19/02/91	32.601	0.78	8.35	8.97	8.46	6.06	6.05	0.40
20/02/91	32.240	1.03	7.94	8.64	8.70	6.18	6.19	0.39
21/02/91	31.793	2.70	9.59	9.65	8.27	5.97	6.24	0.46
22/02/91	30.553	3.56	11.35	10.83	8.91	6.18	6.11	0.49
23/02/91	28.773	7.99	13.68	12.96	9.90	6.76	5.93	0.46
24/02/91	29.085	8.79	15.77	14.75	10.90	7.24	6.25	0.44
25/02/91	29.405	8.75	15.61	15.64	12.05	8.22	6.75	0.47
26/02/91	30.381	6.52	13.33	14.42	12.41	8.91	7.15	0.49
27/02/91	30.489	4.55	12.43	13.16	11.49	8.94	7.49	0.47
28/02/91	30.375	3.23	10.46	11.89	11.00	8.66	7.31	0.51
01/03/91	27.432	1.67	9.21	10.83	10.63	8.42	7.29	0.49
02/03/91	30.417	1.55	8.77	9.78	9.94	7.94	7.37	0.51
03/03/91	19.080	0.27	5.83	7.92	9.62	7.50	7.29	0.51
04/03/91	22.048	1.57	8.93	9.04	8.24	6.66	7.07	0.46
05/03/91	28.892	3.54	10.02	10.30	8.94	6.61	6.97	0.50
06/03/91	28.160	1.73	8.29	9.49	8.68	6.79	6.49	0.49
07/03/91	29.526	0.10	7.05	8.38	8.83	6.59	6.43	0.54
08/03/91	28.887	1.69	8.78	8.95	7.95	6.25	6.14	0.49
09/03/91	29.508	3.46	11.39	10.74	8.54	6.29	6.18	0.46
10/03/91	28.692	2.95	10.10	11.07	9.23	6.65	5.96	0.50
11/03/91	28.997	1.86	8.51	9.76	9.60	7.17	6.29	0.56
12/03/91	28.768	2.13	7.97	9.02	9.24	6.78	6.37	0.56
13/03/91	28.609	-0.56	6.17	7.78	8.76	6.47	6.16	0.54

14/03/91	21.149	-3.35	4.03	6.11	8.01	6.10	6.20	0.46
15/03/91	27.854	-1.60	6.03	7.39	6.93	5.57	5.75	0.40
16/03/91	27.545	-0.35	5.69	6.76	6.76	5.10	5.74	0.43
17/03/91	26.767	0.27	7.31	7.61	6.80	4.89	5.70	0.44
18/03/91	27.244	2.92	7.91	8.25	7.26	5.07	5.48	0.46
19/03/91	26.938	2.13	6.79	7.74	7.38	5.29	5.18	0.43
20/03/91	26.591	3.07	7.69	7.98	7.41	5.23	5.18	0.38
21/03/91	26.475	3.97	8.62	8.73	7.63	5.43	5.30	0.42
22/03/91	26.530	4.62	8.20	8.76	7.80	5.53	5.34	0.50
23/03/91	26.458	6.01	9.83	9.67	8.29	5.75	5.40	0.49
24/03/91	18.114	2.80	7.59	8.60	8.40	5.80	5.35	0.55
25/03/91	22.911	2.46	9.73	9.82	7.92	5.74	5.45	0.46

HEIDELBERGER GEOGRAPHISCHE ARBEITEN

Heft 1 Felix Monheim: Beiträge zur Klimatologie und Hydrologie des Titicacabeckens. 1956. 152 Seiten, 38 Tabellen, 13 Figuren, 3 Karten im Text, 1 Karte im Anhang. DM 12,--

Heft 2 Adolf Zienert: Die Großformen des Odenwaldes. 1957. 156 Seiten, 1 Abbildung, 6 Figuren, 4 Karten, davon 2 mit Deckblatt. vergriffen

Heft 3 Franz Tichy: Die Land- und Waldwirtschaftsformationen des kleinen Odenwaldes. 1958. 154 Seiten, 21 Tabellen, 18 Figuren, 6 Abbildungen, 4 Karten. vergriffen

Heft 4 Don E. Totten: Erdöl in Saudi-Arabien. 1959. 174 Seiten, 1 Tabelle, 11 Abbildungen, 16 Figuren. DM 15,--

Heft 5 Felix Monheim: Die Agrargeographie des Neckarschwemmkegels. 1961. 118 Seiten, 50 Tabellen, 11 Abbildungen, 7 Figuren, 3 Karten. DM 22,80

Heft 6 Alfred Hettner - 6.8.1859. Gedenkschrift zum 100. Geburtstag. Mit Beiträgen von E. Plewe und F. Metz, drei selbstbiograph. Skizzen A. Hettners und einer vollständigen Bibliographie. 1960. 88 Seiten, mit einem Bild Hettners. vergriffen

Heft 7 Hans-Jürgen Nitz: Die ländlichen Siedlungsformen des Odenwaldes. 1962. 146 Seiten, 35 Figuren, 1 Abbildung, 2 Karten. vergriffen

Heft 8 Franz Tichy: Die Wälder der Basilicata und die Entwaldung im 19. Jahrhundert. 1962. 175 Seiten, 15 Tabellen, 19 Figuren, 16 Abbildungen, 3 Karten. DM 29,80

Heft 9 Hans Graul: Geomorphologische Studien zum Jungquartär des nördlichen Alpenvorlandes. Teil I: Das Schweizer Mittelland. 1962. 104 Seiten, 6 Figuren, 6 Falttafeln. DM 24,80

Heft 10 Wendelin Klaer: Eine Landnutzungskarte von Libanon. 1962. 56 Seiten, 7 Figuren, 23 Abbildungen, 1 farbige Karte. DM 20,20

Heft 11 Wendelin Klaer: Untersuchungen zur klimagenetischen Geomorphologie in den Hochgebirgen Vorderasiens. 1963. 135 Seiten, 11 Figuren, 51 Abbildungen, 4 Karten. DM 30,70

Heft 12 Erdmann Gormsen: Barquisimeto, eine Handelsstadt in Venezuela. 1963. 143 Seiten, 26 Tabellen, 16 Abbildungen, 11 Karten. DM 32,--

Heft 13 Ingo Kühne: Der südöstliche Odenwald und das angrenzende Bauland. 1964. 364 Seiten, 20 Tabellen, 22 Karten. vergriffen

Heft 14 Hermann Overbeck: Kulturlandschaftsforschung und Landeskunde. 1965. 357 Seiten, 1 Bild, 5 Karten, 6 Figuren. vergriffen

Heft 15 Heidelberger Studien zur Kulturgeographie. Festgabe für Gottfried Pfeifer. 1966. 373 Seiten, 11 Karten, 13 Tabellen, 39 Figuren, 48 Abbildungen. vergriffen

Heft 16 Udo Högy: Das rechtsrheinische Rhein-Neckar-Gebiet in seiner zentralörtlichen Bereichsgliederung auf der Grundlage der Stadt-Land-Beziehungen. 1966. 199 Seiten, 6 Karten. vergriffen

Heft 17 Hanna Bremer: Zur Morphologie von Zentralaustralien. 1967. 224 Seiten, 6 Karten, 21 Figuren, 48 Abbildungen. DM 28,--

Heft 18 Gisbert Glaser: Der Sonderkulturanbau zu beiden Seiten des nördlichen Oberrheins zwischen Karlsruhe und Worms. Eine agrargeographische Untersuchung unter besonderer Berücksichtigung des Standortproblems. 1967. 302 Seiten, 116 Tabellen, 12 Karten. DM 20,80

Sämtliche Hefte sind über das Geographische Institut der Universität Heidelberg zu beziehen.

Heft 19 Kurt Metzger: Physikalisch-chemische Untersuchungen an fossilen und relikten Böden im Nordgebiet des alten Rheingletschers. 1968. 99 Seiten, 8 Figuren, 9 Tabellen, 7 Diagramme, 6 Abbildungen. vergriffen

Heft 20 Beiträge zu den Exkursionen anläßlich der DEUQUA-Tagung August 1968 in Biberach an der Riß. Zusammengestellt von Hans Graul. 1968. 124 Seiten, 11 Karten, 16 Figuren, 8 Diagramme, 1 Abbildung. DM 12,--

Heft 21 Gerd Kohlhepp: Industriegeographie des nördlichen Santa Catarina (Südbrasilien). Ein Beitrag zur Geographie eines deutsch-brasilianischen Siedlungsgebietes. 1968. 402 Seiten, 31 Karten, 2 Figuren, 15 Tabellen, 11 Abbildungen. vergriffen

Heft 22 Heinz Musall: Die Entwicklung der Kulturlandschaft der Rheinniederung zwischen Karlsruhe und Speyer vom Ende des 16. bis zum Ende des 19. Jahrhunderts. 1969. 274 Seiten, 55 Karten, 9 Tabellen, 3 Abbildungen. vergriffen

Heft 23 Gerd R. Zimmermann: Die bäuerliche Kulturlandschaft in Südgalicien. Beitrag zur Geographie eines Übergangsgebietes auf der Iberischen Halbinsel. 1969. 224 Seiten, 20 Karten, 19 Tabellen, 8 Abbildungen. DM 21,--

Heft 24 Fritz Fezer: Tiefenverwitterung circumalpiner Pleistozänschotter. 1969. 144 Seiten, 90 Figuren, 4 Abbildungen, 1 Tabelle. DM 16,--

Heft 25 Naji Abbas Ahmad: Die ländlichen Lebensformen und die Agrarentwicklung in Tripolitanien. 1969. 304 Seiten, 10 Karten, 5 Abbildungen. DM 20,--

Heft 26 Ute Braun: Der Felsberg im Odenwald. Eine geomorphologische Monographie. 1969. 176 Seiten, 3 Karten, 14 Figuren, 4 Tabellen, 9 Abbildungen. DM 15,--

Heft 27 Ernst Löffler: Untersuchungen zum eiszeitlichen und rezenten klimagenetischen Formenschatz in den Gebirgen Nordostanatoliens. 1970. 162 Seiten, 10 Figuren, 57 Abbildungen. DM 19,80

Heft 28 Hans-Jürgen Nitz: Formen der Landwirtschaft und ihre räumliche Ordnung in der oberen Gangesebene. 193 Seiten, 41 Abbildungen, 21 Tabellen, 8 Farbtafeln. Wiesbaden: Franz Steiner Verlag 1974. vergriffen

Heft 29 Wilfried Heller: Der Fremdenverkehr im Salzkammergut - eine Studie aus geographischer Sicht. 1970. 224 Seiten, 15 Karten, 34 Tabellen. DM 32,--

Heft 30 Horst Eichler: Das präwürmzeitliche Pleistozän zwischen Riss und oberer Rottum. Ein Beitrag zur Stratigraphie des nordöstlichen Rheingletschergebietes. 1970. 144 Seiten, 5 Karten, 2 Profile, 10 Figuren, 4 Tabellen, 4 Abbildungen. DM 14,--

Heft 31 Dietrich M. Zimmer: Die Industrialisierung der Bluegrass Region von Kentucky. 1970. 196 Seiten, 16 Karten, 5 Figuren, 45 Tabellen, 11 Abbildungen. DM 21,50

Heft 32 Arnold Scheuerbrandt: Südwestdeutsche Stadttypen und Städtegruppen bis zum frühen 19. Jahrhundert. Ein Beitrag zur Kulturlandschaftsgeschichte und zur kulturräumlichen Gliederung des nördlichen Baden-Württemberg und seiner Nachbargebiete. 1972. 500 Seiten, 22 Karten, 49 Figuren, 6 Tabellen. vergriffen

Heft 33 Jürgen Blenck: Die Insel Reichenau. Eine agrargeographische Untersuchung. 1971. 248 Seiten, 32 Diagramme, 22 Karten, 13 Abbildungen, 90 Tabellen. DM 52,--

Heft 34 Beiträge zur Geographie Brasiliens. Von G. Glaser, G. Kohlhepp, R. Mousinho de Meis, M. Novaes Pinto und O. Valverde. 1971. 97 Seiten, 7 Karten, 12 Figuren, 8 Tabellen, 7 Abbildungen. vergriffen

Sämtliche Hefte sind über das Geographische Institut der Universität Heidelberg zu beziehen.

Heft 35 Brigitte Grohmann-Kerouach: Der Siedlungsraum der Ait Ouriaghel im östlichen Rif. 1971. 226 Seiten, 32 Karten, 16 Figuren, 17 Abbildungen. DM 20,40

Heft 36 Symposium zur Agrargeographie anläßlich des 80. Geburtstages von Leo Waibel am 22.2.1968. 1971. 130 Seiten. vergriffen

Heft 37 Peter Sinn: Zur Stratigraphie und Paläogeographie des Präwürm im mittleren und südlichen Illergletscher-Vorland. 1972. 159 Seiten, 5 Karten, 21 Figuren, 13 Abbildungen, 12 Längsprofile, 11 Tabellen. DM 22,--

Heft 38 Sammlung quartärmorphologischer Studien I. Mit Beiträgen von K. Metzger, U. Herrmann, U. Kuhne, P. Imschweiler, H.-G. Prowald, M. Jauß †, P. Sinn, H.-J. Spitzner, D. Hiersemann, A. Zienert, R. Weinhardt, M. Geiger, H. Graul und H. Völk. 1973. 286 Seiten, 13 Karten, 39 Figuren, 3 Skizzen, 31 Tabellen, 16 Abbildungen. DM 31,--

Heft 39 Udo Kuhne: Zur Stratifizierung und Gliederung quartärer Akkumulationen aus dem Bièvre-Valloire, einschließlich der Schotterkörper zwischen St.-Rambert-d'Albon und der Enge von Vienne. 1974. 94 Seiten, 11 Karten, 2 Profile, 6 Abbildungen, 15 Figuren, 5 Tabellen. DM 24,--

Heft 40 Hans Graul-Festschrift. Mit Beiträgen von W. Fricke, H. Karrasch, H. Kohl, U. Kuhne, M. Löscher u. M. Léger, L. Pfiffl, L. Scheuenpflug, P. Sinn, J. Werner, A. Zienert, H. Eichler, F. Fezer, M. Geiger, G. Meier-Hilbert, H. Bremer, K. Brunnacker, H. Dongus, A. Kessler, W. Klaer, K. Metzger, H. Völk, F. Weidenbach, U. Ewald, H. Musall u. A. Scheuerbrandt, G. Pfeifer, J. Blenck, G. Glaser, G. Kohlhepp, H.-J. Nitz, G. Zimmermann, W. Heller, W. Mikus. 1974. 504 Seiten, 45 Karten, 59 Figuren, 30 Abbildungen. vergriffen

Heft 41 Gerd Kohlhepp: Agrarkolonisation in Nord-Paraná. Wirtschafts- und sozialgeographische Entwicklungsprozesse einer randtropischen Pionierzone Brasiliens unter dem Einfluß des Kaffeeanbaus. Wiesbaden: Franz Steiner Verlag 1974. DM 94,--

Heft 42 Werner Fricke, Anneliese Illner und Marianne Fricke: Schrifttum zur Regionalplanung und Raumstruktur des Oberrheingebietes. 1974. 93 Seiten. DM 10,--

Heft 43 Horst Georg Reinhold: Citruswirtschaft in Israel. 1975. 307 Seiten, 7 Karten, 7 Figuren, 8 Abbildungen, 25 Tabellen. DM 30,--

Heft 44 Jürgen Strassel: Semiotische Aspekte der geographischen Erklärung. Gedanken zur Fixierung eines metatheoretischen Problems in der Geographie. 1975. 244 Seiten. DM 30,--

Heft 45 Manfred Löscher: Die präwürmzeitlichen Schotterablagerungen in der nördlichen Iller-Lech-Platte. 1976. 157 Seiten, 4 Karten, 11 Längs- und Querprofile, 26 Figuren, 8 Abbildungen, 3 Tabellen. DM 30,--

Heft 46 Heidelberg und der Rhein-Neckar-Raum. Sammlung sozial- und stadtgeographischer Studien. Mit Beiträgen von B. Berken, W. Fricke, W. Gaebe, E. Gormsen, R. Heinzmann, A. Krüger, C. Mahn, H. Musall, T. Neubauer, C. Rösel, A. Scheuerbrandt, B. Uhl und H.-O. Waldt. 1981. 335 Seiten. vergriffen

Sämtliche Hefte sind über das Geographische Institut der Universität Heidelberg zu beziehen.

Heft 47 Fritz Fezer und Richard Seitz (Hrsg.): Klimatologische Untersuchungen im Rhein-Neckar-Raum. Mit Beiträgen von H. Eichler, F. Fezer, B. Friese, M. Geiger, R. Hille, K. Jasinski, R. Leska, B. Oehmann, D. Sattler, A. Schorb, R. Seitz, G. Vogt und R. Zimmermann. 1978. 243 Seiten, 111 Abbildungen, 11 Tabellen. vergriffen

Heft 48 Gunther Höfle: Das Londoner Stadthaus, seine Entwicklung in Grundriß, Aufriß und Funktion. 1977. 232 Seiten, 5 Karten, 50 Figuren, 6 Tabellen und 26 Abbildungen. DM 34,--

Heft 49 Sammlung quartärmorphologischer Studien II. Mit Beiträgen von W. Essig, H. Graul, W. König, M. Löscher, K. Rögner, L. Scheuenpflug, A. Zienert u.a. 1979. 226 Seiten. DM 35,--

Heft 50 Hans Graul: Geomorphologischer Exkursionsführer für den Odenwald. 1977. 212 Seiten, 40 Figuren, 14 Tabellen. vergriffen

Heft 51 Frank Ammann: Analyse der Nachfrageseite der motorisierten Naherholung im Rhein-Neckar-Raum. 1978. 163 Seiten, 22 Karten, 6 Abbildungen, 5 Figuren, 46 Tabellen. DM 31,--

Heft 52 Werner Fricke: Cattle Husbandry in Nigeria. A study of its ecological conditions and social-geographical differentiations. 1979. 328 Seiten, 33 Maps, 20 Figures, 52 Tables, 47 Plates. vergriffen

Heft 53 Adolf Zienert: Klima-, Boden- und Vegetationszonen der Erde. Eine Einführung. 1979. 34 Abbildungen, 9 Tabellen. vergriffen

Heft 54 Reinhard Henkel: Central Places in Western Kenya. A comparative regional study using quantitative methods. 1979. 274 Seiten, 53 Maps, 40 Figures, 63 Tables. vergriffen

Heft 55 Hans-Jürgen Speichert: Gras-Ellenbach, Hammelbach, Litzelbach, Scharbach, Wahlen. Die Entwicklung ausgewählter Fremdenverkehrsorte im Odenwald. 1979. 184 Seiten, 8 Karten, 97 Tabellen. DM 31,--

Heft 56 Wolfgang-Albert Flügel: Untersuchungen zum Problem des Interflow. Messungen der Bodenfeuchte, der Hangwasserbewegung, der Grundwassererneuerung und des Abflußverhaltens der Elsenz im Versuchsgebiet Hollmuth/Kleiner Odenwald. 1979. 170 Seiten, 3 Karten, 27 Figuren, 12 Abbildungen, 60 Tabellen. vergriffen

Heft 57 Werner Mikus: Industrielle Verbundsysteme. Studien zur räumlichen Organisation der Industrie am Beispiel von Mehrwerksunternehmen in Südwestdeutschland, der Schweiz und Oberitalien. Unter Mitarbeit von G. Kost, G. Lamche und H. Musall. 1979. 173 Seiten, 42 Figuren, 45 Tabellen. vergriffen

Heft 58 Hellmut R. Völk: Quartäre Reliefentwicklung in Südostspanien. Eine stratigraphische, sedimentologische und bodenkundliche Studie zur klimamorphologischen Entwicklung des mediterranen Quartärs im Becken von Vera. 1979. 143 Seiten, 1 Karte, 11 Figuren, 11 Tabellen, 28 Abbildungen. DM 28,--

Heft 59 Christa Mahn: Periodische Märkte und zentrale Orte - Raumstrukturen und Verflechtungsbereiche in Nord-Ghana. 1980. 197 Seiten, 20 Karten, 22 Figuren, 50 Tabellen. DM 28,--

Heft 60 Wolfgang Herden: Die rezente Bevölkerungs- und Bausubstanzentwicklung des westlichen Rhein-Neckar-Raumes. Eine quantitative und qualitative Analyse. 1983. 229 Seiten, 27 Karten, 43 Figuren, 34 Tabellen. DM 39,--

Sämtliche Hefte sind über das Geographische Institut der Universität Heidelberg zu beziehen.

Sämtliche Hefte sind über das Geographische Institut der Universität Heidelberg zu beziehen.

Heft 74 Ulrich Wagner: Tauberbischofsheim und Bad Mergentheim. Eine Analyse der Raumbeziehungen zweier Städte in der frühen Neuzeit. 1985. 326 Seiten, 43 Karten, 11 Abbildungen, 19 Tabellen. DM 58,--

Heft 75 Kurt Hiehle-Festschrift. Mit Beiträgen von U. Gerdes, K. Goppold, E. Gormsen, U. Henrich, W. Lehmann, K. Lüll, R. Möhn, C. Niemeitz, D. Schmidt-Vogt, M. Schumacher und H.-J. Weiland. 1982. 256 Seiten, 37 Karten, 51 Figuren, 32 Tabellen, 4 Abbildungen. DM 25,--

Heft 76 Lorenz King: Permafrost in Skandinavien - Untersuchungsergebnisse aus Lappland, Jotunheimen und Dovre/Rondane. 1984. 174 Seiten, 72 Abbildungen, 24 Tabellen. DM 38,--

Heft 77 Ulrike Sailer: Untersuchungen zur Bedeutung der Flurbereinigung für agrarstrukturelle Veränderungen - dargestellt am Beispiel des Kraichgaus. 1984. 308 Seiten, 36 Karten, 58 Figuren, 116 Tabellen. DM 44,--

Heft 78 Klaus-Dieter Roos: Die Zusammenhänge zwischen Bausubstanz und Bevölkerungsstruktur - dargestellt am Beispiel der südwestdeutschen Städte Eppingen und Mosbach. 1985. 154 Seiten, 27 Figuren, 48 Tabellen, 6 Abbildungen, 11 Karten. DM 29,--

Heft 79 Klaus Peter Wiesner: Programme zur Erfassung von Landschaftsdaten, eine Bodenerosionsgleichung und ein Modell der Kaltluftentstehung. 1986. 83 Seiten, 23 Abbildungen, 20 Tabellen, 1 Karte. DM 26,--

Heft 80 Achim Schorb: Untersuchungen zum Einfluß von Straßen auf Boden, Grund- und Oberflächenwässer am Beispiel eines Testgebietes im Kleinen Odenwald. 1988. 193 Seiten, 1 Karte, 176 Abbildungen, 60 Tabellen. DM 37,--

Heft 81 Richard Dikau: Experimentelle Untersuchungen zu Oberflächenabfluß und Bodenabtrag von Meßparzellen und landwirtschaftlichen Nutzflächen. 1986. 195 Seiten, 70 Abbildungen, 50 Tabellen. DM 38,--

Heft 82 Cornelia Niemeitz: Die Rolle des PKW im beruflichen Pendelverkehr in der Randzone des Verdichtungsraumes Rhein-Neckar. 1986. 203 Seiten, 13 Karten, 65 Figuren, 43 Tabellen. DM 34,--

Heft 83 Werner Fricke und Erhard Hinz (Hrsg.): Räumliche Persistenz und Diffusion von Krankheiten. Vorträge des 5. geomedizinischen Symposiums in Reisenburg, 1984, und der Sitzung des Arbeitskreises Medizinische Geographie/Geomedizin in Berlin, 1985. 1987. 279 Seiten, 42 Abbildungen, 9 Figuren, 19 Tabellen, 13 Karten. DM 58,--

Heft 84 Martin Karsten: Eine Analyse der phänologischen Methode in der Stadtklimatologie am Beispiel der Kartierung Mannheims. 1986. 136 Seiten, 19 Tabellen, 27 Figuren, 5 Abbildungen, 19 Karten. DM 30,--

Heft 85 Reinhard Henkel und Wolfgang Herden (Hrsg.): Stadtforschung und Regionalplanung in Industrie- und Entwicklungsländern. Vorträge des Festkolloquiums zum 60. Geburtstag von Werner Fricke. 1989. 89 Seiten, 34 Abbildungen, 5 Tabellen. DM 18,--

Heft 86 Jürgen Schaar: Untersuchungen zum Wasserhaushalt kleiner Einzugsgebiete im Elsenztal/Kraichgau. 1989. 169 Seiten, 48 Abbildungen, 29 Tabellen. DM 32,--

Sämtliche Hefte sind über das Geographische Institut der Universität Heidelberg zu beziehen.

Heft 87	Jürgen Schmude: Die Feminisierung des Lehrberufs an öffentlichen, allgemeinbildenden Schulen in Baden-Württemberg, eine raum-zeitliche Analyse. 1988. 159 Seiten, 10 Abbildungen, 13 Karten, 46 Tabellen. DM 30,--
Heft 88	Peter Meusburger und Jürgen Schmude (Hrsg.): Bildungsgeographische Studien über Baden-Württemberg. Mit Beiträgen von M. Becht, J. Grabitz, A. Hüttermann, S. Köstlin, C. Kramer, P. Meusburger, S. Quick, J. Schmude und M. Votteler. 1990. 291 Seiten, 61 Abbildungen, 54 Tabellen. DM 38,--
Heft 89	Roland Mäusbacher: Die jungquartäre Relief- und Klimageschichte im Bereich der Fildeshalbinsel Süd-Shetland-Inseln, Antarktis. 1991. 207 Seiten, 87 Abbildungen, 9 Tabellen. DM 48,--
Heft 90	Dario Trombotto: Untersuchungen zum periglazialen Formenschatz und zu periglazialen Sedimenten in der "Lagunita del Plata", Mendoza, Argentinien. 1991. 171 Seiten, 42 Abbildungen, 24 Photos, 18 Tabellen und 76 Photos im Anhang. DM 34,--
Heft 91	Matthias Achen: Untersuchungen über Nutzungsmöglichkeiten von Satellitenbilddaten für eine ökologisch orientierte Stadtplanung am Beispiel Heidelberg. 1993. 195 Seiten, 43 Abbildungen, 20 Tabellen, 16 Fotos. DM 38,--
Heft 92	Jürgen Schweikart: Räumliche und soziale Faktoren bei der Annahme von Impfungen in der Nord-West Provinz Kameruns. Ein Beitrag zur Medizinischen Geographie in Entwicklungsländern. 1992. 134 Seiten, 7 Karten, 27 Abbildungen, 33 Tabellen. DM 26,--
Heft 93	Caroline Kramer: Die Entwicklung des Standortnetzes von Grundschulen im ländlichen Raum. Vorarlberg und Baden-Württemberg im Vergleich. 1993. 263 Seiten, 50 Karten, 34 Abbildungen, 28 Tabellen. DM 40,--
Heft 94	Lothar Schrott: Die Solarstrahlung als steuernder Faktor im Geosystem der subtropischen semiariden Hochanden (Agua Negra, San Juan, Argentinien). 1994. 199 Seiten, 83 Abbildungen, 16 Tabellen. DM 31,--

Sämtliche Hefte sind über das Geographische Institut der Universität Heidelberg zu beziehen.

HEIDELBERGER GEOGRAPHISCHE BAUSTEINE

Heft 1 D. Barsch, R. Dikau, W. Schuster: Heidelberger Geomorphologisches Programmsystem. 1986. 60 Seiten. DM 9,--

Heft 2 N. Schön und P. Meusburger: Geothem - I. Software zur computerunterstützten Kartographie. 1986. 74 Seiten. vergriffen

Heft 3 J. Schmude und J. Schweikart: SAS. Eine anwendungsorientierte Einführung in das Statistikprogrammpaket "Statistical Analysis System". 1987. 50 Seiten. vergriffen

Heft 5 R. Dikau: Entwurf einer geomorphologisch - analytischen Systematik von Reliefeinheiten. 1988. 45 Seiten. vergriffen

Heft 6 N. Schön, S. Klein, P. Meusburger, G. Roth, J. Schmude, G. Strifler: DIGI und CHOROTEK. Software zum Digitalisieren und zur computergestützten Kartographie. 1988. 91 Seiten. vergriffen

Heft 7 J. Schweikart, J. Schmude, G. Olbrich, U. Berger: Graphische Datenverarbeitung mit SAS/GRAPH - Eine Einführung. 1989. 76 Seiten. DM 8,--

Heft 8 P. Hupfer: Rasterkarten mit SAS. Möglichkeiten zur Rasterdarstellung mit SAS/GRAPH unter Verwendung der SAS-Macro-Facility. 1990. 72 Seiten. DM 8,--

Heft 9 M. Fasbender: Computergestützte Erstellung von komplexen Choroplethenkarten, Isolinienkarten und Gradnetzentwürfen mit dem Programmsystem SAS/GRAPH. 1991. 135 Seiten. DM 15,--

Heft 10 J. Schmude, I. Keck, F. Schindelbeck, C. Weick: Computergestützte Datenverarbeitung - Eine Einführung in die Programme KEDIT, WORD, SAS und LARS. 1992. 96 Seiten. DM 15,--

Heft 11 J. Schmude und M. Hoyler: Computerkartographie am PC: Digitalisierung graphischer Vorlagen und interaktive Kartenerstellung mit DIGI90 und MERCATOR. 1992. 80 Seiten. DM 14,--

Sämtliche Hefte sind über das Geographische Institut der Universität Heidelberg zu beziehen.